Prüfungssichere Kassenführung in bargeldintensiven Unternehmen

Joachim Kuhni

Prüfungssichere Kassenführung in bargeldintensiven Unternehmen

1. Auflage

Haufe Gruppe
Freiburg · München · Stuttgart

Bibliografische Information der Deutschen Nationalbibliothek
Die Deutsche Nationalbibliothek verzeichnet diese Publikation in der Deutschen Nationalbibliografie; detaillierte bibliografische Daten sind im Internet über http://dnb.dnb.de abrufbar.

Print: ISBN 978-3-648-08054-2 Bestell-Nr. 11012-0001
ePub: ISBN 978-3-648-08055-9 Bestell-Nr. 11012-0100
ePDF: ISBN 978-3-648-08056-6 Bestell-Nr. 11012-0150

Joachim Kuhni
Prüfungssichere Kassenführung in bargeldintensiven Unternehmen
1. Auflage 2016

www.haufe.de
info@haufe.de
Produktmanagement: Kathrin Salpietro

Lektorat: Hans-Jörg Knabel, rausatz, Willstätt
Satz: kühn & weyh Software GmbH, Satz und Medien, Freiburg
Umschlag: RED GmbH, Krailling
Druck: Schätzl Druck, Donauwörth

Inhaltsverzeichnis

Wenn die Kasse klingelt

Wenn die Geschäftskasse klingelt, fließt i.d.R. Geld — Bargeld. *So soll es sein*, denkt Rolf W., Inhaber eines Ladengeschäfts am Rande der Innenstadt. Er ist zufrieden, zumindest heute fließt das Geld auch in die richtige Richtung. Oft soll die Kasse klingeln, wenn es nach ihm geht, am liebsten dauernd. Aber es geht nicht immer nach ihm. Seine Kundschaft ist anspruchsvoll und wählerisch und kauft schon mal bei der Konkurrenz. Rolf W. muss sich ständig um seine Kunden bemühen — mal gelingt es ihm, mal nicht. Sein Umsatz schwankt. Heute jedoch ist ein guter Tag, beinahe rekordverdächtig, freut er sich.

Wäre da nicht dieses leichte Unbehagen ...

Kürzlich erzählte ihm der Wirt seiner Stammkneipe, er hätte eine Betriebsprüfung gehabt. Er musste Steuern nachzahlen, und zwar ordentlich, obwohl er alles richtig gemacht habe, beteuerte der Wirt. Trotzdem habe der Prüfer einfach Einnahmen zu seinem Umsatz hinzugeschätzt! Darf der das überhaupt?

Ob der Wirt wirklich so ehrlich ist, wie er vorgibt, so ehrlich wie ich? Keine Ahnung, denkt Rolf W. Er selbst ist gelernter Buchhalter und kennt sich aus. Ein schlechtes Gewissen braucht Rolf W. nicht zu haben. Das meint auch sein Steuerberater. Aber wissen der Berater und sein Steuerfachgehilfe, mit dem er meistens zu tun hat, wirklich über alles so genau Bescheid?

Vor Kurzem hat sich Rolf W. eine elektronische Registrierkasse zugelegt. Ist einfach sicherer und praktischer, als eine offene Geldschublade unter der Verkaufstheke. Jetzt kann Rolf W. auch mal eine Aushilfe beschäftigen, ohne immer darüber nachzugrübeln, ob in seiner Abwesenheit auch alles in die richtige Richtung fließt. Er hat sich ausgiebig beim Fachmann informiert. Mit dieser Kasse sei er auf der »sicheren Seite« und für die Zukunft bestens gewappnet. Absolut GDPdU-tauglich und GoBD-konform, hat der Kassenaufsteller gesagt. Keine Ahnung, was er damit meinte.

Sein Steuerberater hat ihm später zu verstehen gegeben, die Kasse allein reiche nicht aus, um bei einer Betriebsprüfung zu bestehen. Das ganze Drumherum ist genauso wichtig, wenn die Leute vom Finanzamt die Ordnungsmäßigkeit der Kasse prüfen. Ziemlich kompliziert sei es, sagte der Steuerberater. Es komme nämlich auch darauf an, was für eine Registrierkasse man verwendet. Es gäbe unterschiedliche Vorschriften für jeden Kassentyp.

Der Steuerberater sprach auch von formellen und materiellen Mängeln, obwohl er doch weiß, dass ich ehrlich bin und alle Einnahmen versteuere. Neben dem Kassenbuch war noch von Kassenzetteln, Journaldaten, Z-Bons, Artikel- und Bedienerberichten, Stornoaufzeichnungen, GT-Speicher, Protokollen und sogar von der Bedienungsanleitung für die Kasse die Rede. All das muss zusätzlich geführt bzw. aufbewahrt werden. Und dann sagte der Berater noch: »Denken Sie an Ihre unregelmäßigen, schwankenden Tagesumsätze — da kann ein Betriebsprüfer schon mal misstrauisch werden. Das ‚Formelle' muss auf jeden Fall stimmen — nur dann kann man wirklich sicher sein!«

»Wer soll sich da noch auskennen?«, fragte sich der ehemalige Buchhalter.

Rolf W. will es genau wissen und kauft sich ein Buch: »Prüfungssichere Kassenführung in bargeldintensiven Unternehmen«. Er hält es in den Händen und ist sicher: »Da steht alles drin, was ich wissen muss — und noch viel mehr.«

Joachim Kuhni

1 Ordnungsmäßige Buchführung und ordnungsmäßige Kassenführung

1.1 Die Buchführung

Eine Buchführung hat die Aufgabe, die periodischen Betriebsergebnisse der einzelnen Wirtschaftsjahre und das Gesamtergebnis eines Unternehmens von Beginn an bis zur Betriebsaufgabe festzustellen. Die Grundlage hierfür ist die laufende Dokumentation aller Geschäftsvorfälle.

Dem Unternehmer ist freigestellt, ob er seine Buchhaltung manuell oder mithilfe der EDV führt. Eine manuelle Buchführung ist heute nur noch selten zu finden. Aber es gibt sie noch: Einzelne kleinere Betriebe führen auch heute noch ein Buch, in das sie alle anfallenden Geschäftsvorfälle handschriftlich und nach Datum und Kontenbereich geordnet eintragen. Die aufsummierten Bewegungsdaten dieses früher viel verwendeten sog. amerikanischen Journals werden heutzutage regelmäßig in das EDV-System des Steuerberaters übernommen und dort abschließend verarbeitet.

Solche Ausnahmefälle beschränken sich jedoch auf Kleinstbetriebe, bei denen der Unternehmer aus Altersgründen und im Hinblick auf die in Kürze bevorstehende Betriebsaufgabe keine Umstellung zur EDV mehr vornehmen möchte.

Sind eigene Buchführungskenntnisse vorhanden, wird er vielleicht aus Kostengründen zumindest die laufenden Geschäftsvorfälle auf altherkömmliche Weise manuell erfassen.

Wichtig! !

Es gibt keine Verpflichtung zur digitalen Buchführung!

Zur Erfassung der Geschäftsvorfälle in chronologischer oder sachlich gegliederter Form unterscheidet die Buchführung:

- Grundbücher,
- Hauptbücher,
- Nebenbücher und
- Hilfsbücher.

Alle diese »Bücher« müssen die ihr zugedachte Funktion in der Buchhaltung erfüllen. Form und Aussehen spielen keine Rolle. Ein »Buch« kann auch ein handschriftlich geführtes Heft, eine geordnete Loseblattsammlung oder eine digitale Datenzusammenstellung sein.

Das Grundbuch

Ein Grund- oder Hauptbuch kann man nicht im Fachhandel kaufen. Der Unternehmer kauft ein Kassenbuch, das in der Buchhaltung die Funktion eines Grundbuchs erfüllen soll.

Das Kassenbuch ist das wichtigste Grundbuch. Ein Grundbuch enthält Aufzeichnungen in zeitlicher Reihenfolge und setzt gleichzeitig eine geordnete Belegablage voraus, in der sich auch sachverständige Dritte zurechtfinden müssen.

Eine geordnete und übersichtliche Belegablage kann auch alleine schon die Grundbuchfunktion erfüllen. Der Gesetzgeber macht keine Vorgaben, wie eine geordnete Belegablage auszusehen hat. Die Belege (z.B. Z-Bons, Rechnungen, Quittungen) können in zeitlicher Reihenfolge, nach Belegnummern sortiert oder alphabetisch abgelegt werden. Eine planlose Aufbewahrung in einer Schuhschachtel wäre dagegen nicht ordnungsmäßig.

! **Wichtig!**

Ein nicht ordnungsmäßig geführtes, in sich unschlüssiges oder unglaubwürdiges Grundbuch besitzt keine Beweiskraft und ist wertlos!

Neben dem Kassenbuch gehören auch Rechnungseingangs- und Rechnungsausgangsbücher, Bankbücher, in denen die unbaren Geldbewegungen festgehalten werden, und das für Gebrauchtwagen geführte Wageneingangs- und Wagenausgangsbuch der Kfz-Händler, zu den Grundbüchern.

Das Hauptbuch

Die Aufgabe des Hauptbuchs ist die systematische und sachliche Erfassung der Geschäftsvorfälle auf den Personen- und Sachkonten.

Das Nebenbuch

Ein Nebenbuch ergänzt die Aufzeichnungen der Grund- und Hauptbücher. Ein typisches Nebenbuch ist das Inventarverzeichnis.

Das Hilfsbuch

Unter Hilfsbüchern sind die gesammelten Aufzeichnungen des Unternehmers zu Statistik, Planung, Kontrolle sowie Termin- und Auftragsbücher zu verstehen.

1.2 Die Kassenführung — ein Bestandteil der Buchführung

Die Kassenführung ist Bestandteil der Buchführung. Eine ordnungsmäßige Buchführung setzt grundsätzlich auch eine ordnungsmäßige Kassenführung voraus. Insbesondere bei Unternehmen mit erheblichem Barverkehr können Kassenbewegungen einen überwiegenden Teil der gesamten Buchführung ausmachen.

Festgestellte Mängel in der Kassenführung wirken sich deshalb gerade bei bargeldintensiven Betrieben entscheidend auf die Gesamtbeurteilung der Buchhaltung aus. Eine nicht zutreffende Anwendungsvorschrift oder die unzutreffende Auslegung einer Vorschrift kann bereits zu Mängeln führen, auch wenn diese Mängel nur formeller Natur sind.

1.3 Formelle und materielle Ordnungsmäßigkeit

Eine Buchführung, die der Besteuerung zugrunde gelegt werden soll, muss sowohl die formellen als auch die materiellen Voraussetzungen erfüllen.

Was allgemein unter diesen beiden Begriffen zu verstehen ist, sollen die Beispiele in der nachstehenden Grafik verdeutlichen.

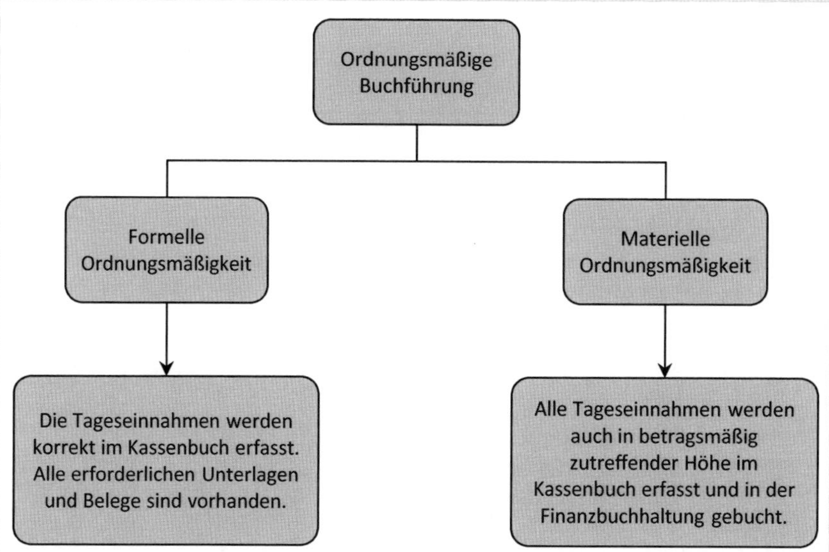

Abb. 1: Übersicht: Formelle und materielle Ordnungsmäßigkeit

Ob eine Buchführung formell und sachlich richtig ist, wird bei einer Außenprüfung auf zwei unterschiedliche Weisen geprüft. Neben der Untersuchung einzelner konkreter Geschäftsvorfälle erstreckt sich die Prüfung auch auf das Buchführungssystem insgesamt. Bei solchen Systemprüfungen werden insbesondere die eingesetzten EDV-Programme und internen Verfahrensabläufe durchleuchtet.

1.4 Die richtige Rechtsvorschrift

In der Praxis ist es nicht immer einfach zu entscheiden, welche der Vorschriften oder Sonderregelungen im Einzelfall zu beachten sind. Neben den allgemeinen gesetzlichen Vorschriften des Handelsgesetzbuchs (HGB) und der Abgabenordnung (AO) bestimmen Einzelsteuergesetze, allgemeine Buchführungsgrundsätze, Erlasse und mehrere Anwendungsvorschriften (BMF-Schreiben), was richtig und was falsch ist.

Was das Kassenwesen betrifft, befinden wir uns derzeit unübersehbar in einer steuerpolitisch geprägten Umbruchstimmung. Branchen, in denen Bargeld eine wesentliche Rolle spielt, werden eindringlicher geprüft als früher. Prüfer stellen Mängel in der Kassenführung fest, die bisher offenbar niemand störten.

So zumindest erscheint es manchem Unternehmer, der glaubte, alles richtig gemacht zu haben. Die Folgen können fatal sein. Eine Buchführung wird verworfen, sie verliert ihre Glaubwürdigkeit und es droht eine steuerliche Schätzung. Dabei hat sich der Unternehmer vielleicht nur einer falschen, für ihn nicht maßgeblichen, Vorschrift bedient.

1.5 Wer kennt sich da noch aus?

Ganz so dramatisch ist es aber nicht. Werden alle Barbewegungen gewissenhaft im Unternehmen aufgezeichnet, führt eine Verwechslung der Anwendungsvorschrift durch den steuerlichen Berater nicht gleich zu einer Schätzung. Erfahrungsgemäß trägt in Schätzungsfällen der Unternehmer selbst in erheblichem Maße dazu bei, indem er z.B. seine Eintragungen im Kassenbuch nicht wahrheitsgetreu vornimmt. Dennoch ist die Rechtsunsicherheit groß, der Gesetzesdschungel für einen steuerlich nicht beratenen Kaufmann kaum noch zu überblicken.

Gerade die noch bis zum 31.12.2016 geltende Rechtslage stellt bzgl. der Anforderungen an eine ordnungsgemäße Kassenführung maßgeblich darauf ab, welches Kassensystem im Unternehmen eingesetzt wird und was dieses System tatsächlich zu leisten imstande ist.

1.6 Die wichtigsten Fragen

- Was ändert sich für mich alles zum 01.01.2017?
- Kann mein vorhandenes Kassensystem den neuen Anforderungen noch genügen?
- Brauche ich eine neue Kasse?
- Muss ich sofort umstellen?
- Mit welchen Folgen ist bei Nichteinhaltung zu rechnen?
- Was bringt die Zukunft?

1.7 Die wichtigsten Rechtsvorschriften und Grundsätze der Kassenführung im Überblick

Für die Buchführung und somit auch für die Führung einer Kasse und eines Kassenbuchs gelten die handelsrechtlichen Vorschriften der §§ 238 bis 263 HGB und die steuerrechtlichen Aufzeichnungsvorschriften der §§ 140 bis 148 AO, sowie § 158 AO.

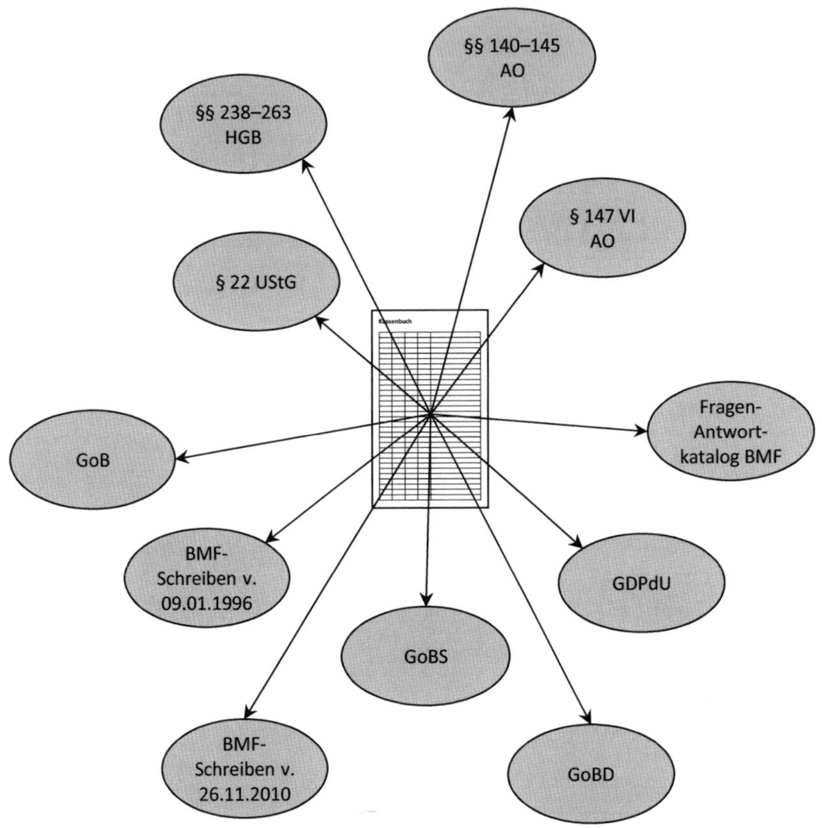

Abb. 2: Vorschriften zur Kassenführung

Die Zusammenstellung soll dabei helfen, den Anwendungsbereich und den Anwendungszeitraum der wichtigsten Vorschriften — soweit sie für die Kassenführung relevant sind — eindeutig zu bestimmen.

1.7.1 Die Vorschriften der Abgabenordnung (§§ 140 bis 148 AO)

Buchführungs- und Aufzeichnungspflichten nach anderen Gesetzen (§ 140 AO)

Diejenigen, die nach anderen Gesetzen als den Steuergesetzen Bücher und Aufzeichnungen zu führen haben, die für die Besteuerung von Bedeutung sind, haben diese Verpflichtungen auch für die Besteuerung zu erfüllen.

Buchführungspflicht (§ 141 AO)

§ 141 AO regelt, welche Steuerpflichtigen Bücher führen müssen und aufgrund jährlicher Bestandsaufnahmen zu Abschlüssen verpflichtet sind, soweit sich die Buchführungspflicht nicht aus § 140 AO ergibt.

Land- und Forstwirte (§ 142 AO)

§ 142 AO enthält ergänzende Vorschriften für buchführungspflichtige Land- und Forstwirte.

Aufzeichnung des Wareneingangs (§ 143 AO)

Gewerbliche Unternehmer müssen gem. Abs. 1 den Wareneingang gesondert aufzeichnen. In den Abs. 2 und 3 ist geregelt, welche Waren aufgezeichnet werden müssen und welche Angaben die Aufzeichnungen enthalten müssen.

Wichtig! !

Aus Vereinfachungsgründen werden insbesondere im Gastronomiebereich vielfach nur Sammelrechnungen auf dem Wareneingangskonto erfasst, die unterschiedliche Waren und Warengruppen enthalten.
Meist wird der Rechnungsbetrag nur aus umsatzsteuerlichen Gründen in Waren, die dem ermäßigten Steuersatz, und Waren, die dem Regelsteuersatz unterliegen, aufgeteilt und verbucht.
Bei dieser Vorgehensweise werden die Anforderungen des § 143 AO nicht erfüllt.
Die ausschließliche Verbuchung von Sammelrechnungen stellt einen Buchführungsmangel dar.
Wird der Wareneinkauf nicht artikelweise aufgegliedert, ist eine Überprüfung der Besteuerungsgrundlagen sehr schwierig und führt zu extrem einseitigen und verzerrten Ergebnissen (vgl. BFH-Urteil vom 02.02.1982 – VIII R 65/80).

Aufzeichnung des Warenausgangs (§ 144 AO)

Waren, die an Gewerbetreibende verkauft werden, müssen einzeln aufgezeichnet werden.

Allgemeine Anforderungen (§ 145 AO)

§ 145 Abs. 1 Satz 1 AO

In Satz 1 der Vorschrift verlangt der Gesetzgeber, dass eine Buchführung so beschaffen sein muss, dass sich ein sachkundiger Dritter in angemessener Zeit einen Überblick über die Geschäftsvorfälle und die Lage des Unternehmens machen kann.

Sachkundig kann ein Angehöriger der steuerberatenden Berufe sein oder ein Bediensteter der Steuerverwaltung, soweit er eine entsprechende Ausbildung als Außenprüfer oder Steuerfahnder besitzt.

Welche Zeit angemessen ist, wird von verschiedenen Faktoren bestimmt. Dabei kommt es auf die Art und den Umfang einer Buchhaltung und auf die Sachkenntnis des »Dritten« an.

§ 145 Abs. 1 Satz 2 AO

Die Geschäftsvorfälle müssen sich in ihrer Entstehung und Abwicklung verfolgen lassen. In Satz 2 der Vorschrift wird darauf hingewiesen, dass die Aufzeichnungen so vorzunehmen sind, dass der Zweck, den sie für die Besteuerung erfüllen sollen, erreicht wird.

Um Geschäftsvorfälle in ihrer Entstehung und Abwicklung verfolgen zu können, müssen sie sowohl progressiv, d.h. vom Urbeleg über das Grundbuch/Journal/ Hauptbuch bis hin zur Bilanz und Gewinn- und Verlustrechnung, als auch in umgekehrter Reihenfolge, retrograd, nachprüfbar sein.

Bei einer EDV-Buchführung beschreibt die Verfahrensdokumentation den Weg der digitalen Aufzeichnungen. Ein internes Kontrollsystem (IKS) sorgt für die sachlich und systematisch korrekte Abwicklung der Vorgänge.

Diese allgemeinen Anforderungen gelten auch für die Kassenführung.

Rz 8 der Grundsätze zur ordnungsmäßigen Führung und Aufbewahrung von Büchern, Aufzeichnungen und Unterlagen in elektronischer Form sowie zum Datenzugriff (GoBD) vom 14.11.2014 macht deutlich, dass unter diesen Voraussetzungen (§§ 145, 146 AO) auch Aufzeichnungen auf Datenträgern zulässig sind. Für Nutzer einer elektronischen Registrierkasse bedeutet dies, dass auch steuerlich relevante Kassendaten so vorgelegt werden müssen, dass sich der Prüfer einen schnellen Überblick verschaffen kann (vgl. auch BMF-Schreiben vom 26.11.2010).

Ordnungsvorschrift für die Buchführung und für Aufzeichnungen (§ 146 AO)
Anforderungen an die Aufzeichnungen (§ 146 Abs. 1 Satz 1 AO)

In § 146 Abs. 1 Satz 1 AO werden die Anforderungen an die Aufzeichnungen beschrieben. Danach sind Aufzeichnungen vollständig, richtig, zeitgerecht und geordnet vorzunehmen.

Was ist im Einzelnen unter den Aufzeichnungsmerkmalen des Abs. 1 Satz 1 zu verstehen?

- **Vollständig**
  Alle Vorgänge, die den Erfolg oder das Vermögen des Unternehmers betreffen, sind lückenlos zu erfassen. Fehlende Geschäftsvorfälle stellen einen schweren Verstoß gegen die Grundsätze ordnungsmäßiger Buchführung

(GoB) dar. Auch wenn mehrere Geschäftsvorfälle verrechnet oder saldiert dargestellt werden, gelten die Buchungen als unvollständig.
Solche verkürzten Buchungen sind vorstellbar, wenn z.B. ein Verkaufserlös zuvor mit einem Gegengeschäft verrechnet wird.

Beispiel: Gebrauchtwagenhändler

!

Ein Gebrauchtwagenhändler bucht nur die Differenz aus dem Fahrzeugverkauf und der Inzahlungnahme eines Altwagens seines Kunden als Betriebseinnahme.
Der Verkauf des Fahrzeugs und die Inzahlungnahme sind zwei getrennt zu erfassende Geschäftsvorfälle. Zwar ist das ertragsteuerliche Ergebnis in beiden Fällen identisch, umsatzsteuerlich gesehen, kann die bloße Erfassung des Differenzbetrags jedoch zu einer falschen Zahllast führen. (Kein Vorsteuerabzug beim Ankauf von einer Privatperson.)

- **Richtig**
  Die Richtigkeit bezieht sich vor allem auf die sachliche, d.h. inhaltlich richtige Erfassung. Buchungen müssen wahrheitsgetreu, mit den richtigen Werten (Bewertung) und mit zutreffender Gewinnauswirkung erfolgen. Fiktive Buchungen und falsche oder erfundene Konten sind verboten. Unter Richtigkeit sind auch die richtige Verbuchung und die zutreffende Bezeichnung zu verstehen.

Beispiel: Bäckermeister

!

Ein Bäckermeister beliefert Wurstbuden auf dem Wochenmarkt. Seine Ausgangsrechnungen stellt er auf Wunsch seiner Kunden mit erfundenen Empfängernamen aus. Die Rechnungsbeträge erfasst er der Höhe nach korrekt in seiner Buchhaltung und versteuert sie in voller Höhe als Betriebseinnahmen.
Obwohl die Gewinnermittlung nicht zu beanstanden ist, verstößt der Bäckermeister gegen den Grundsatz der Wahrheit. Die Buchführung ist — zumindest insoweit — nicht ordnungsgemäß, weil die Belege nicht richtig sind.
Die Überprüfung seiner Umsätze wird dadurch erheblich erschwert. Der Unternehmer muss mit einem Verfahren wegen Beihilfe zur Steuerhinterziehung rechnen und wird möglicherweise als Haftungsschuldner für die verkürzten Steuern seines Kunden in Anspruch genommen.

- **Zeitgerecht**
  Eine zeitgerechte Erfassung verlangt, dass die Buchung der Geschäftsvorfälle zeitnah erfolgen muss. Eine bestimmte Frist ist weder im HGB noch in der AO festgelegt. Während Bargeschäfte täglich erfasst werden müssen, ist für andere Geschäfte ein angemessener zeitlicher Zusammenhang ausreichend. Zeitgerecht kann je nach Größe einer Buchhaltung auch wöchentlich, monatlich oder sogar vierteljährlich bedeuten.

Je größer der Zeitraum zwischen dem Geschäftsvorfall und seiner Verbuchung, desto schwieriger wird die sichere Verwaltung der noch nicht gebuchten Belege (Verlust von Unterlagen). Nur wenn gleichzeitig die Gefahr einer nachträglichen Manipulation ausgeschlossen werden kann, sind auch größere Buchungsrückstände noch tolerierbar.

!

Beispiel: Insolvenz

Bei drohender oder bereits eingetretener Zahlungsunfähigkeit (Insolvenz) kommt der zeitgerechten Erfassung von Geschäftsvorfällen eine ganz besondere Bedeutung zu. Die exakte Feststellung des Eintritts der Zahlungsunfähigkeit ist für ein Verfahren in derartigen Krisensituationen von großem Gewicht.
Liegt der Verdacht auf eine Insolvenzstraftat vor, zu der auch Bilanzfälschungen und Bilanzverschleierungen zählen, ist vor allem die rechtzeitige Erstellung der Buchführung Gegenstand der Ermittlung.
Wer Handelsbücher, zu deren Führung er gesetzlich verpflichtet ist, nicht oder so führt, dass die Übersicht über sein Vermögen erschwert wird, riskiert nach § 283 Abs. 1 Nr. 5 Strafgesetzbuch (StGB) eine Geldstrafe oder eine Freiheitsstrafe von bis zu fünf Jahren.

- **Geordnet**
  Jede sinnvolle Ordnung, die es einem Buchsachverständigen ermöglicht, sich in angemessener Zeit einen Überblick über die Geschäftsvorfälle zu verschaffen, genügt, um die Anforderungen der AO-Vorschrift zu erfüllen.
  Geschäftsvorfälle, die nach sachlichen Kriterien kontiert und in einem gegliederten Kontensystem »abgelegt« sind, gewährleisten grundsätzlich schon eine geordnete Erfassung.

Tägliche Aufzeichnungen (§ 146 Abs. 1 Satz 2 AO)
Kasseneinnahmen und Kassenausgaben sollen täglich festgehalten werden.

Mit Satz 2 geht die AO-Vorschrift über die Anforderungen des § 239 Abs. 2 HGB hinaus. Satz 2 verdeutlicht, dass es sich bei Vorgängen mit Bargeldberührung um einen sehr sensiblen Bereich handelt, der nach besonderen überprüfbaren Maßnahmen verlangt.

Führung und Aufbewahrung im Inland (§ 146 Abs. 2 AO)
Bücher und Aufzeichnungen sind grundsätzlich im Geltungsbereich des Gesetzes zu führen und aufzubewahren. Dieser Regelung unterliegen auch Kassenbücher. Gerade in Grenznähe ist diese Vorschrift von praktischer Relevanz, wenn z.B. der Wohnsitz des Unternehmers und der Geschäftsort auseinanderfallen.

Ausnahme

Ausländische Betriebsstätten sind nach dortigem Recht zur Führung und zur Aufbewahrung verpflichtet.

!

Lebende Sprache (§ 146 Abs. 3 AO)

Bei der Buchführung und den sonstigen Aufzeichnungen muss sich der Kaufmann einer lebenden Sprache bedienen. Auch wenn diese Vorschrift eher wie eine Selbstverständlichkeit klingt, ist zu bedenken, dass es viele Betriebe gibt, die von ausländischen Unternehmern geführt werden. Einige bieten ihre Waren sogar vorwiegend eigenen Landsleuten an. Nicht alle Unternehmer wären dazu in der Lage, ihr Kassenbuch in deutscher Sprache abzufassen. Auch im Gastronomiebereich gibt es bekanntlich eine bunte Vielfalt von Restaurants, deren Angebote explizit auf die Küche ihres Heimatlandes ausgerichtet sind. Auch hier reichen die Sprachkenntnisse des Betreibers oft nicht aus, ordnungsmäßige Aufzeichnungen in deutscher Sprache zu führen.

Zwar ist in § 87 Abs.1 AO klar geregelt: »Die Amtssprache ist deutsch.« Dennoch ist es zulässig, Bücher wie z.B. das Kassenbuch in einer anderen Sprache abzufassen, solange es sich dabei um eine »lebende« Sprache handelt.

Als lebende Sprachen werden solche Sprachen bezeichnet, die gegenwärtig gesprochen werden. Latein und Altgriechisch sind demnach ebenso wenig lebende Sprachen wie Kunst-, Programmier- oder Zeichensprachen.

Der Vorschrift des § 146 Abs. 3 AO nicht gerecht wird derjenige, der seine Bücher mit unüblichen Kürzeln versieht oder sich der Stenografie bedient.

Gemäß § 146 Abs. 3 Satz 2 AO können Gerichte und Behörden Übersetzungen verlangen, wenn die Bücher nicht in deutscher Sprache geführt werden. Strittig ist jedoch die Auffassung, dass in allen solchen Fällen jederzeit ein Dolmetscher verfügbar sein muss.

Veränderungen (§ 146 Abs. 4 AO)

Aufzeichnungen dürfen nicht so verändert werden, dass der ursprüngliche Inhalt nicht mehr lesbar ist (vgl. Kapitel 7.1). Radierungen sind nicht erlaubt, weil die bisherige Eintragung dadurch nicht mehr erkennbar ist. Werden DV-gestützte Buchführungssysteme eingesetzt, sind Radierungen mit der Löschung von Daten gleichzusetzen. Anstelle des »digitalen Tintenkillers« kann der gleiche Zweck, nämlich die Rückgängigmachung einer Buchung, auch im Wege einer zulässigen Umbuchung oder Stornobuchung erreicht werden.

Geordnete Ablage (§ 146 Abs. 5 AO)
Bücher und sonstige erforderliche Aufzeichnungen können gem. § 146 Abs. 5 AO auch in der geordneten Ablage von Belegen bestehen oder auf Datenträgern geführt werden. Diese Verfahren und Formen der Buchführung müssen den GoB entsprechen, jederzeit verfügbar sein und unverzüglich lesbar gemacht werden können.

Aufzeichnungen ohne Verpflichtung (§ 146 Abs. 6 AO)
Diese Ordnungsvorschriften gelten auch dann, wenn der Unternehmer Bücher und Aufzeichnungen, die für die Besteuerung von Bedeutung sind, führt, ohne hierzu verpflichtet zu sein.

Aufbewahrung von Unterlagen (§ 147 AO)
Aufbewahrungspflichtige Unterlagen (§ 147 Abs. 1 AO)
In Abs. 1 Nr. 1 der Vorschrift werden die Unterlagen aufgeführt, die in geordneter Form aufzubewahren sind. Hierzu gehören u.a. Bücher und Aufzeichnungen, Inventare, Jahresabschlüsse sowie Arbeitsanweisungen und sonstige Organisationsunterlagen.

Wiedergaben von abgesandten und empfangenen Handels- und Geschäftsbriefen sind in den Nrn. 2 und 3 genannt, Buchungsbelege in Nr. 4 und sonstige Unterlagen, die für die Besteuerung von Bedeutung sind, in Nr. 5.

Die eingefügte Ziffer 4a. bezieht sich ausschließlich auf Zollanmeldungen, soweit sie mit Mitteln der Datenverarbeitung erstellt wurden.

Aufbewahrung auf Datenträgern (§ 147 Abs. 2 AO)
Mit Ausnahme der Jahresabschlüsse, der Eröffnungsbilanz und der Unterlagen nach Abs. 1 Nr. 4a können die in Abs. 1 aufgeführten Unterlagen auch auf einem geeigneten Datenträger aufbewahrt werden, wenn dies den GoB entspricht. Voraussetzung hierfür ist, dass die Daten während der Aufbewahrungsdauer jederzeit verfügbar sind, lesbar gemacht werden können und maschinell auswertbar sind.

Aufbewahrungsdauer (§ 147 Abs. 3 AO)
Abs. 3 regelt die Aufbewahrungsdauer von Unterlagen und den Ablauf der Aufbewahrungsfrist bei noch nicht abgelaufener Festsetzungsfrist.

Beginn der Aufbewahrungsfrist (§ 147 Abs. 4 AO)
Wann die Aufbewahrungsfrist tatsächlich beginnt, wird in Abs. 4 der Vorschrift beschrieben.

Kosten der Aufbewahrung (§ 147 Abs. 5 AO)
Wer Unterlagen auf Datenträgern vorlegt, ist verpflichtet, die Kosten hierfür zu übernehmen bzw. die Hilfsmittel zur Verfügung zu stellen, die für das Lesen der Unterlagen erforderlich sind.

Digitaler Datenzugriff (§ 147 Abs. 6 AO)
Die Neufassung des § 147 Abs. 6 AO regelt den digitalen Datenzugriff der Finanzverwaltung im Rahmen von Außenprüfungen. Die Vorschrift räumt Finanzbehörden seit dem 01.01.2002 das Recht ein, direkt auf die maschinellen Daten von Unternehmen zuzugreifen.

Neben der klassischen Papierprüfung kann das Finanzamt verlangen, die steuerlich relevanten Daten unmittelbar am eigenen System (Z1), mittelbar, d.h. nach ihren Vorgaben maschinell aufbereitet (Z2), oder auf einem maschinell verwertbaren Datenträger im Wege der Datenträgerüberlassung (Z3) zur Verfügung zu stellen.

- **Unterlagen in Papierform**
  Der Prüfer kann in bestimmten Fällen auch eine herkömmliche Papierprüfung durchführen, wenn es der Einzelfall erfordert (z.B. Kleinstbetrieb, Daten sind nicht GoBD-konform, veraltetes System). Nach den Vorgaben seines Dienstherrn soll eine Papierprüfung allerdings nur noch in Ausnahmefällen erfolgen. Meist muss er dies sogar schriftlich begründen. Durch die digitale Prüfung verspricht sich der Gesetzgeber eine effektivere und zügigere Abwicklung der Fälle. Zudem wurden enorme Kosten in die Aus- und Fortbildung und die technische Ausstattung der Prüfungsdienste investiert.
  Werden die Unterlagen auf Papier angefordert, wird der Prüfer i.d.R. auf die zusätzliche Bereitstellung der Unterlagen auf einem Datenträger verzichten.
- **Die Datenzugriffsmöglichkeiten:**
  - **Unmittelbarer Datenzugriff (Z1)**
    Das Unternehmen stellt dem Prüfer einen PC-Arbeitsplatz zur Verfügung und ermöglicht ihm den direkten Zugriff auf das Buchführungssystem.
    Vorteil (aus Sicht des Prüfers)
    Das System ist auch auf sehr große Datenmengen eingerichtet, wodurch sich die Zugriffszeiten gegenüber seinem Laptop zum Teil wesentlich verkürzen.
    Nachteil (aus Sicht des Prüfers)
    Der Prüfer erhält einen sog. »Nur-Lese-Zugriff«. Die Auswertemöglichkeiten sind beschränkt. Es sind Systemkenntnisse erforderlich.
  - **Mittelbarer Datenzugriff (Z2)**
    Die Daten werden nach den Vorgaben des Prüfers maschinell aufbereitet und zur Verfügung gestellt. Der Prüfer erhält entweder Ausdrucke oder lässt sich bestimmte Geschäftsvorfälle am System des Unternehmens

aufzeigen. Hierfür wird vom Unternehmer regelmäßig eine fachkundige Person benannt und für die Dauer der Prüfung abgestellt.
Vorteil (aus Sicht des Prüfers)
Es sind keine Systemkenntnisse erforderlich. Auch große Datenmengen lassen sich bewältigen. Kurze Zugriffszeiten.
Nachteil (aus Sicht des Prüfers)
Der Prüfer erhält einen »Nur-Lese-Zugriff« und ist weitgehend abhängig vom Wissensstand, Können und der Einsatzbereitschaft des Mitarbeiters. Eigene Auswertungen sind nicht möglich.

- **Datenträgerüberlassung (Z3)**
  Die steuerlich relevanten Daten werden auf einem maschinell auswertbaren Datenträger übergeben.
  Vorteil (aus Sicht des Prüfers)
  Die Datenbestände können nach eigenem Ermessen aufbereitet und mittels digitaler Analysen ausgewertet werden.
  Nachteil (aus Sicht des Prüfers)
  Bei sehr großen Datenmengen reicht die Kapazität des Prüfernotebooks möglicherweise nicht aus. Die Zugriffszeiten können sich dadurch erheblich verlängern.

- **Kumulieren erlaubt?**
  Die verschiedenen Datenzugriffsmöglichkeiten können auch kombiniert werden. In der Praxis macht es manchmal Sinn, z.B. nur die Sachkonten zur gezielten Auswertung auf einem Datenträger anzufordern, während der umfangreichere Personenkontenbestand bei Bedarf direkt am System eingesehen werden kann. Gerade bei großen Unternehmen machen Prüfer gerne von dieser Möglichkeit Gebrauch, wenn die Ressourcen des Dienstrechners erschöpft sind.
- **Wer bestimmt über die Art des Datenzugriffs?**
  Die Entscheidung über die Art des Datenzugriffs trifft grundsätzlich der Außenprüfer. Welche Zugriffsmethode ihm als geeignet und zweckmäßig erscheint, beurteilt er unter Berücksichtigung der Verhältnisse im Einzelfall.
- **Einsatz einer PC-gestützten Kasse**
  Besondere Bedeutung für die Kassenführung hat die Vorschrift des § 147 Abs. 6 AO, wenn im Unternehmen eine Registrierkasse in Form einer sog. PC-Kasse eingesetzt wird: Sonderregelungen, die speziell für den Einsatz von elektronischen Registrierkassen ergangen sind und überwiegend der Vereinfachung dienen sollen, greifen nicht, wenn die Einzeldaten ohnehin systembedingt und dauerhaft auf der Festplatte abgelegt sind. Alle steuerlich relevanten Daten (auch die Kassenjournaldaten) sind danach seit dem 01.01.2002 aufbewahrungs- und vorlagepflichtig.

- **Speicherung überlassener Daten**
  BFH-Schreiben vom 16.12.2014 – VIII R 52/12
  Der Bundesfinanzhof hat entschieden, dass die Vorschrift des § 147 Abs. 6 AO der Finanzverwaltung nicht das Recht gibt, die ihr im Rahmen einer Außenprüfung in digitaler Form überlassenen Daten über den Zeitraum der Prüfung hinaus auf Rechnern außerhalb der behördlichen Diensträume zu speichern. Danach dürfen die Daten nach Abschluss einer Prüfung nur noch in den Diensträumen der Finanzbehörden, nicht aber auf den Prüfernotebooks aufbewahrt werden.
  Die räumliche Beschränkung des Datenzugriffs folgt auch den Inhalten des § 200 Abs. 2 AO, wonach der Steuerpflichtige die prüfungsrelevanten Unterlagen nur in seinen Geschäftsräumen, in seinen Wohnräumen oder an einer Amtsstelle vorzulegen hat.

Erleichterungen (§ 148 AO)
In einzelnen Fällen kann die Finanzbehörde Erleichterungen bewilligen, wenn Buchführungs-, Aufzeichnungs- oder Aufbewahrungspflichten Härten mit sich bringen und die Besteuerung durch die Erleichterungen nicht beeinträchtigt wird.

1.7.2 Grundsätze ordnungsmäßiger Buchführung (GoB)

Die GoB sind ein aus der Historie heraus gewachsener Rechtsbegriff. Sie sind vermutlich mehrere Hundert Jahre alt — niemand weiß das genau. Obwohl diese Grundsätze im HGB und in der AO mehrfach verwendet werden, gibt es nirgendwo eine eindeutige Begriffsdefinition.

Der Gesetzgeber verwendet solche unbestimmten Rechtsbegriffe, um die darin enthaltenen Regelungen im Einzelfall auszulegen und zu präzisieren. Unbestimmte Rechtsbegriffe werden regelmäßig durch die Rechtsprechung und die Literatur oder durch die Alltagspraxis »gefüllt«. Dabei kommt gerade der allgemeinen Verkehrsauffassung eine besondere Bedeutung zu.

Die GoB sind nicht in einer speziellen gesetzlichen Vorschrift oder in einer schriftlichen Dokumentation zusammengefasst dargestellt. Sie leiten sich aus den gesetzlichen Vorschriften des HGB (§§ 238 ff.), der AO (§§ 140 ff.) und des Umsatzsteuerrechts (§ 22 UStG) her. Sie umfassen zudem allgemeine Regeln sowie geschriebene und ungeschriebene Normen zur Buchführung, Bilanzierung und zum Jahresabschluss sowie Regelungen, die sich aus der Rechtsprechung, der Praxis, aber auch aus Empfehlungen von Wirtschaftsverbänden ergeben. Auch handelsrechtliche und kaufmännische Gewohnheiten, der technische Fortschritt und die allgemeine Verkehrsauffassung fließen in die GoB ein.

Viele der althergebrachten Regelungen sind nicht ohne Weiteres auf die heutige moderne Buchhaltungstechnik übertragbar.

!

Beispiel: Sichere Aufbewahrung eines Kassenbuchs

- Das **manuell geführte Kassenbuch** wird in einem verschlossenen Büroschrank aufbewahrt.
- Das **digitale Kassenbuch** wird in einem mit Passwort und Zugriffsschutz versehenen Archivsystem vorgehalten.

Da die Regelungen der GoB selbst nicht gesetzlich fixiert sind, können sie ständig den wirtschaftlichen und technischen Veränderungen und neuen Erkenntnissen angepasst werden.

Verantwortlichkeit

Für die Einhaltung der Grundsätze ist ausschließlich der Unternehmer verantwortlich. Die Organisation seiner Kassenführung, aber auch die Programmierung der eingesetzten Registrierkasse ist Sache des Unternehmers. Er kann auch nicht behaupten, bestimmte Einstellungen seiner Kasse habe der Aufsteller zu verantworten, er selbst verstehe von der Materie zu wenig. Die einzelnen Tätigkeiten kann er an andere delegieren, die Verantwortung jedoch nicht. Selbst Krankheit oder Alter können ihn davon nicht entbinden.

1.7.3 Grundsätze ordnungsmäßiger DV-gestützter Buchführungssysteme (GoBS)

BMF-Schreiben vom 07.11.1995 – IV A 8 – S 52/95

Die Ordnungsmäßigkeit einer DV-gestützten Buchführung ist grundsätzlich nach den gleichen Prinzipien zu beurteilen wie die einer manuell erstellten Buchführung. Mit dem Schreiben des BMF vom 07.11.1995 sollten die allgemeinen Grundsätze der GoB für den Bereich einer elektronischen Buchführung ergänzt und präzisiert werden. Zur DV-gestützten Buchführung gehören neben der Finanzbuchhaltung auch die digitalen Aufzeichnungen der Vor- und Nebensysteme wie die einer elektronischen Registrierkasse. Die GoBS wurden von der Arbeitsgemeinschaft für wirtschaftliche Verwaltung e. V. (AWV) erarbeitet.

!

Wichtig!

Die GoBS wurden inzwischen durch die am 14.11.2014 veröffentlichten GoBD ersetzt und gelten letztmalig für Veranlagungszeiträume bis 2014.

Aus diesen Gründen wird auf eine eingehendere Beschreibung der GoBS verzichtet.

1.7.4 BMF-Schreiben vom 09.01.1996 – IV A 8 S 0310 5/95

Das BMF-Schreiben vom 09.01.1996 (IV A 8 – S 0310 – 5/95) ist speziell zur Aufbewahrung von Kassenunterlagen ergangen. Die Vorschrift beinhaltet eine Vereinfachungsregelung bei der Verwendung einer elektronischen Registrierkasse, wenn der Zweck der Aufbewahrung in anderer Weise gesichert und die Gewähr der Vollständigkeit gegeben ist. Unter bestimmten Voraussetzungen kann auf die Aufbewahrung von Papierkassenstreifen verzichtet werden.

Wichtig! !

Das BMF-Schreiben vom 09.01.1996 wurde durch das BMF-Schreiben vom 26.11.2010 teilweise ersetzt. Das neue BMF-Schreiben enthält gleichzeitig eine Übergangsregelung für noch im Einsatz befindliche ältere Registrierkassen. Danach gelten für technisch nicht aufrüstbare »Altkassen« weiterhin die Vereinfachungsregelungen des BMF-Schreibens vom 09.01.1996 (bis längstens 31.12.2016).

1.7.5 Grundsätze zum Datenzugriff und zur Prüfbarkeit digitaler Unterlagen (GDPdU)

BMF-Schreiben vom 16.07.2001 – IV D 2 – S 0316 – 136/01
Das BMF-Schreiben vom 16. Juli 2001 enthält insbesondere Regeln zum Umfang und zur Ausübung des Rechts auf Datenzugriff nach § 147 Abs. 6 AO, zur Aufbewahrung digitaler Unterlagen und zur Mitwirkungspflicht des Steuerpflichtigen bei Betriebsprüfungen. Soweit diesen Grundsätzen keine Sondervorschriften entgegenstehen, gelten sie auch für die digitalen Aufzeichnungen einer elektronischen Registrierkasse.

Wichtig! !

Entsprechend der GoBS wurden auch die Regelungen der GDPdU in die am 14.11.2014 veröffentlichten GoBD eingearbeitet und sind letztmalig für Veranlagungszeiträume bis 2014 anwendbar.

Aus diesen Gründen wird auf weitere Ausführungen zur GDPdU verzichtet.

1.7.6 Fragen und Antworten zum Datenzugriffsrecht der Finanzverwaltung

Rz 9 des Fragen- und Antwortkatalogs des BMF vom 01.07.2002 (letztmals aktualisiert am 22.01.2009, BMF Referat IV A 4) stellt klar, dass elektronische Registrierkassen Bestandteil des DV-Systems i.S.d. § 147 Abs. 6 AO sind. Bei den gespeicherten Daten handelt es sich deshalb um Daten, die dem Einsichtsrecht nach dieser Vorschrift unterliegen.

! **Wichtig!**

Der Fragen- und Antwortkatalog des BMF wird nicht mehr aktualisiert. Die Inhalte wurden weitgehend in die am 14.11.2014 veröffentlichen GoBD übernommen.

1.7.7 BMF-Schreiben vom 26.11.2010 — IV A 4 — S 0316/08/10004-07

Das BMF-Schreiben vom 26.11.2010 (IV A 4 — S 0316/08/10004-07) konkretisiert die Voraussetzungen für die Aufbewahrung und den digitalen Datenzugriff bei elektronischen Registrierkassen. In diesem Schreiben wird insbesondere die Einzelaufzeichnungspflicht digitaler Kassenjournaldaten gefordert.

Die in diesem Schreiben genannten Neuregelungen sind Bestandteil der GoBD vom 14.11.2014 und gelten auch für die Jahre 2016 ff. Die Einzelheiten der Vorschrift werden an anderer Stelle ausführlich beschrieben.

1.7.8 Grundsätze zur ordnungsmäßigen Führung und Aufbewahrung von Büchern, Aufzeichnungen und Unterlagen in elektronischer Form sowie zum Datenzugriff (GoBD)

BMF-Schreiben vom 14.11.2014 - IV A 4 - S 0316/13/10003
In den am 14.11.2014 veröffentlichten GoBD werden die Aufbewahrungspflichten nochmals konkretisiert. In Rz 20 wird klar zum Ausdruck gebracht, dass die Vorschriften auch auf Datenvorsysteme wie Kassensysteme, Kassen mit Wiegefunktion, Warenwirtschaftssysteme, Fakturierung, Materialwirtschaft, Zeiterfassung, Taxameter und Geldspielgeräte usw. anzuwenden sind.

Rz 31 der GoBD weist darauf hin, dass Aufzeichnungen so zu führen sind, dass der Zweck, den sie für die Besteuerung erfüllen sollen, erreicht wird. Eine ordnungsmäßige Buchführung muss die progressive und retrograde Prüfbarkeit — soweit anwendbar — gewährleisten.

1.7.9 Die steuerlichen Vorschriften im Überblick

Vorschrift	Zeitlicher Geltungsbereich	
	von	bis
§§ 238 ff. HGB	1897	**2017 ff.**
§§ 140 ff. AO	1977	**2017 ff.**
§ 147 VI AO	2002	**2017 ff.**
GoB	zeitlich unterschiedliche Regelungen und Normen	**2017 ff.**
GoBS	1995	VZ 2014
BMF 09.01.1996	1996	26.11.2010 31.12.2016 (eingeschränkt)
GDPdU	2002	VZ 2014
Fragen und Antworten BMF	2002	VZ 2014
BMF 26.11.2010	2010	**2017 ff.**
GoBD	2015	**2017 ff.**
Neue Rechtslage ab 01.01.2017: Alle über den 31.12.2016 hinaus geltenden Vorschriften sind fett gedruckt.		

Abb. 3: Geltungszeitraum der steuerlichen Vorschriften

2 Die Beweiskraft der Buchführung (§ 158 AO)

Entsprechen die Buchführung und die Aufzeichnungen des Steuerpflichtigen den Vorschriften der §§ 140 bis 148 AO, sind sie der Besteuerung zugrunde zu legen. Dabei gilt gem. § 158 AO die Vermutung, dass eine nach den §§ 140 ff. AO formell korrekte Buchführung, auch sachlich richtig ist:

> *§ 158 AO*
> *[...] soweit nach den Umständen des Einzelfalls kein Anlass besteht, ihre sachliche Richtigkeit zu beanstanden.*

Da die allgemeinen Vorschriften der AO auch auf Buchführungs- und Aufzeichnungspflichten nach anderen Gesetzen als der AO verweisen, setzt die widerlegbare Richtigkeitsvermutung des § 158 AO auch die Einhaltung der formellen handelsrechtlichen Vorschriften voraus.

§ 158 AO gilt auch für Aufzeichnungspflichten nach den Einzelsteuergesetzen und für freiwillig geführte Aufzeichnungen.

2.1 Die objektive Beweislast

Formelle Ordnungsmäßigkeit

Ob eine Buchführung formell ordnungsmäßig ist oder nicht, entscheidet das Gesamtbild aller Umstände im Einzelfall. Eine Buchführung kann trotz einzelner festgestellter Mängel im Rahmen der Gesamtbetrachtung formell ordnungsmäßig sein.

Entscheidend bei der Gesamtbewertung sind nicht die Anzahl der Mängel, sondern deren sachliche Gewichtung. Schwerwiegende Mängel führen schneller zu einer Ordnungswidrigkeit als kleinere, unwesentliche Mängel. Es ist jedoch zu beachten, dass je nach Einzelfall bereits ein gewichtiger Mangel ausschlaggebend sein kann, um die Buchführung zu verwerfen. Andererseits können auch viele leichte Mängel, die einzeln betrachtet eher unbedeutend erscheinen, in der Gesamtbetrachtung so schwerwiegend sein, dass sie zur Verwerfung führen.

Die objektive Beweislast für das Vorliegen einer formell nicht ordnungsmäßigen Buchführung trägt die Finanzbehörde.

Materielle Richtigkeit
Solange es keine Anhaltspunkte dafür gibt, dass ein Zahlenwerk fehlerhaft ist, gilt nach § 158 AO die Vermutung, dass eine formell korrekte Buchführung auch sachlich richtig ist.

Liegt eine formell ordnungsgemäße Buchführung vor, kann sie dennoch inhaltlich unrichtig sein. Werden sachliche Mängel festgestellt, die sich auf die Erfolgsrechnung des Steuerpflichtigen auswirken, ist die Buchführung aus materiellen Gründen nicht ordnungsmäßig.

Auch in diesem Fall trifft die Finanzbehörde die objektive Beweislast für die Feststellung der sachlichen Unrichtigkeit.

!

Beispiel: Zusätzliche Nachweise

Liegen ordnungsmäßige Aufzeichnungen vor und erbringt ein Steuerpflichtiger alle geforderten Nachweise (Buchungsbelege), kann von ihm nicht verlangt werden, dass er darüber hinaus noch weitere Beweise vorlegt, um die sachliche Richtigkeit seiner Aufzeichnungen (z. B. Betriebsausgaben) zu untermauern.

Ungenauigkeiten
Nicht immer kann sicher festgestellt werden, ob das Ergebnis einer formell ordnungsmäßigen Buchführung auch sachlich zutreffend ist. In solchen, nicht aufklärbaren Fällen ist die Buchführung der Besteuerung zugrunde zu legen.

Ungenauigkeiten gehen zulasten der Finanzbehörde. Durch die Formulierung »[...] sind der Besteuerung zugrunde zu legen« wird der Finanzverwaltung kein Ermessensspielraum eingeräumt.

2.2 Verwerfung der Buchführung

Ist eine formell ordnungsgemäße Buchführung mit an Sicherheit grenzender Wahrscheinlichkeit ganz oder teilweise sachlich unrichtig, kann das Ergebnis der Buchführung ganz oder teilweise verworfen werden. Sie ist dann nicht mehr gem. § 158 AO der Besteuerung zugrunde zu legen und verliert ihre Beweiskraft. Die Besteuerungsgrundlagen sind gem. § 162 AO zu schätzen.

Eine formell nicht ordnungsmäßige Buchführung begründet regelmäßig Zweifel an der materiellen Richtigkeit. Die Buchführung kann auch aus formellen Gründen verworfen werden. Liegen so schwerwiegende formelle Mängel vor, dass auch die sachliche Richtigkeit der Buchführung infrage zu stellen ist, kann dies auch ohne konkrete Hinweise eine Schätzung der Besteuerungsgrundlagen zur Folge haben.

2.3 Sachliche Richtigkeit

Widerlegung der sachlichen Richtigkeit
Die Entscheidung, ob eine Buchführung ordnungsmäßig ist oder nicht, wird von den Prüfungsdiensten wie der Betriebs-/Außenprüfungsstelle, der Steuerfahndung oder der Umsatzsteuer-Sonderprüfung (Umsatzsteuer-Nachschau) getroffen. Stellt die Finanzbehörde Sachverhalte fest, die darlegen, dass das Ergebnis einer Buchhaltung nicht richtig ist, gilt die Vermutung der sachlichen Richtigkeit als widerlegt.

Mutmaßungen und Behauptungen reichen zur Entkräftung der Richtigkeitsvermutung des § 158 AO allerdings nicht aus. Um diese Vermutung zu entkräften, ist es nicht erforderlich, dass die Finanzbehörde das zutreffende Buchführungsergebnis ermittelt. Es genügt bereits der Nachweis, dass das bisher erklärte Ergebnis nicht richtig sein kann. Die sachliche Richtigkeit einer formell ordnungsmäßigen Buchhaltung kann nur dann widerlegt werden, wenn das Buchführungsergebnis mit an Sicherheit grenzender Wahrscheinlichkeit nicht den tatsächlichen Verhältnissen entspricht. Nur detaillierte Nachkalkulationen und Verprobungen sind dazu geeignet, die materielle Unrichtigkeit festzustellen.

Durch lediglich geringfügige sachliche Mängel verliert eine Buchführung noch nicht ihren Beweischarakter. Das Gleiche gilt auch für kleinere Formmängel.

Die sachliche Richtigkeit einer formell ordnungsmäßigen Buchführung kann auch durch gezielte Stichprobenprüfungen widerlegt werden, z.B. durch die Auswertung von Kontrollmaterial über einzelne Geschäftsvorfälle.

FG Hamburg vom 11.08.2010 – 5 V 129/08 und 5 V 146/08
Durch das Ergebnis einer Nachkalkulation wird die sachliche Unrichtigkeit bestätigt (vgl. auch BFH-Urteil vom 07.11.1990 — III B 449/90 (NV) und BFH-Urteil vom 09.08.1991 — III R 129/85).

Folgen der Widerlegung der sachlichen Richtigkeit
Kann das korrekte Buchführungsergebnis nicht sicher festgestellt werden, ermittelt die Finanzbehörde in vertretbarem und zumutbarem Rahmen das »richtige« Ergebnis.

Es wird i.d.R. unter Berücksichtigung der Umstände im Einzelfall im Wege einer Schätzung nach § 162 AO festgestellt. Um das vermeintlich richtige Ergebnis zu erhalten, wird auch auf das Gewicht der festgestellten Mängel abgestellt. Die Gesamtheit vieler kleinerer Mängel kann dabei ebenso gewichtig sein, wie ein schwerwiegender wesentlicher Mangel.

Werden bei der Auswertung von Kontrollmitteilungen nur einzelne, eindeutig zu beziffernde und eingrenzbare Sachverhalte festgestellt, die die Ordnungsmäßigkeit der übrigen Buchführung nicht infrage stellen, kann auch eine punktuelle Schätzung zum richtigen Buchführungsergebnis führen.

2.4 Umkehr der Beweislast

Der Verlust der Beweiskraft der Buchführung hat zur Folge, dass ein Steuerpflichtiger seine Buchführung und seine Aufzeichnungen nicht mehr als Mittel gegen eine Schätzung der Finanzbehörde einsetzen kann. Aufgrund der Verwerfung ist sie ihrer Beweis- und Aussagekraft enthoben.

Dass eine Schätzung dem Grunde nach unzutreffend oder der Höhe nach nicht gerechtfertigt ist, kann der Steuerpflichtige mithilfe seiner verworfenen Buchführung nicht mehr belegen.

2.5 Außenprüfung

Steuerberater bemängeln immer wieder das Vorgehen der Prüfer bei einer Betriebsprüfung. Werden gewichtige Buchführungsmängel festgestellt, wird in vielen Fällen die Buchführung insgesamt verworfen.

Anstelle einer partiellen Hinzuschätzung aufgrund einzelner beanstandeter Bereiche wird eine Vollschätzung nach § 162 AO durchgeführt. Der Steuerberater hat so kaum noch Möglichkeiten, selbst glaubwürdige und sachlich nicht beanstandete Sachverhalte bei der Bemessung der Höhe der Schätzung zugunsten seines Mandanten anzuführen.

Solange der Schätzungsrahmen angemessen ist, ist die Vorgehensweise der Prüfer rechtens. Insbesondere beim Vorliegen schwerwiegender materieller Buchführungsmängel wird ein solches Vorgehen im Hinblick auf eine zügige und effektive Abwicklung der Prüfung sogar ausdrücklich gefordert.

2.6 Belegfunktion

Die Belegbarkeit eines Geschäftsvorfalls ist Grundvoraussetzung für die Beweiskraft einer Buchführung. Jeder Vorgang ist in Übereinstimmung mit den rechtlichen Voraussetzungen und den tatsächlichen Verhältnissen durch Belege abzubilden. Deshalb gilt:

Wichtig! !

Keine Buchung ohne Beleg!

Eigenbelege

Um dem Grundsatz »Keine Buchung ohne Beleg« gerecht werden zu können, müssen bei internen Buchungsvorgängen Belege selbst gefertigt werden.

Keine Fremdbelege stehen bei Stornierungen, Abschluss- und Umbuchungen oder Privatentnahmen und Privateinlagen zur Verfügung. Hier erbringen Eigenbelege und entsprechende Dokumentationen den Nachweis über die Geschäftsvorfälle und stellen gleichzeitig den Zusammenhang zwischen Realität und Buchung her.

Eigenbelege dokumentieren den internen Geldtransit zwischen Bank und Kasse oder zwischen Kasse und Kasse wie

- Entnahmen aus der Kasse — Einzahlung auf das Bankkonto,
- Abhebungen vom Bankkonto — Einlage in die Kasse,
- Geldverschiebungen zwischen mehreren Geschäftskassen und
- private Geldentnahmen oder Einlagen.

Fehlen solche Eigenbelege, ist die Kasse nicht kassensturzfähig. Es liegt ein schwerer sachlicher Mangel in der Kassenführung vor.

Eigenbelege und Außenprüfung

Es liegt in der Natur der Sache, dass insbesondere Eigenbelege bei Prüfungen eingehend untersucht und kritisch hinterfragt werden. Deshalb sollte darauf geachtet werden, dass sie sorgfältig erstellt werden und alle notwendigen Angaben enthalten. Zusätzliche Erläuterungen können hilfreich sein.

Bei niedrigen Kassenbeständen wird ein Prüfer anhand des Belegdatums überprüfen, zu welchem Zeitpunkt eine Einlage erfolgt ist und ob sie möglicherweise dazu diente, nachträglich einen Kassenfehlbetrag unsichtbar zu machen.

Privateinlagen über größere Summen aus dem eigenen Vermögen sollten immer unbar erfolgen. Auch eine Einlage aus dem Vermögen einer nahestehenden Person oder eine Abhebung vom Privatkonto kann ein Anlass für weitere Prüfungshandlungen sein, wenn kein eindeutiger Nachweis über die Mittelherkunft erbracht werden kann.

Über die in Prüferkreisen bestens bekannte »Schenkung von Oma« (die leider inzwischen verstorben ist), empfiehlt es sich, zusätzliche erläuternde Vermerke auf dem Beleg anzubringen.

Papierbelege

Auf einem Papierbeleg sollten folgende Angaben enthalten sein:

- Ausstelldatum,
- Aussteller,
- Text (z.B. Gegenstand eines Kaufs),
- Betrag und Währung,
- Umsatzsteuerbetrag/-satz,
- Zahlungsart,
- Kontierung,
- Ablage-, Rechnungs- oder Belegnummer,
- Buchungsdatum.

Elektronische Belege

Auch aus elektronischen Belegen müssen sich die gleichen Angaben herleiten lassen, die auch die Papierbelege beinhalten. Es gibt unterschiedliche Verfahren, wie elektronische Belege verknüpft und verarbeitet werden können (z.B. Index, Beleglink, Barcode).

Um eine progressive und retrograde Nachprüfbarkeit zu ermöglichen, ist das jeweilige Verfahren entsprechend zu dokumentieren (Verfahrensdokumentation). Ein Buchungstext ist nach den GoBD vom 14.11.2014 nicht mehr zwingend erforderlich, eine hinreichende Erläuterung des Geschäftsvorgangs genügt.

Die erforderliche geordnete Aufbewahrung von Papierbelegen bedeutet auf elektronische Belege übertragen, eine Archivierung in einem hierfür geeigneten System.

Die elektronische Rechnung

Nach § 14 Abs. 1 Satz 8 UStG n.F. ist eine elektronische Rechnung eine Rechnung, die in einem elektronischen Format ausgestellt und empfangen wird. Hierzu gehören insbesondere E-Mails, Computer-Telefax, Web-Downloads und der elektronische Datenträgeraustausch (EDI).

Mit dem Steuervereinfachungsgesetz 2011 wurde am 23.09.2011 beschlossen, die hohen bis dahin geltenden Anforderungen für Rechnungen, die auf elektronischem Weg übermittelt werden, zurückzuschrauben. Danach ist keine elektronische Signatur mehr erforderlich. Das spart den Unternehmen erhebliche Kosten und gibt auch mehr Sicherheit gegenüber den Finanzbehörden.

Satz 2 der Vorschrift (§ 14 Abs. 1 Satz 2 UStG n.F.) verlangt jedoch weiterhin die Gewährleistung von Echtheit, Unversehrtheit und Lesbarkeit über die komplette Aufbewahrungsdauer von zehn Jahren. Zusätzlich wird ein sog. Prüfpfad gefordert, der einen eindeutigen Bezug von der Rechnung zur Leistung herstellt.

Hierzu verlangt der Gesetzgeber aber keine zusätzlichen aufwendigen und teuren Verfahren — es genügt ein geeignetes formfreies innerbetriebliches Kontrollverfahren (IKS), innerhalb dessen alle genannten Anforderungen überprüft werden. In den meisten Betrieben ist eine solche Einrichtung bereits vorhanden.

Die formfreie Rechnungsprüfung sollte sich auf den Abgleich einer Rechnung mit der Bestellung, den Auftrag, den Lieferschein und den Kaufvertrag sowie auf die Überprüfung der Kontenverbindung und des Zahlungsanspruchs erstrecken.

Neben der grundsätzlichen Beschreibung des Kontrollverfahrens in der Verfahrensdokumentation wäre es empfehlenswert — wenn auch kein »Muss« —, alle einzelnen Prüfschritte formlos zu protokollieren.

Die Neuregelung gilt rückwirkend ab 01.07.2011 und ist auf alle Umsätze anzuwenden, die nach dem 30.06.2011 getätigt wurden.

Wichtig! !

Papierrechnungen und elektronische Rechnungen werden somit umsatzsteuerrechtlich gleichgestellt.

Der elektronische Kontoauszug

Elektronische Kontoauszüge sind originär digitale Unterlagen. Der Papierausdruck eines elektronischen Kontoauszugs ist lediglich eine Kopie des Originals und auch einem Originalpapierkontoauszug rechtlich nicht gleichgestellt.

Der Wunsch, auf die Aufbewahrung von Kontoauszügen in Papierform zu verzichten, war seit Langem ein dringendes Anliegen vieler, insbesondere größerer Unternehmen.

Je nach Vereinbarung erhält der Kunde von der Bank seine Kontoauszugsdaten in elektronischer Form, meist als PDF, auf seinen PC übermittelt.

Die Aufbewahrungsgrundsätze der AO und der GoBD müssen hierbei beachtet und eingehalten werden. Sind die Daten in digitaler Form im Unternehmen eingegangen, sind sie auch in digitaler Form vorzuhalten.

! **Wichtig!**

Elektronische Kontoauszüge dürfen auch dann nicht gelöscht werden, wenn ein Papierausdruck gefertigt wird!

Nur um einen Buchungsbeleg zu erhalten, muss heute kein Papierausdruck mehr erstellt werden. Seit Einführung des Datenzugriffsrechts müssen die Angaben zur Verbuchung nicht unbedingt auf dem Beleg selbst vermerkt sein. Es genügt, die Ordnungskriterien, das Datum und die Vorkontierung im Belegzusammenhang festzuhalten.

Eine ausschließlich digitale Aufbewahrung setzt jedoch den Einsatz standardisierter Verfahren voraus, die die Integrität und Authentizität elektronischer Kontoauszüge (z.B. durch eine elektronische Signatur) gewährleistet. Solche Archivierungsverfahren sind meist aufwendig und sehr teuer.

Mit Schreiben vom 01.04.2014 wandte sich deshalb die deutsche Kreditwirtschaft an das BMF, mit der Frage: »Warum werden an elektronische Kontoauszüge höhere Anforderungen gestellt, als an elektronische Rechnungen?«

Die Vertreter der obersten Finanzbehörden des Bundes und der Länder haben in Rostock getagt und noch im Mai 2014 einstimmig beschlossen:

> *BMF-Schreiben vom 24.07.2014 – IV A 4 – S 0316/11/10005*
>
> *Elektronische Kontoauszüge sind ab sofort als Buchungsbelege anzuerkennen, wenn diese bei Eingang vom Steuerpflichtigen auf ihre Richtigkeit geprüft und dieses Vorgehen dokumentiert wird. Eine elektronische Signatur ist nicht mehr erforderlich.*

Diese Handhabung entspricht demnach den gelockerten Vorschriften bei elektronischen Rechnungen.

Damit werden an elektronische Kontoauszüge keine höheren Anforderungen mehr gestellt, als an elektronische Rechnungen. Alle anderen Aufbewahrungsvorschriften gelten jedoch uneingeschränkt.

Belegarten

Belege können unterschiedliche Formen haben. Ob Papierbeleg, Tabelle oder elektronischer Beleg (auch E-Mails), allein der Inhalt entscheidet über die Funktion des Dokuments. Ein Beleg kann nur einen Geschäftsvorfall (Verkauf einer Ware) oder mehrere Geschäftsvorfälle (Kontoauszug) beinhalten.

Beispiele: Belege !

- Rechnungen, Gutschriften,
- Quittungen,
- Gutscheine,
- Kontoauszüge,
- Eigenbelege,
- Aufträge, Lieferscheine,
- Lohnabrechnungen,
- Geschäftsbriefe und Verträge.

Ein Geschäftsvorfall – zwei Belege

Werden mehrere Belege über denselben Geschäftsvorfall ausgestellt, darf der Vorgang nur einmal aufgezeichnet werden.

Beispiel: Sammelrechnung !

Ein Kfz-Händler bestellt, »per Express« laufend Ersatzteile, die er nicht auf Lager hat, bei seiner Zulieferfirma gegen Rechnung. Am Monatsende stellt der Zulieferer eine monatliche Sammelrechnung aus.

Solange die Vorgänge im Ergebnis nicht zu einem doppelten (mehrfachen) Betriebsausgabenabzug führen, liegt keine ordnungswidrige Mehrfachaufzeichnung vor.

Der klassische Praxisfall !

Dem Buchhalter liegen sowohl die einzelnen Tankquittungen als auch die Monatsrechnungen vor.

Verdichtung von Zahlen

Werden in der Buchführung Zahlen verdichtet erfasst, muss sich ihr Zustandekommen aus den Einzelaufzeichnungen der vorgelagerten Systeme ergeben. Eine ausschließlich verdichtete Darstellung kann die Nachprüfbarkeit nicht mehr gewährleisten.

3 Die Pflichten rufen

3.1 Aufbewahrungspflichten

Die allgemeinen Grundsätze für die Aufbewahrung von Unterlagen sind in § 147 AO beschrieben. Neben den AO-rechtlichen Vorschriften sind auch weitere Rechts- und Anwendungsvorschriften zu beachten, die Sonderregelungen, insbesondere zur Aufbewahrung von Kassenaufzeichnungen, enthalten.

Hierzu gehören die allgemeinen Grundsätze der GoB und die GoBD vom 14.11.2014, sowie die beiden BMF-Schreiben vom 09.01.1996 und vom 26.11.2010. Diese sind inhaltlich speziell auf die Verwendung von Registrierkassen zugeschnitten und beinhalten auch Vereinfachungs- und Übergangsregelungen.

3.1.1 Aufbewahrungsfristen

Die Frist zur Aufbewahrung ist in § 147 Abs. 3 AO geregelt. Sie kann je nach Art der Unterlagen sechs Jahre oder zehn Jahre betragen.

Zehn Jahre aufzubewahren sind

- Kassenbücher/Kassenberichte und Aufzeichnungen,
- Tagesendsummenbons (Finanzberichte),
- abgerufene Kellner-, Artikel- und Warengruppenberichte,
- Abrufe von Trainingsspeichern,
- Ausdrucke über Stornos, Retouren,
- Ausdrucke über Zahlungswege und Entnahmen,
- Arbeitsanweisungen (erläuternde),
- Einrichtungsprotokolle (Kellner-/Trainingsspeicher),
- Organisationsunterlagen (Bedienungsanleitung),
- Programmier- und Änderungsprotokolle,
- Protokolle über Einsatzorte der Geräte,
- Buchungsbelege,
- Bons bei EC- oder Kreditkartenzahlung (Kassenterminals),
- Mit der Kasse erstellte Rechnungen (Bewirtungs-, Pro-forma-Rechnungen),
- Registrierkassenstreifen (Kassenrollen) bei Altkassen,
- Auslese- und Statistikstreifen bei Geldspielgeräten,
- Schichtzettel im Taxigewerbe.

Sechs Jahre aufzubewahren sind

- sonstige für die Besteuerung relevante Unterlagen,
- Speise- und Getränkekarten,
- Preislisten,
- Notiz-, Kassenzettel, Bierdeckel,
- Aktenvermerke.

Ablauf der Aufbewahrungsfrist

Ungeachtet der in § 147 Abs. 3 Satz 1 AO genannten gesetzlichen Fristen läuft die Aufbewahrungsfrist gem. Satz 3 der Vorschrift nicht ab, solange die Unterlagen für Steuern von Bedeutung sind, d.h., für die die Festsetzungsfrist noch nicht abgelaufen ist.

Belege auf Thermopapier

Eine Vielzahl der aufbewahrungspflichtigen Belege wird auf Thermopapier ausgedruckt, z.B. Registrierkassenstreifen, Tagessummenbons, Auslesestreifen von Geldspielgeräten, diverse Berichtsausdrucke der Registrierkassen.

Thermopapier ist nicht sehr haltbar und hat die Eigenschaft, dass die Schrift auf den Belegen nach einiger Zeit verblasst und nicht mehr lesbar ist. Auch bei hochwertigem Thermopapier besteht die Gefahr, dass das Papier durch Licht (Sonne und Neonlicht), Feuchtigkeit, Abrieb (im Geldbeutel), Chemikalien, Öl und Fett oder Lösungsmittel (wenn Belege aufgeklebt werden) die Aufbewahrungsfrist nicht überdauert.

Der Unternehmer ist dafür verantwortlich, dass auch solche Belege über den vorgeschriebenen Aufbewahrungszeitraum lesbar und auswertbar bleiben. Zur Sicherstellung der Lesbarkeit empfiehlt es sich daher, rechtzeitig Fotokopien zu erstellen und sie gemeinsam mit den Ursprungsbelegen aufzubewahren.

Die Aufbewahrung der Originalbelege ist jedoch kein »Muss« (vgl. Hinweis UStAE vom 01.10.2010). Erfahrungsgemäß überdauern jedoch auch Thermobelege die Aufbewahrungsfrist ohne Schaden zu nehmen, wenn sie geschützt vor Licht und anderen Umwelteinflüssen in einem Archiv abgelegt werden.

3.1.2 Umsatzsteuer-Anwendungserlass vom 01.10.2010

Abschnitt 14b.1. Abs. 5 UStAE – Aufbewahrung von Rechnungen
Die Rechnungen müssen über den gesamten Aufbewahrungszeitraum die Anforderungen des § 14 Abs. 1 Satz 2 UStG – Echtheit der Herkunft, Unversehrtheit des Inhalts und Lesbarkeit der Rechnung – erfüllen.

Nachträgliche Änderungen sind nicht zulässig.
Sollte die Rechnung auf Thermopapier ausgedruckt sein, ist sie durch einen nochmaligen Kopiervorgang auf Papier zu konservieren, das für den gesamten Aufbewahrungszeitraum nach § 14b Abs. 1 UStG lesbar ist.
Dabei ist es nicht erforderlich, die ursprüngliche auf Thermopapier ausgedruckte Rechnung aufzubewahren.

3.1.3 Organisationsunterlagen und Protokolle

Aufbewahrungspflichtig sind alle steuerlich relevanten Organisationsunterlagen wie die Bedienungsanleitungen aller einzelnen Geräte und Arbeitsanweisungen. Auch Stammdaten- und Änderungsprotokolle sowie Aufzeichnungen über die Grundprogrammierung der Kasse, Umprogrammierungen und Systemänderungen sind lückenlos vorzuhalten (vgl. auch FG Bremen vom 17.01.2007 — 2 K 229/04).

Ebenso aufzubewahren sind Protokolle über die Einrichtung von verschiedenen Speichern wie z.B. Verkäufer-, Kellner- oder Trainingsspeicher. Diese Unterlagen gehören zu den aufbewahrungspflichtigen Organisationsunterlagen gem. § 147 Abs. 1 Nr. 1 AO.

Sind mehrere Kassen im Einsatz, müssen die jeweiligen Einsatzorte einschließlich der Zeiträume protokolliert werden.

Fehlende Organisationsunterlagen
BFH-Urteil vom 25.03.2015 – X R 20/13
In dem zum Thema »Anforderungen einer Schätzung mittels Zeitreihenvergleich« ergangenen BFH-Urteil vertritt der Senat die Auffassung, dass das Fehlen der Betriebsanleitung einer programmierbaren Registrierkasse sowie das Fehlen der Protokolle nachträglicher Programmänderungen schwerwiegende formelle Mängel darstellen.

Die Gewichtigkeit dieser Mängel ist laut BFH gleichbedeutend dem Fehlen von Tagesendsummenbons bei einer Registrierkasse oder dem Fehlen von Kassenberichten bei einer offenen Ladenkasse. Allein die Mängel berechtigen schon zu einer steuerlichen Hinzuschätzung.

Das Urteil macht deutlich, dass die vom Gesetzgeber geforderte strengere Auslegung des bereits bestehenden Gesetzesrahmens in der Praxis umgesetzt wird. In der Vergangenheit dürften fehlende Bedienungsanleitungen und fehlende Programmierprotokolle nur in den seltensten Fällen schwerwiegende Konsequenzen nach sich gezogen haben. Längst nicht jeder Betriebsprüfer hat diese

Unterlagen bisher überhaupt angefordert bzw. ernsthaft auf die Vorlage solcher Dokumente bestanden.

Fehlende Dokumentationsunterlagen

Hessisches FG vom 24.03.2014 – 4 K 2340/12

Werden die sog. Organisationsunterlagen der Kasse nicht vorgelegt, erbringen die täglichen Endsummenbons keinen hinreichenden Beweis für die Vollständigkeit der aufgezeichneten Einnahmen.

»Unreine« Aufzeichnungen

»Unreine« Aufzeichnungen sind handschriftliche Notizen auf Schmier- oder Notizzetteln ohne Belegfunktion. Besitzen solche Zwischenaufzeichnungen nur eine vorübergehende Transportfunktion, kann, obwohl es sich streng genommen um aufbewahrungspflichtige Ursprungsbelege handelt, unter bestimmten Voraussetzungen auf die Aufbewahrung verzichtet werden.

! **Beispiel: Schmierzettel**

Ein Obst- und Gemüsehändler unterhält täglich einen Stand auf dem »Wochenmarkt«. Er führt eine offene Ladenkasse und ermittelt seine Tageseinnahmen in Form von Kassenberichten.
Noch in seinem Verkaufsstand zählt er am Geschäftsende den Kassenbestand und notiert sich den Betrag auf einem Schmierzettel. Zuhause überträgt er die auf dem Zettel vermerkte Summe in seinen Kassenbericht und ermittelt unter Abzug des Vortagesbestands die jeweilige Tageseinnahme.

BFH-Urteil vom 13.07.1971 – VIII 1/65

Nach Auffassung des BFH besitzen solche Notizzettel lediglich eine Transportfunktion. Der Senat führt in seinem Urteil aus, dass Aufzeichnungen, deren Inhalt unmittelbar nach Auszählung der Ladenkasse in das in Form aneinandergereihter Kassenberichte geführte Kassenbuch übertragen wird, nicht aufbewahrt werden müssen.

Im Urteilsfall wurden keine weiteren Mängel in der Kassenführung festgestellt, die die ordnungsgemäße Ermittlung der Bareinnahmen und der Barausgaben infrage gestellt hätten.

! **Hinweis**

Steuerberater raten ihren Mandanten regelmäßig, vorsichtshalber auch solche Notiz- und Schmierzettel aufzuheben. Sie können im Falle einer Außenprüfung als zusätzlicher Nachweis für die korrekte Ermittlung der Tageseinnahmen dienen. Das gilt umso mehr, wenn bereits Mängel in der Kassenführung aufgedeckt wurden.

Digitale Kassenaufzeichnungen

Für die Aufbewahrung von Daten elektronischer Registrierkassen gelten grundsätzlich die gleichen Voraussetzungen wie für die digitalen Daten der Finanzbuchhaltung. Soweit originär erzeugte Kassendaten steuerlich relevant sind, müssen auch sie gem. § 147 Abs. 6 AO in maschinell auswertbarer und unveränderbarer Form vorgehalten werden. Das gilt für Registrierkassen, elektronische Waagen, Taxameter, Wegstreckenzähler, Geldspielgeräte u.a. (vgl. Rz 20 GoBD) Alle diese Systeme erzeugen originäre digitale Daten.

Da derzeit nicht alle elektronischen Registrierkassen systembedingt eine Datenspeicherung oder -sicherung erlauben, gibt es Ausnahme- und Übergangsregelungen, die in den beiden BMF-Schreiben vom 09.01.1996 und 26.11.2010 im Einzelnen beschrieben sind. Die BMF-Schreiben enthalten zudem eine Vielzahl ergänzender Regelungen und Sondervorschriften, die bei der Verwendung von elektronischen Registrierkassen und PC-Kassensystemen zu beachten sind.

Grundsätzlich gilt:

- **Maschinelle Auswertbarkeit**
  Die Daten müssen während der gesamten Dauer der Aufbewahrungsfrist jederzeit verfügbar, unverzüglich lesbar und maschinell auswertbar sein.
  Es gibt keine gesetzliche Definition des Begriffs »maschinelle Auswertbarkeit«. Nach Auffassung der Finanzverwaltung ist darunter der wahlfreie Zugriff auf alle gespeicherten Daten, einschließlich der Stammdaten und den Verknüpfungen zu verstehen. Maschinell auswertbar sind Daten, die maschinell gelesen und mittels mathematischer Operationen gefiltert, sortiert und extrahiert werden können. Der Grundsatz der Verhältnismäßigkeit ist zu berücksichtigen.
  Nicht maschinell auswertbar sind dagegen Unterlagen, die auf Bilddateien, Mikrofilm oder im PDF-Format aufbewahrt werden. Solche Image-Dateien sind unstrukturiert und können nur maschinell gelesen, nicht aber ausgewertet werden. Hierzu zählen auch Textdateien und E-Mails. Es wird auch die Auffassung vertreten, dass Daten nicht nur dann maschinell auswertbar sind, wenn sie mathematisch-technische Auswertungen im Rahmen von Datenbankprogrammen erlauben, sondern eine Überprüfung im weitesten Sinne auch mit nicht mathematischen Operationen ermöglichen. Dabei muss eine Prüfung der Unterlagen jedoch über die bloße Lesbarmachung hinausgehen (vgl. auch FG Düsseldorf Urteil v. 05.02.2007 — 16 V 3454/06 A (AO)).
- **Wiedergabe in Farbe**
  Eine Wiedergabe der Daten muss nur dann in Farbe gewährleistet sein, wenn in den Dokumenten der Farbe eine Beweisfunktion zukommt.

! **Beispiele: Beweisfunktion der Farbe**

- Minusbeträge sind in roter Schrift gekennzeichnet (ohne Minuszeichen).
- Bearbeitungs-, Sicht- und Zeichenvermerke in unterschiedlichen Farben.

- **Daten in ausgedruckter Form**
  Werden im Datenverarbeitungssystem **originär digitale Unterlagen** erzeugt, ist eine ausschließliche Aufbewahrung von Ausdrucken in Papierform nicht zulässig. Die Daten von elektronischen Registrierkassen, zu denen auch die Wiegekassen, Taxameter und Geldspielautomaten gehören, müssen daher in elektronischer Form aufbewahrt werden.
- **Kassen ohne Speichermöglichkeit**
  Wenn Registrierkassen typbedingt eine elektronische Datenvorhaltung (z.B. mangels Speichermöglichkeit) nicht zulassen, muss der Unternehmer seine Daten extern sichern. Verfügt die Kasse über eine entsprechende Schnittstelle, sind die Daten per Datenexport auf einen externen Datenträger zu überspielen.
- **Datenexport**
  Es ist darauf zu achten, dass auch die extern gespeicherten Daten maschinell ausgewertet werden können. Werden die Daten auf einem externen Datenträger lediglich als Sicherungskopie abgelegt, sind sie regelmäßig nicht auswertbar, soweit sie nur im »hauseigenen« Systemformat vorliegen.
  Die meisten elektronischen Kassensysteme erlauben eine Datenausgabe in einem gängigen Exportformat (Excel, Access, dBase, csv-Format u.a.).
- **Sicherungsdateien und Systemwechsel**
  Lässt ein eingesetztes Kassensystem einen Datenexport in der beschriebenen Weise nicht zu, sodass nur Sicherheitsdateien erstellt werden können, ergeben sich für den Unternehmer weitere Probleme.
  Im Falle eines Systemwechsels oder einer Überführung der Daten in ein anderes Produktivsystem ist er zusätzlich zur Aufbewahrung der alten Hardware verpflichtet, da nur sie ein späteres Zurückspielen und Auswerten der Daten ermöglicht.

! **Ausnahme**

Die ursprüngliche Hard- und Software braucht im Falle eines Systemwechsels oder einer Auslagerung aus dem Produktivsystem nur dann nicht vorgehalten werden,

- wenn die Daten in ein qualitativ und quantitativ gleichwertiges System oder eine Datenbank überführt,
- keine inhaltlichen Änderungen vorgenommen,
- alle Einzelschritte dokumentiert werden und
- das neue System die gleichen Auswertungsmöglichkeiten erlaubt, wie das Produktivsystem (vgl. hierzu die Ausführungen in Rz 142 GoBD).

- **Speichern in einem Archivsystem**
  Die digitalen Daten können auch in einem externen Archivsystem aufbewahrt werden. Dieses muss die gleichen maschinellen Auswertungsmöglichkeiten wie die des laufenden Systems zur Verfügung stellen können. Die Daten sind in ihrem Ursprungsformat vorzuhalten. Eine Reduzierung der Daten ist ebenso wenig zulässig wie eine Umwandlung in das PDF-Format.
  Das Archivsystem muss die Unveränderbarkeit der Daten gewährleisten und die Manipulationssicherheit garantieren.
  Empfehlenswert sind Programme oder Systeme, für die ein Testat über die Ordnungsmäßigkeit vorliegt. Die Finanzbehörden dürfen grundsätzlich keine Testate erteilen.

Digitale Archivierung von analogen Dokumenten

Alle steuerlich relevanten Kassendaten sind aufbewahrungspflichtig. Hierzu gehören insbesondere:

- Auswertungsdaten (Finanz-, Kellner-, Artikel-, Warengruppenberichte),
- Journaldaten (alle steuerlich relevanten Einzeldaten, einschließlich der Zahlungsart, wie Bar, EC-Cash, Kreditkarte usw.),
- Statistikdaten bei Geldspielgeräten (steuerlich relevante),
- mit der Kasse erstellte Rechnungen (Bewirtungsrechnungen, Gefälligkeitsrechnungen),
- Daten des Warenwirtschaftssystems (WWS).

Geeignete Speichermedien

Gemäß § 147 Abs. 6 Satz 2 AO müssen die gespeicherten Daten auf einem maschinell verwertbaren Datenträger zur Verfügung gestellt werden. Die gängigsten Datenträger sind:

- (externe) Festplatte,
- CD-R/RW/Rom,
- Blue-Ray-Discs,
- DVDs,
- USB-Sticks,
- CF- oder SD-Card,
- Magnetplatten/-bänder,
- Diskette.

Diskette? !

Auch wenn moderne Rechner über keine Diskettenlaufwerke mehr verfügen, ist es nicht zu beanstanden, wenn z. B. die Kassenjournaldaten auf einer Diskette abgelegt werden. Die Daten können über externe Laufwerke eingespielt und überprüft werden.

Nicht verwertbar und auswertbar i. S. d. § 147 AO sind größere Datenmengen, die aus Kapazitätsgründen gesplittet und auf eine Vielzahl von Einzeldisketten verteilt werden.
Auch die früher verwendete wabbelige 5,25 Zoll Floppy Disk ist nicht mehr auswertbar und gehört ins Datenträgermuseum.

Wer trägt die Kosten?
Die Kosten für die Aufbewahrung und Lesbarmachung trägt gem. § 147 Abs. 6 Satz 3 AO der Steuerpflichtige im Rahmen seiner Mitwirkungspflicht. Der Buchführungspflichtige Unternehmer kann für diese Kosten eine Aufbewahrungsrückstellung in seine Bilanz einstellen.

Freiwillig geführte Aufzeichnungen
Steuerlich relevante, aber freiwillig geführte Bücher und Aufzeichnungen sind nicht aufbewahrungspflichtig, wenn sie nicht unmittelbar in die Ermittlung der Besteuerungsgrundlagen einfließen.

BFH-Urteil vom 24.06.2009 – VIII R 80/06
Im Urteilsfall brauchte eine Steuerberater- und Rechtsanwaltssozietät die zusätzlich vorhandenen Kanzlei-Rechnungswesen-Daten nicht der Betriebsprüfung vorlegen, weil diese nicht bei der Erstellung der Einnahmenüberschussrechnung zugrunde gelegt wurden. Die Kanzlei-Rechnungswesen-Daten sind zwar steuerlich relevant, wurden aber freiwillig aufgezeichnet (s. Kapitel 5).

Der BFH führt hierzu aus:

Das Recht, nach § 146 Abs. 5 Satz 1 AO eine bestimmte Form der Aufzeichnung und der Aufbewahrung zu wählen, ist ausgeübt, wenn sich der Steuerpflichtige entschieden hat, Aufzeichnungen sowohl in Papierform als auch in elektronischer Form zu führen, und wenn er die notwendigen Unterlagen ebenfalls in beiden Formen aufbewahrt. In diesem Fall erstreckt sich die Pflicht zur Aufbewahrung nach § 147 Abs. 1 AO auf sämtliche Aufzeichnungen und Unterlagen.

Nach Auffassung des Senats liegt hier kein Widerspruch vor, da der sachliche Umfang der Aufbewahrungspflicht (§ 147 Abs. 1 AO) grundsätzlich begrenzt wird durch die Reichweite der zugrunde liegenden Aufzeichnungspflicht. Die Pflicht zur Aufbewahrung von Unterlagen setzt stets eine Aufzeichnungspflicht voraus und besteht nur in deren Umfang.

Unterlagen und Daten, die freiwillig, d.h. über die gesetzliche Verpflichtung hinaus, aufgezeichnet werden, müssen nicht aufbewahrt werden. Der Steuerpflichtige darf solche Unterlagen jederzeit vernichten bzw. solche Daten jederzeit löschen. Auf die steuerliche Relevanz kommt es nicht an, soweit die Aufzeichnungen nicht für die Besteuerung von Bedeutung sind.

Aufbewahrung freiwilliger Aufzeichnungen

Auch wenn Unterlagen nicht gesetzlich aufbewahrungspflichtig sind, können sie im Prüfungsfall zur Glaubhaftmachung der Buch- oder Kassenführung beitragen. Wurden z.B. Differenzen bei der Nachkalkulation der Umsätze festgestellt, können freiwillige Aufzeichnungen im Einzelfall sogar behilflich sein, solche Differenzen aufzuklären oder abzuschwächen.

3.1.4 Individuelle Gewohnheiten

Individuelle Gewohnheiten, die dem Prüfer nicht bekannt sind, werden bei der Verprobung nicht berücksichtigt. Sie verfälschen das Kalkulationsergebnis und müssen hinterher mühevoll aufgeklärt werden. Erklärungsversuche im Nachhinein klingen nicht immer glaubwürdig. Werden ungewöhnliche oder branchenunübliche Sachverhalte ausreichend und glaubhaft dokumentiert, können sie bereits bei der Ermittlung der Kalkulationsgrundlagen entsprechend berücksichtigt werden.

Beispiele: Gastwirtschaft !

- In einer Gastwirtschaft liegt der tatsächliche Eigenverbrauch wesentlich höher als die angesetzten Pauschalsätze der Richtsatzsammlung.
- Der Koch verwendet nur den teuersten Spätburgunder Rotwein für den Sauerbraten und benötigt davon ca. 7 Liter je Woche.
- Immer nach Geschäftsschluss öffnet der Unternehmer zwei Flaschen Champagner für sich und seine Angestellten.
- Die Weinschorle besteht aus 2/3 Prädikatswein und 1/3 Mineralwasser.
- Jedes dritte Getränk ist umsonst.
- Eine Ausflugsgaststätte verkauft Wein in 6er Kartons an Touristen.
- Stammkunden in einer Spielhalle erhalten kostenlose Getränke und verbilligte Speisen.
- Besondere Cocktailrezepte.

Um Kalkulationsdifferenzen vorzubeugen, sollten auch Aufzeichnungen über Diebstahl von Waren (Spirituosen, Tabak), außergewöhnlichen Schwund, Bruch oder Verderb durch Stromausfall, Wassereinbruch, Brand u.a. geführt und aufbewahrt werden.

3.1.5 Branchenübliche Besonderheiten

Jeder Gewerbezweig hat seine Besonderheiten. Verfügt ein Prüfer über keine eigenen Praxiserfahrungen, wird er sich in der Vorbereitung kundig machen und mit den Gepflogenheiten der jeweiligen Branche auseinandersetzen. Er bedient sich dabei spezieller Literatur wie z.B. der Branchenkartei. Liegen ihm keine Informationen über individuelle Besonderheiten des zu prüfenden Unternehmens vor, basieren seine Überlegungen und Berechnungen auf den dort gesammelten branchenüblichen Erfahrungswerten.

Lassen sich solche Erfahrungswerte nicht auf das eigene Unternehmen übertragen, sollte dies vom Unternehmer unbedingt dokumentiert werden. Ein glaubhafter Nachweis kann nach Jahren meist nicht mehr erbracht werden.

!

Beispiel: Busunternehmen im Ausflugsverkehr

Bei einer Nachverprobung der Umsätze über die gefahrenen Kilometer im Gelegenheitsverkehr bleiben sog. Leerfahrten außer Ansatz. Da das Unternehmen seinen Sitz in einer ländlichen Gegend hat, muss der Bus erst eine Strecke von 100 km bis zur nächsten Stadt zurücklegen, um die Fahrgäste aufzunehmen. Solche überdurchschnittlich langen Leerfahrten entstehen auch bei der Beendigung einer Reise und bei den Fahrten zur Werkstätte.
Wird ein einzelnes Fahrzeug im Ausflugsverkehr und bei Bedarf gelegentlich im Linienverkehr eingesetzt, können noch zusätzliche Leerfahrten entstehen. Das Verhältnis von Leer- und Besetztkilometern wird insbesondere bei diesem Fahrzeug erheblich von den durchschnittlichen Erfahrungswerten abweichen.

3.1.6 Betriebsbedingte Besonderheiten

In jedem Betrieb gibt es manchmal Besonderheiten und Situationen, die sich vom alltäglichen Geschäftsbetrieb unterscheiden. Sind solche außergewöhnlichen Gegebenheiten für die Besteuerung von Bedeutung, kann es im Rahmen einer Betriebsprüfung zu Rückfragen zu kommen. Nicht immer kann man sich nach Jahren noch genau an die damaligen Verhältnisse erinnern, man gerät schnell in Erklärungsnot.

!

Beispiel: Lücken in den Tageseinnahmen

Der Prüfer stellt mithilfe seiner Analysesoftware Lücken in den Tageseinnahmen fest. Kann nicht auf einen festen Ruhetag oder auf Betriebsferien verwiesen werden, liegt der Verdacht von Einnahmenverkürzungen durch Nichterfassung von Tageseinnahmen nahe.

Tatsächlich gibt es jedoch eine Reihe weiterer triftiger Gründe, warum keine Einnahmeverbuchungen erfolgt sind. Die bloße Vermutung des Unternehmers, es könne sich um einen Krankheitsfall handeln, wird dem Prüfer kaum genügen. Konkrete Nachweise können nachträglich in den wenigsten Fällen noch erbracht werden.

Geringfügige oder fehlende Tageseinnahmen

Geringfügige oder fehlende Tageseinnahmen sind denkbar bei

- Betriebsferien/Urlaub,
- Krankheit,
- Handwerkerarbeiten (Renovierung, Umbau),
- unvorhersehbarer Ausfall des Personals,
- zeitweise Schließung des Betriebs wegen einer Familienfeier oder Beerdigung,
- Eisdiele (Kälteeinbruch im Sommer),
- Biergarten (Schlechtwetterperiode oder Gewitter).

In solchen Fällen wären Aufzeichnungen oder Notizen sehr hilfreich, auch wenn sie vom Gesetzgeber nicht ausdrücklich verlangt werden. Es steht nicht nur die Ordnungsmäßigkeit der Buchführung auf dem Prüfstand, nicht aufklärbare fehlende oder nur geringe Tageseinnahmen können im Einzelfall und in Verbindung mit aufgedeckten Kassenführungsmängeln schwerwiegende Konsequenzen nach sich ziehen.

Gefälligkeitsgeschäfte

Manchmal fühlt sich ein Unternehmer verpflichtet, einem befreundeten Geschäftsmann Waren abzukaufen (z.B. besondere Weine), obwohl er sie gar nicht braucht. Da er die Weine nicht auf seiner Getränkekarte führt, will er sie in seinem Lokal auch nicht anbieten oder darf sie vielleicht aus vertraglichen Gründen gar nicht verkaufen. Werden diese Waren privat verbraucht oder verschenkt, ohne dies näher zu erläutern, verbleibt der Betrag des Gefälligkeitseinkaufs im Wareneingang und wird bei einer Nachkalkulation mit dem üblichen Rohgewinnaufschlag belegt.

Eine gesonderte Privatentnahme wird i.d.R. nicht gebucht, weil der Eigenverbrauch mit den Pauschbeträgen der amtlichen Richtsatzsammlung bereits berücksichtigt wurde.

Auch in solchen Fällen empfiehlt es sich, Aufzeichnungen zu führen.

3.1.7 Ort der Aufbewahrung

Nach den Vorschriften der AO (§ 146 Abs. 2 AO) sind die Bücher und sonstigen erforderlichen Aufzeichnungen im Geltungsbereich des Gesetzes, d.h. in Deutschland, aufzubewahren.

Gemäß § 146 Abs. 2a AO kann die Finanzbehörde auf schriftlichen Antrag des Steuerpflichtigen bewilligen, dass elektronische Bücher und sonstige elektronische Aufzeichnungen unter bestimmten Voraussetzungen auch außerhalb des Geltungsbereichs dieses Gesetzes aufbewahrt werden.

Das HGB schreibt keinen bestimmten Ort vor, die Unterlagen müssen jedoch in einer angemessenen Zeit vorgelegt werden können (§ 239 Abs. 4 HGB).

3.1.8 Verlust von Unterlagen

Bücher und Aufzeichnungen sind an einem sicheren Ort aufzubewahren (Belegsicherung). Für den Verlust von Unterlagen ist der Steuerpflichtige verantwortlich. Das gilt auch für einen unverschuldeten Totalverlust infolge Katastrophen wie Hochwasser, Brand u.a. (vgl. BFH-Urteil vom 26.10.2011 — X B 44/11 (NV)).

Bei einer Betriebsprüfung entscheidet zunächst der objektive Zustand der Unterlagen zum Zeitpunkt der Prüfung über die Ordnungsmäßigkeit einer Buchführung. Mit welchen Folgen ein Unternehmer rechnen muss und welche weiteren Prüfungshandlungen ein Verlust von Unterlagen nach sich zieht, ist einzelfallabhängig. Dabei wird insbesondere geprüft, ob der Steuerpflichtige alle erforderlichen Vorsorge- und Sicherungsmaßnahmen getroffen hat. Schutzmaßnahmen können digitaler oder physischer Art sein.

Passwortschutz, Benutzerkennung, Firewall und aktuelle Virenscanner sind Beispiele für digitale Schutzmaßnahmen. Sicherungsmaßnahmen gegen Diebstahl, Feuer, Stromausfall, schädliche Temperaturschwankungen, zu starke Sonneneinstrahlung, Feuchtigkeit und Pilzbefall zählen zu den physischen Vorsorgemaßnahmen.

3.1.9 Unbillige Härte (§ 163 AO)

Ob im Falle höherer Gewalt eine steuerliche Hinzuschätzung zu einer unbilligen Härte bei der Besteuerung führen würde, ist gem. § 163 AO zu prüfen. Die Einhaltung aller Sicherungsmaßnahmen ist bei einer abweichenden Festsetzung von Steuern aus Billigkeitsgründen ein wesentliches Beurteilungskriterium.

BFH-Urteil vom 23.10.2014 - V R 23/13
Vorinstanz: FG Sachsen-Anhalt vom 20.02.2013 — 2 K 1037/10
Das Finanzamt darf die Beträge zum Vorsteuerabzug schätzen, wenn sämtliche Buchführungsunterlagen verloren gegangen sind. Der BFH folgte damit der vorausgegangenen Entscheidung des FG Sachsen-Anhalt.

Im Streitfall konnte ein Unternehmer im Rahmen einer Betriebsprüfung die geforderten Buchführungsunterlagen nicht vorlegen. Aufgrund eines Umzugs verstaute er seine gesamten Unterlagen vorübergehend in einem Lkw, der ihm später gestohlen wurde.

3.1.10 Nicht aufbewahrungspflichtige elektronische Daten

E-Mails
E-Mails mit steuerlich relevanten Inhalten gehören grundsätzlich zu den aufbewahrungspflichtigen Unterlagen.

Dienen E-Mails jedoch nur zum Zwecke des Versands von Unterlagen, indem z.B. Rechnungen als Anlagen angehängt werden, stellt die E-Mail selbst keine steuerlich relevante Unterlage dar. Sie erfüllt lediglich eine Transportfunktion, vergleichbar mit einem Briefumschlag, und muss nicht gespeichert werden.

Zwischendateien — temporäre Daten
In jedem EDV-System wird bei der Verarbeitung der Daten eine Vielzahl von Zwischendateien erzeugt, die im Verlauf des weiteren Verarbeitungsprozesses immer wieder ergänzt und ersetzt werden. Es stellt sich die Frage, ob solche temporären Dateien gelöscht werden dürfen, obwohl sie unstrittig steuerlich relevante Daten enthalten.

Temporäre Dateien müssen nicht aufbewahrt werden, wenn ihr Dateninhalt bei der maschinellen Verarbeitung unverdichtet in andere Dateien übergegangen ist.

3.2 Einzelaufzeichnungspflicht

3.2.1 Die wichtigsten Grundsätze

Handelsgesetzbuch und Abgabenordnung

Nach § 238 Abs. 1 Satz 1 HGB ist jeder Kaufmann verpflichtet, Bücher zu führen und in diesen seine Handelsgeschäfte und die Lage seines Vermögens nach den GoB ersichtlich zu machen.

Über § 140 AO gelten die handelsrechtlichen Buchführungspflichten auch für die Besteuerung. Danach müssen sich die Geschäftsvorfälle in ihrer Entstehung und Abwicklung verfolgen lassen. Die Eintragungen in den Büchern und die sonst erforderlichen Aufzeichnungen müssen vollständig, richtig, zeitgerecht und geordnet vorgenommen werden.

Zweck der Buchführung ist es u.a., zu jedem Zeitpunkt einen zuverlässigen Einblick in den Ablauf aller Geschäfte zu geben. Dazu muss es zu einem späteren Zeitpunkt einem Buchführungssachverständigen in angemessener Zeit möglich sein, sich einen Überblick über den Ablauf und Inhalt aller Geschäfte in der Vergangenheit zu verschaffen. Dies setzt voraus, dass jedes Handelsgeschäft so erfasst wird, dass es einzeln überprüfbar ist. Hierzu ist nicht nur die Aufzeichnung des Geldbetrags, sondern auch der Inhalt des Geschäfts und der Name des Vertragspartners erforderlich.

Das historische Grundsatzurteil

BFH-Urteil vom 12.05.1966 – IV 472/60

In einem historischen Urteil hat der BFH aus der Pflicht zur Ersichtlichmachung der Handelsgeschäfte gefolgert, dass grundsätzlich jedes einzelne Handelsgeschäft, einschließlich der sich auf die jeweiligen Handelsgeschäfte beziehenden Kassenvorgänge, einzeln aufzuzeichnen sei.

Der BFH hat im Urteilsfall unmissverständlich klargestellt, dass gerade bei Kasseneinnahmen gem. GoB nicht nur der am Ende eines Tages insgesamt vereinnahmte Betrag (Tageslosung) aufzeichnungspflichtig ist, sondern jeder einzelne Geschäftsvorfall.

Die Tatsache der sofortigen Bezahlung rechtfertige es nicht, auf die Aufzeichnung der einzelnen Geschäftsvorfälle mit Benennung des Kunden, der Art der Tätigkeit und der Bareinnahme zu verzichten.

BMF-Schreiben vom 05.04.2004 — IV D 2 — S 0315-9/04
Im BMF-Schreiben vom 05.04.2004 wird auf die grundsätzliche Aufzeichnungspflicht jedes einzelnen Handelsgeschäfts hingewiesen, die eine Überprüfung der Grundlagen, des Inhalts und der Bedeutung des Geschäfts für den Betrieb ermöglicht.

Das Schreiben bezieht sich auch auf das historische BFH-Urteil vom 12.05.1966 sowie auf die ständige BFH-Rechtsprechung, nach der die Einzelaufzeichnung unter dem Aspekt der Zumutbarkeit nicht erforderlich ist, wenn Waren von geringem Wert an eine unbestimmte Vielzahl nicht bekannter und auch nicht feststellbarer Personen verkauft werden.

Gleichzeitig wird betont, dass bei einem Barverkauf ab 15.000 EUR immer von einer Zumutbarkeit von Einzelaufzeichnungen auszugehen ist.

Einschränkung
Da die GoB nur eine Einzelaufzeichnung der Kassenvorgänge im Rahmen des nach Art und Umfang des Geschäftes Zumutbaren verlangen, hat der BFH die grundsätzliche Einzelaufzeichnungspflicht für Einzelhandelsgeschäfte beschränkt.

Voraussetzungen für die Ausnahmeregelung sind:
- Waren von geringem Wert,
- Barverkehr,
- unbestimmte Vielzahl von Personen,
- nicht bekannte und nicht feststellbare Personen.

Wichtig! !

Bareinnahmen in Betrieben, in denen Waren von geringem Wert an eine unbestimmte Vielzahl nicht bekannter und auch nicht feststellbarer Personen verkauft werden, brauchen i. d. R. nicht einzeln aufgezeichnet werden.

Der BFH folgte dabei der Überlegung, dass es aus technischen, praktischen und betriebswirtschaftlichen Gründen unmöglich sei, an die Aufzeichnungen der vielen einzelnen Barverkäufe in Einzelhandelsgeschäften die gleichen Anforderungen zu stellen wie bei anderen Handelsgeschäften. Um die Inhalte der Geschäfte genau zu bestimmen und identifizieren zu können, müssten ansonsten immer der jeweilige Kundenname, die Anschrift des Kunden und der Gegenstand des Kaufvertrags festgehalten werden.

Für welche Branchen gelten die Ausnahmen?
Für Gaststätten, Metzgereien, Bäcker, Lebensmitteleinzelhändler u.a. ist diese Vereinfachungsregelung sinnvoll. Eine Einzelaufzeichnung jedes Geschäftsvorfalls beim Bäcker oder Metzger wäre aus praktischen, technischen und betriebswirtschaftlichen Gründen nicht zumutbar.

! **Beispiel: Wurstbude**

Einem Wurstbudenbetreiber auf dem Marktplatz, der keine Registrierkasse besitzt, kann nicht zugemutet werden, dass er alle seine Einzelumsätze einschließlich der jeweiligen Kundennamen und deren Anschrift von Hand aufschreibt.

In diesen Fällen genügt es, wenn der Unternehmer die tägliche Summe der Bareinnahmen aufzeichnet. Er muss jedoch darstellen können, wie sich die Tagessumme ermittelt. Je nach Kassensystem muss er sie durch die Aufbewahrung von Kassenstreifen, Tagesendsummenbons oder Kassenzettel nachweisen.

Unter die Ausnahmeregelung fallen:

- Gaststätten, Cafés, Bistros,
- Imbissbuden (mobile Verkaufswagen und feste Ladenlokale),
- Kiosks und Trinkhallen,
- Lebensmittelläden,
- Metzgereien,
- Bäckereien und Konditoreien,
- Marktstände,
- Trödelmarkthändler (gewerbliche),
- Schausteller,
- Floristikbetriebe,
- Tabakwaren- und Zeitschriftenhändler,
- Billig-Discounter (Eineuroläden),
- sonstige Einzelhändler (Kleidung, Schuhe usw.).

Wann gilt die Vereinfachungsregelung nicht?
Die Vereinfachungsregelung gilt nicht, wenn der Unternehmer die Einzeldaten seiner Geschäfte aus anderen Gründen aufzeichnet oder nach anderen als steuerlichen Vorschriften feststellt (soweit sie für die Besteuerung von Bedeutung sind) und eine Unzumutbarkeit somit nicht mehr gegeben ist.

- Hotel- und Beherbergungsgewerbe (Meldepflicht),
- Gastronomie bzgl. Rechnungen über Bewirtungen, Familienfeiern, Betriebs- und Tagungsveranstaltungen (Vertragspartner bekannt),
- Freiberufler und Handwerker (Vertragspartner bekannt),
- Autoreparaturwerkstätten (Garantie- und Nachbesserungspflicht),

- Neu- und Gebrauchtwagenhändler (rotes Nummernschild u.a.),
- Taxi- und Mietwagenbetriebe (da nicht mit Einzelhandel vergleichbar),
- Reisebüros,
- Apotheken (Betäubungsmittelnachweis),
- Juweliere und Goldschmieden (kundenspezifisch gefertigte Schmuckstücke),
- Händler von Schusswaffen und Munition,
- Ärzte (Praxisgebühr),
- Waren werden regelmäßig an Gewerbetreibende verkauft,
- Aufzeichnungen werden freiwillig geführt,
- Fahrschulen (Ausbildungsnachweis),
- Mietwagen (Beförderungsaufträge),
- Secondhand-Shops,
- Verkauf von Kommissionsware (umsatzsteuerliche Besonderheiten),
- Spielbanken.

Wichtig! !

Allein der Umstand der sofortigen Bezahlung rechtfertigt keine Ausnahme vom Grundsatz der Einzelaufzeichnung (vgl. BFH-Urteil vom 26.02.2004 — XI R 25/02).

Meldezettel Hotel

BFH-Urteil vom 27.01.1989 – III B 130/88 (NV)

In seinem Urteil beanstandete der BFH, dass die Meldezettel in einem Hotelbetrieb nicht aufbewahrt wurden und so die Einzeldaten der Hotelgäste nicht vorliegen. Meldezettel sind für die Besteuerung von Bedeutung.

»Mischbetriebe«

Es gibt einige Branchen, die sowohl Umsätze tätigen, für die Einzelaufzeichnungen erforderlich sind, als auch solche, die unter die Vereinfachungsregel fallen.

- Ein Restaurant vermietet Nebenzimmer für Tagungen und Familienfeiern.
- Eine Metzgerei betreibt »Essen auf Rädern«.
- Ein Landwirt liefert an EDEKA und betreibt einen Hofladen.
- Pizzeria bietet »Außer-Haus-Lieferung« an.
- Hotel betreibt Restaurant und Bar.
- Goldschmied verkauft Modeschmuck und Schlüsselanhänger.

(Un-)Zumutbarkeit

Sind Einzelaufzeichnungen für den Unternehmer nach Auffassung des Gesetzgebers nicht zumutbar, besteht dennoch eine Aufbewahrungspflicht, wenn der Unternehmer seine Geschäfte einzeln aufzeichnet. Die Unzumutbarkeit entbindet nicht von der Pflicht zur Aufbewahrung bereits geschaffener Unterlagen.

Die Frage der Zumutbarkeit stellt sich ausschließlich vor dem Erstellen der Aufzeichnungen.

!

Beispiel: Zeitschriftenhändler

Ein Zeitschriftenhändler erwirbt eine PC-Kasse. Technisch gesehen wäre er ohne Weiteres in der Lage, alle Geschäfte einzeln aufzuzeichnen. Er tut es jedoch nicht, weil er aus Unzumutbarkeitsgründen von der grundsätzlich bestehenden Einzelaufzeichnungspflicht befreit ist.
Zeichnet der Händler aber seine Geschäftsvorfälle trotz Befreiung einzeln auf, so ist er auch zur Aufbewahrung der Unterlagen verpflichtet. Eine Unzumutbarkeit ist dann nicht mehr gegeben.

Was sind Einzelaufzeichnungen?

- **Papierne Aufzeichnungen**
  Papierne Aufzeichnungen sind Rechnungen, Quittungen, Abrechnungen, Schichtzettel (Taxigewerbe) usw. Werden keine Belegvordrucke mit bereits aufgedruckter Nummerierung verwendet, müssen die Belege fortlaufend nummeriert und unter ihrer jeweiligen Nummer ins Kassenbuch eingetragen werden.
- **Digitale Aufzeichnungen**
  Digitale Aufzeichnungen sind Kassenjournaldaten (sog. Kassenauftragszeilen), Datensätze von Taxametern und Wegstreckenzählern (Taxi- und Mietwagengewerbe), Einzelaufzeichnungen bei Geldspiel-, Unterhaltungs- oder Warenautomaten usw.

Bareinnahmen über 15.000 EUR

Bareinnahmen über 15.000 EUR (vereinnahmter Wert) müssen ebenfalls einzeln aufgezeichnet werden. Übersteigt die einzelne Bareinnahme den Wert von 15.000 EUR, gilt die Ausnahmeregelung nicht mehr. Die Aufzeichnungspflicht ist unabhängig von der Kaufmannseigenschaft und der Branche.

Bei einer Annahme von Bargeld im Wert von 15.000 EUR und mehr ist von der Zumutbarkeit von Einzelaufzeichnungen über die Identität auszugehen (vgl. BMF-Schreiben vom 05.04.2004).

Sonderregelungen für Reisegewerbetreibende

Nach § 22 Abs. 5 UStG muss ein Reisegewerbetreibender ein Steuerheft nach amtlichem Muster führen (vgl. auch §§ 63 bis 68 UStDV, umsatzsteuerliche Aufzeichnungspflichten).

Unterschiedliche Steuersätze
In bestimmten Branchen werden sowohl Umsätze, die dem Regelsteuersatz unterliegen, als auch Umsätze mit ermäßigtem Steuersatz getätigt. Der Unternehmer muss gem. § 22 Abs. 2 UStG grundsätzlich Aufzeichnungen führen, aus denen die unterschiedlichen Steuerbeträge ersichtlich sind.

In den Fällen, in denen eine **Trennung der Entgelte** nicht zumutbar ist, kann das zuständige Finanzamt auf Antrag gem. § 63 Abs. 4 UStDV Erleichterungen gewähren.

Wie das Verhältnis der unterschiedlichen Bemessungsgrundlagen ermittelt wird, hängt vom Einzelfall ab. Es muss jedoch sichergestellt sein, dass das steuerliche Ergebnis des Vereinfachungsverfahrens nicht wesentlich von dem Ergebnis abweicht, das sich bei einer nach Steuersätzen getrennten Aufzeichnung ergeben würde.

Setzt der Unternehmer in seinem Betrieb eine Registrierkasse ein, die ihm eine Trennung der Entgelte und eine Erfassung in einem gesonderten Speicher ermöglicht, sind Erleichterungen nicht zulässig, da die Aufteilung dadurch zumutbar wird.

Der jeweilige Steuersatz hängt zum einen von der Ware ab, die verkauft wird, und zum anderen von der Art und Weise, wie die Ware an die Kunden abgegeben wird. Tabakwaren und Spirituosen unterliegen z.B. immer dem Regelsteuersatz. Bei Backwaren kommt es darauf an, ob sie außer Haus verkauft oder im Laden (Café) verzehrt werden.

Betriebe mit unterschiedlichen Steuersätzen sind u.a.
- Bäckereien und (Steh-)Cafés,
- Gaststätten mit Straßenverkauf,
- Metzgereien mit Partyservice,
- Kioske (Tabak und Spirituosen 19 %, Zeitschriften und Süßigkeiten 7 %),
- Imbissbuden mit Sitzgelegenheiten,
- Eisdielen (Café und Straßenverkauf),
- Taxibetriebe (öffentlicher Nahverkehr 7 %, sonstige Fahrten 19 %).

Das »Currywurst«-Urteil
BFH-Urteil vom 30.06.2011 V R 35/08 und V R 18/10
Werden nur einfach zubereitete Speisen (Fast Food) abgegeben und stehen dem Kunden nur behelfsmäßige Verzehrvorrichtungen und Ablageflächen für die Einnahme im Stehen zur Verfügung, unterliegen diese Speisen laut BFH-Urteil vom 30.06.2011 dem ermäßigten Steuersatz von 7 %.

Anmerkung: Noch nicht geklärt ist, welcher Steuersatz anzuwenden ist, wenn der Imbissbetreiber seinen Kunden kleine Tische und Plastikstühle bereitstellt, die nur vorübergehend aufgestellt werden.

Unterschiedliche Währungen
Einnahmen und Ausgaben in Fremdwährung sind gesondert aufzuzeichnen.

!

Beispiel: Tabakladen

Ein Tabak- oder Zeitschriftenhändler an der Schweizer Grenze vereinnahmt neben Eurobeträgen auch Geldbeträge in Schweizer Franken. Diese Fremdwährungen sind getrennt von den Eurobeträgen aufzuzeichnen. Dabei sind auch evtl. Kursänderungen zu beachten.

Geldtransit und Geldverschiebungen
Werden Gelder innerhalb der betrieblichen Kassen (Haupt-, Neben- und Portokasse, Geldschrank) verschoben oder zwecks Bankeinzahlung aus der Kasse entnommen, sind diese Vorgänge zwingend zu dokumentieren. Um Missverständnissen vorzubeugen, sollten diese Geldbewegungen möglichst taggenau unter Berücksichtigung des zeitlichen Zusammenhangs aufgezeichnet und abgelegt werden. Bei einer Bankeinzahlung ist nicht der Tag der Gutschrift auf dem Konto, sondern das Datum der Einzahlung zu beachten.

3.2.2 Rechtsprechung zur Einzelaufzeichnungspflicht

Mit der Frage, ob sich aus der BFH-Entscheidung vom 12.05.1966 ein genereller Verzicht auf die Einzelaufzeichnung bei Einzelhandelsgeschäften ableiten lässt oder ob dies nur für die Fälle gilt, bei denen eine Einzelaufzeichnung nicht zumutbar ist, haben sich die Gerichte mehrfach auseinandergesetzt.

FG Sachsen-Anhalt vom 15.01.2013 – 1 V 580/1
Das vom Unternehmen (Apotheke) eingesetzte PC-Warenwirtschaftssystem erfasst alle Einzeldaten der getätigten Barumsätze. Fraglich war im Streitfall, ob für diese Einzelaufzeichnungen eine grundsätzliche Aufzeichnungspflicht bestand.

Der Senat führt aus: Soweit der BFH in seinem Urteil vom 12.05.1966 noch davon ausgegangen ist, dass aus Gründen der Zumutbarkeit von einer Pflicht zur Einzelaufzeichnung abgesehen werden kann, ist nicht zu folgern, dass eine Einzelaufzeichnungspflicht als solche nicht gegeben ist. Eine Prüfung der Zumutbarkeit setzt schließlich eine grundsätzlich bestehende Pflicht voraus — nur auf das Bestehen der Pflicht ist abzustellen.

Da sich die Frage der Zumutbarkeit im Urteilsfall nicht stellt, weil die Einzeldaten ohnehin im System vorgehalten werden, war das Gericht der Auffassung, ein Ausnahmetatbestand laut BFH-Urteil vom 12.05.1966 liege nicht vor, es gelte daher die Pflicht zur Einzelaufzeichnung.

Hessisches FG vom 24.04.2013 – 4 K 422/12

Die Einzelaufzeichnung der Kassenvorgänge gilt aus Zumutbarkeits- und Praktikabilitätsgründen nicht, wenn ein Unternehmer gegen Barzahlung Waren von geringem Wert an eine unbestimmte Zahl von Kunden in einem offenen Ladengeschäft verkauft. Die Aufzeichnung der täglichen Tagessummen ist ausreichend.

Auch in diesem Streitfall setzte der Unternehmer (Apotheke) ein PC-Warenwirtschaftssystem ein, in dem alle Einzeldaten seiner Bargeschäfte vorgehalten wurden. Ungeachtet der Frage der Zumutbarkeit war das Gericht der Auffassung, es bestehe keine grundsätzliche Einzelaufzeichnungs- und somit auch keine Vorlagepflicht.

BFH-Urteile vom 16.12.2014 – X R 47/13 und X R 29/13

Die vorgenannten konträren Apothekenurteile aus dem Jahr 2013 führten zur höchstrichterlichen Entscheidung des BFH. In beiden, im Wesentlichen inhaltsgleichen Urteilen führt der BFH aus:

Die Frage, ob die grundsätzlich gegebene Verpflichtung zur Einzelaufzeichnung eines jeden Geschäftsvorfalls aus Gründen der Unzumutbarkeit einzuschränken ist, ist — anders als im BFH-Urteil vom 12.05.1966 — im Streitfall zu verneinen.

Das Gericht führt u.a. aus: Entscheidet sich der Steuerpflichtige, wie in den beiden Streitfällen, für ein modernes PC-Kassensystem, das zum einen sämtliche Kassenvorgänge einzeln und detailliert aufzeichnet (mithin insbesondere die in Geld bestehende Gegenleistung sowie den Inhalt des Geschäfts) und zum anderen auch eine langfristige Aufbewahrung (Speicherung) der getätigten Einzelaufzeichnungen ermöglicht, kommt er der ihm obliegenden Verpflichtung zur Aufzeichnung der einzelnen Verkäufe nach. Er kann sich in diesem Fall nicht (mehr) auf die Unzumutbarkeit der Aufzeichnungsverpflichtung berufen. Im Falle der Verwendung einer PC-Kasse ist die mit ihr bewirkte Einzelaufzeichnung auch zumutbar.

3.3 Zeitgerechte Erfassung von Bargeschäften

§ 146 Abs. 1 Satz 2 AO
Kasseneinnahmen und Kassenausgaben sollen täglich festgehalten werden.

Die Verschärfung im Gesetzestext des § 146 Abs. 1 Satz 2 AO macht deutlich, dass bzgl. der Bargeschäfte steuerlich erhöhte Anforderungen gelten. Im HGB sind hierzu keine Aussagen zu finden. Mit der Formulierung »sollen« räumt der Gesetzgeber dem Unternehmer jedoch offensichtlich einen gewissen Spielraum ein. Unter welchen Voraussetzungen Aufzeichnungen von Kassenbewegungen nicht täglich geführt werden müssen, wird in der AO-Vorschrift jedoch nicht näher ausgeführt.

Buchung im Folgemonat (GoBD, Rz 87)
Mehr Aufschluss über die Voraussetzungen für die Aufzeichnungen von Kassenbewegungen geben die GoBD (Rz 87). Ihnen zufolge ist sowohl beim Einsatz von Haupt- als auch beim Einsatz von Vor- oder Nebensystemen eine Verbuchung im Journal des Hauptsystems (z.B. Finanzbuchhaltung) bis zum Ablauf des folgenden Monats nicht zu beanstanden, wenn die einzelnen Geschäftsvorfälle bereits in einem Vor- oder Nebensystem aufbewahrt werden.

Diese Anforderungen werden durch den Einsatz einer Registrierkasse grundsätzlich erfüllt. Eine Registrierkasse ist ein Vor- bzw. Nebensystem mit Grundbuchaufzeichnungsfunktion.

Die Praxis zeigt, dass es im Einzelfall oft schwierig, manchmal sogar unzumutbar ist, den strengen Anforderungen des Gesetzgebers vollumfänglich gerecht zu werden. Die zeitgerechte Erfassung von Bargeschäften war deshalb immer wieder Gegenstand der Rechtsprechung.

Unter welchen Voraussetzungen die Rechtsprechung vom Grundsatz der zeitgenauen Erfassung abweicht und wie viel Spielraum einem Unternehmer im Einzelfall eingeräumt wird, hängt von verschiedenen Faktoren ab. Nachfolgend werden einige richtungsweisende und bis heute inhaltlich aktuelle Entscheidungen aufgeführt und kurz erläutert.

Was sagt die Rechtsprechung?
Tägliche Aufzeichnung von Entnahmen und Einlagen
BFH-Urteil vom 24.06.1954, IV 296/53 U
Entnahmen und Einlagen müssen täglich aufgezeichnet werden. Eine am Schluss eines Monats durchgeführte Ermittlung der Entnahmen ist nicht ausreichend.

Diese historische Entscheidung aus dem Jahr 1954 wird von der aktuellen Rechtsprechung nach wie vor vertreten.

Tägliche Feststellung des Kassenbestands
BFH-Urteil vom 01.10.1969 I R 73/66
Werden die Tageseinnahmen nur aufsummiert, d.h., mithilfe von Kassenberichten errechnet, muss der tatsächliche Kassenbestand als »unentbehrliche Grundlage für die Berechnung der Tageslosung« täglich ermittelt werden.

Werden dagegen die Tageseinnahmen anhand der einzelnen Geschäftsvorfälle oder mit einer Registrierkasse ermittelt, muss der Kassenbestand nicht täglich errechnet werden.

Eintragungen am nächsten Geschäftstag
BFH-Urteil vom 31.07.1974, I R 216/72
Sofern zwingende geschäftliche Gründe einer Buchung am gleichen Tag entgegenstehen, hält es der Senat für ausreichend, Eintragungen ausnahmsweise am nächsten Geschäftstag vorzunehmen.

Voraussetzung ist jedoch, dass sich die Entwicklung des sollmäßigen Kassenbestands seit dem Beginn des vorangegangenen Geschäftstags aus anderen Buchungsunterlagen wie z.B. Registrierkassenstreifen, Zwischenaufzeichnungen oder sonstigen Belegen eindeutig nachvollziehen lässt.

Eine weitergehende Auflockerung der Eintragungspflicht bzw. eine noch spätere Erfassung hält der Senat zumindest bei Steuerpflichtigen mit festen Ladenlokalen nicht für vertretbar.

Dem Urteilsfall lag die Klage eines Lebensmitteleinzelhändlers mit mehreren Filialen zugrunde. Dem Kläger wurde im Rahmen einer Betriebsprüfung die formelle Ordnungsmäßigkeit der Buchführung abgesprochen, weil die Erfassung der Einnahmen und Ausgaben einer Filiale erst einen Tag nach Ablieferung des Geldes durch den Fahrer im Hauptgeschäft erfolgte.

Zeitlicher Zusammenhang
BFH-Urteil vom 25.03.1992, I R 69/91
Im Unterschied zu den übrigen Geschäftsvorfällen sind Kasseneinnahmen und Kassenausgaben nach herrschender Meinung (u.a. GoB) täglich zu verbuchen.

Für Vorgänge außerhalb des Kassenverkehrs sollte jedoch – entgegen früherer strengerer Auffassung – noch ein zeitlicher Zusammenhang zwischen dem Geschäftsvorfall und der Verbuchung bestehen.

Nachträglich erstellte Buchführung

FG Sachsen-Anhalt vom 23.01.2007 – 4 K 1042/04

Eine vom Steuerpflichtigen nachträglich erstellte Buchführung kann die Mängel der Aufzeichnungen nicht heilen, da sie nicht zeitnah erstellt wurde. Die Schätzung muss sich in diesen Fällen nicht an den Zahlen der Buchhaltung orientieren.

Nachträgliche Erfassung von Kassenbewegungen wegen Urlaubs

FG Köln vom 27.01.2009, 6 K 3954/07

Die Voraussetzungen des § 146 Abs. 1 Satz 2 AO (tägliche Aufzeichnung) sind erfüllt, wenn aufgrund urlaubsbedingter Abwesenheit die Kassenvorgänge erst nach der Rückkehr aus dem Urlaub aufgezeichnet werden.

Im Urteilsfall wurden die vom Vertreter ausgedruckten und geordnet aufbewahrten Belege unmittelbar nach Beendigung des Urlaubs erfasst. Der Senat ging dabei von einer normalen Anzahl von Urlaubstagen und einer ansonsten zeitnahen Erfassung der Kassenbewegungen im Unternehmen aus.

Betriebe, die in der Nacht enden

FG Köln vom 27.01.2009, 6 K 3954/07

Im gleichen Urteilsfall ist das Finanzgericht der Auffassung: »Führt der Steuerpflichtige einen Betrieb, der in der Nacht endet (z.B. Gaststätte u.a.), ist es nicht zu beanstanden, wenn die Aufzeichnungen erst am nächsten Morgen erfolgen.«

3.4 Barentnahmen und Bareinlagen

Barentnahmen und Bareinlagen sind Geldbewegungen, die den Bestand der Kasse beeinflussen. Sie sind deshalb unbedingt zeitnah im Kassenbuch oder im Kassenbericht aufzuzeichnen. Die Erfassung von privat veranlassten Geldbewegungen wird mit einem Eigenbeleg dokumentiert.

3.4.1 Barentnahmen

Werden die Tageseinnahmen durch Zählen des Bargeldbestands ermittelt, müssen zuvor entnommene Geldbeträge entsprechend den in der Kasse abgelegten Ausgabebelegen dem Endbestand hinzugerechnet werden. Wird Geld zu privaten Zwecken entnommen und steht daher kein Ausgabebeleg zur Verfügung, muss ein Eigenbeleg erstellt werden.

Beispiel: Ein Gastwirt entnimmt sein »Gehalt«

!

Ein Gastwirt entnimmt wöchentlich 200,00 EUR für eigene Zwecke aus der Geschäftskasse. Er bezeichnet diese Entnahmen als sein »Gehalt« und schreibt Eigenbelege für diese Entnahmen, auf denen er das Datum und die Höhe des Betrags festhält. In seinem Kassenbuch zeichnet er die Entnahme auf und heftet den selbst gefertigten Beleg gemeinsam mit den anderen Kassenbelegen ab.
Dieser Vorgang ist nicht ungewöhnlich, schließlich bestreitet der Steuerpflichtige seinen privaten Lebensunterhalt aus den betrieblich erwirtschafteten Einnahmen. Der Gastwirt macht alles richtig.

Variante 1

Der Gastwirt entnimmt zwar das Geld, vergisst aber, einen Eigenbeleg für seine Kassenbuchführung zu fertigen. Das kann schwerwiegende Folgen für ihn haben. Unterhält er z.B. eine offene Ladenkasse, ermittelt er seine Tageseinnahmen, indem er den Kassenbestand am Tagesende zählt und hiervon den Anfangsbestand abzieht. Wäre ein Eigenbeleg für seine private Entnahme vorhanden, würde er dies in seinem Kassenbericht erfassen und den Betrag gleichzeitig dem ermittelten Saldo hinzurechnen.
Bemerkt er seinen Fehler nicht, weist er seine Tageseinnahmen um 200,00 EUR zu niedrig aus. Es liegt ein schwerer materieller Buchführungsmangel vor. Der Gastwirt hat seine Betriebseinnahmen verkürzt und muss bei einer Aufdeckung des Mangels mit ernsten steuerlichen Folgen rechnen.

Variante 2

Der Gastwirt entnimmt wöchentlich 200,00 EUR. Erst am Monatsende fertigt er einen Eigenbeleg über den Gesamtbetrag seiner wöchentlichen Privatentnahmen i.H.v. 800,00 EUR an.
Kassenaufzeichnungen sind zeitnah zu führen. Durch die Erfassung erst am Monatsende verliert die Kasse ihre Kassensturzfähigkeit. Die Buchführung ist nicht ordnungsmäßig.

3.4.2 Bareinlagen

Stellt ein Unternehmer fest, dass sich nur noch wenig Geld in seiner Geschäftskasse befindet, kann er den Bestand zur Aufrechterhaltung der Liquidität durch eine private Einlage stützen. Ein Eigenbeleg mit Betrag und Datum ist auch bei Einlagen für die Ordnungsmäßigkeit der Buchführung erforderlich.

Im Rahmen einer Prüfung wird eine private Geldeinlage meist kritisch betrachtet und hinterfragt. Der Prüfer geht dabei grundsätzlich von der Überlegung aus, dass sich — je nach Branche — eine Geschäftskasse durch die betrieblichen Bareinnahmen füllt und sich dabei der Bestand im Normalfall stetig erhöht. Werden keine größeren Ausgaben getätigt, reicht das Wechselgeld gewöhnlich aus, um kleinere Ausgaben zu leisten.

Einlagen trotz Bankeinzahlungen
Zumindest bei einem bargeldintensiven Betrieb fallen Einlagen besonders dann auf, wenn gleichzeitig auch regelmäßige Einzahlungen auf das Bankkonto vorgenommen werden. Ist nicht genügend Geld in der Kasse, wird der Unternehmer im Allgemeinen weniger auf das Geschäftskonto einzahlen.

Der Verdacht, es könne sich bei solchen Einlagen um nicht im Kassenbuch erfasste Betriebseinnahmen handeln, liegt nahe.

Hohe Bareinlagen
Werden hohen Bareinlagen getätigt, muss der Unternehmer den Nachweis erbringen, woher diese Mittel stammen.

Einlagen am Monatsende
Auch eine am Monatsende im Kassenbuch eingetragene Einlage erweckt gewöhnlich die Aufmerksamkeit eines Außenprüfers. Stellt der Steuerpflichtige beim Monatsabschluss fest, dass der Saldo im Kassenbuch einen Minusbetrag ergeben würde, kann er den Saldo durch eine nachträgliche Einlage egalisieren.

Wird eine Kassenfehlbetragsprüfung durchgeführt, wird sie den Fehlbetrag zu einem vor der Einlage liegenden Zeitpunkt aufdecken. Der Prüfer unterstellt dann, dass es sich hierbei um nicht verbuchte Betriebseinnahmen handelt.

3.4.3 Rechtsprechung zu Entnahmen und Einlagen

Erfassung erst am Monatsende
BFH-Urteil vom 24.06.1954 – IV 296/53 U
Es reicht nicht aus, Privatentnahmen aus der Kasse und Privateinlagen in die Kasse erst am Schluss des Monats in einer Summe zu erfassen. Die Kassenführung ist nicht ordnungsmäßig, wenn es nicht jederzeit möglich ist, den Sollbestand und den inventurmäßigen Istbestand abzugleichen.

Erfassung durch den Steuerberater
BFH-Urteil vom 18.12.1984 – VIII R 195/82
Werden Privatentnahmen und Privateinlagen ohne Belege im Büro des Steuerberaters erfasst, ist die Beweisvermutung einer ordnungsmäßigen Buchführung zu versagen.

Erfassung bei Abschlussbuchungen

BFH-Urteil vom 26.10.1994 – X R 114/92 NV

Eine Buchführung, die unverbuchte Bareinnahmen erst im Rahmen der Abschlussbuchungen erfasst, ist ordnungswidrig.

Keine Eigenbelege

FG Münster vom 23.03.2000 – 5 V 7028/99 E, G, U

Werden Belege für Privatentnahmen (z.B. Quittungen oder Eigenbelege) nicht aufbewahrt, handelt es sich nicht nur um formelle Buchführungsmängel, sondern um schwerwiegende materielle Mängel, die die Beweiskraft der Buchführung in einem für ein Restaurant wesentlichen Bereich — nämlich dem der Bareinnahmen und -ausgaben — infrage stellen.

4 Je größer der Mangel, desto schlimmer die Folgen

4.1 Mängel in der Kassenführung

Die Buchführung und die Aufzeichnungen eines Steuerpflichtigen sind gem. § 158 AO der Besteuerung zugrunde zu legen, wenn sie den gesetzlichen Formvorschriften entsprechen und sich keine Hinweise auf ihre sachliche Unrichtigkeit ergeben.

Der Gesetzgeber unterscheidet zwischen formellen und sachlichen Mängeln. Bei der Beurteilung der Ordnungsmäßigkeit kommt dabei der Gewichtung der Mängel eine größere Bedeutung zu als der Unterscheidung, ob ein Mangel von formeller oder materieller Natur ist.

Die häufigsten bei Betriebsprüfungen festgestellten Mängel in der Kassenführung sind Kassenfehlbeträge, fehlende Aufzeichnungen (z. B. Z-Bons) und nicht erfasste Betriebseinnahmen/-ausgaben.

4.1.1 Formelle Mängel

Ein formeller Mangel liegt vor, wenn gegen die Formvorschriften der §§ 140 ff. AO oder gegen die in § 147 AO genannten Aufbewahrungsvorschriften verstoßen wird. Ein formeller Mangel allein wirkt sich nicht auf das Buchführungsergebnis aus.

Ausnahme: zeitliche Verschiebung des Gewinns aufgrund einer nicht chronologischen und nicht zeitgerechten Erfassung der Geschäftsvorfälle.

4.1.2 Sachliche Mängel

Liegen materielle Mängel vor, ist die Buchführung inhaltlich falsch. Sachliche Mängel beeinträchtigen das Buchführungsergebnis. Sie führen – je nach Gewichtigkeit – zur Verwerfung der Buchführung und haben regelmäßig steuerliche Hinzuschätzungen zur Folge.

4.1.3 Kleinere punktuelle Mängel

Kleinere formelle und auch sachliche Mängel lassen sich im täglichen Geschäftsleben oftmals nicht vermeiden. Solange es sich bei kleineren Mängeln nur um unbedeutende formelle Verstöße gegen die Anforderungen an eine zeitgerechte Erfassung der Geschäftsvorfälle oder die Aufbewahrungspflichten handelt, ist die Ordnungsmäßigkeit nicht beeinträchtigt. Entsprechendes gilt auch für kleinere Mängel, die im Zusammenhang mit einer auf einem Datenträger vorgelegten EDV-Buchhaltung festgestellt werden. Auch geringfügige sachliche Mängel werden meist nur zahlenmäßig korrigiert, ohne dass die Buchführung insgesamt verworfen wird.

4.1.4 Eine Kasse ohne Mängel?

Eine Kassenführung ohne jegliche Mängel ist in der Praxis die absolute Ausnahme. Viele Betriebsprüfer vertreten sogar die Auffassung:

!

Wichtig!

Eine Kasse ohne Mängel gibt es nicht!

Formelle Mängel		Sachliche Mängel	
Verstöße gegen §§ 140 ff. AO	O	Nichterfassung Einnahmen/Ausgaben	S
Verstöße gegen § 147 AO	O	Zeitlich unzutreffende Erfassung	O
Keine zeitnahe Erfassung	S	Nicht erfasste Entnahmen/Einlagen	S
Entnahmen/Einlagen nicht zeitnah	S	Kassenfehlbeträge	S
Ungeklärte Einlagen	S	Geringfügige Kassenfehlbeträge	L
Geschätzte Einlagen	O	Aufklärbare Kassenfehlbeträge	L
Fehlende Bedienungsanleitung	L	Kein chronologisches Kassenbuch	S
Fehlende Grundprogrammierung	L	Verschiebungen zwischen Filialkassen	S
Fehlende Änderungsprotokolle	L	Fehlende Kasse (trotz erheblichem Barverkehr)	S
Fehlende Z-Bons	S	Keine Einzelaufzeichnungen	S
Z-Bons ohne fortlaufende Nummer	S	Keine Eigenbelege bei Entnahmen und Einlagen	S
Einzelne Z-Bons fehlen	O	Summeneinträge ohne Belege	S
Keine Zahlungswege erfasst	L	Nur rechnerische Kasse vorhanden	S
Fehlende Kassenberichte	S	Nichtzählen des Kassenbestands	S

Formelle Mängel		Sachliche Mängel	
Abschneiden von Auswertungen	S	Unterdrückte Stornos	S
Änderbares Excel-Kassenbuch	L	Differenzen beim Kassensturz	S
Fehlende Belege (z.B. Z-Bon)	S	Geringfügige Differenzen Kassen-Sturz	L
Fehlende Datenvorhaltung	S	Missbräuchlicher Trainingsspeicher	S
Fehlende elektronische Bewirtungsbelege	L	Nicht gezähltes Münz-/Wechselgeld	S
Rechenfehler im Kassenbuch	O	Fehlende Grundaufzeichnungen	O
Löschungen und Radierungen	L		
Unterdrückung des Trainingskellners	L		
Nichtaktivierung GT-Speicher	S		
Fehlende Protokolle über die Einsatzorte der Registrierkasse	O		
Nicht auswertbares Dateiformat	L		
Keine Journaldaten	O		
Keine Trennung der Entgelte	S		
Fehlende Z-Bons für Wiegekassen	S		
Undatierte Kassenaufzeichnungen	O		
Progressive Ermittlung der Einnahmen (Kassenbericht)	L		

L = Leichter Mangel, S = Schwerer Mangel, O = Je nach Umfang

Abb. 4: Mängel in der Kassenführung

Wird eine Registrierkasse eingesetzt, ist zudem entscheidend, ob die Kasse typbedingt in der Lage ist, die Anforderungen zu erfüllen. Werden zulässigerweise noch Altkassen eingesetzt, die nicht umrüstbar sind, liegt z.B. kein Mangel vor, wenn die Journaldaten nicht vorhanden sind.

Die vorgenannte Aufzählung der formellen und materiellen Mängel ist nicht abschließend. Die nebenstehenden Bewertungen beruhen auf der persönlichen Einschätzung des Autors. In begründeten Einzelfällen ist auch eine hiervon abweichende Eingruppierung denkbar.

Entgegen der vorgenannten Qualifizierung (L) stufte z.B. der BFH mit seinem Urteil vom 25.03.2015 das Fehlen der Betriebsanleitung einer programmierbaren Registrierkasse als schweren formellen Mangel ein.

4.1.5 Gewichtigkeit des Mangels

Die Gewichtigkeit eines Mangels hängt nicht zuletzt auch vom Umfang des Mangels und seiner Größenordnung ab.

!

Beispiel: Fehlende Z-Bons

Fall 1: Bei einer Betriebsprüfung fehlen im gesamten Prüfungszeitraum zwei Tagesendsummenbons. Im Kassenbuch sind jedoch an beiden Tagen Einnahmen verzeichnet.
Fall 2: Es können keine Z-Bons vorgelegt werden. Die Tageseinnahmen sind im Kassenbuch ohne Belegnachweise verbucht.
Ergebnis: In beiden Fällen liegen »nur« formelle Mängel vor. Bei Fall 1 handelt es sich um eher leichte Mängel, die allein nicht zur Verwerfung der Buchführung führen. Wenn sich die nicht belegten Tageseinnahmen von der Höhe her nur unwesentlich von den übrigen Umsätzen unterscheiden, wird der Mangel keine steuerlichen Folgen nach sich ziehen.
Anders ist dagegen Fall 2 zu beurteilen. Nicht das »Fehlen der Z-Bons« insgesamt ist ein Buchführungsmangel, vielmehr ist bereits jeder einzelne nicht vorhandene Beleg als ein Mangel anzusehen. Liegen überhaupt keine Z-Bons vor, summiert sich die Anzahl der Mängel jährlich auf ca. 300.
Auch viele kleinere Mängel können in der Summe gesehen gewichtig sein. Das Gesamtbild gibt den Ausschlag. In Fall 2 liegt ein grober Verstoß gegen die Aufzeichnungsvorschriften der §§ 140 ff. AO vor, der ausnahmslos zur Verwerfung der Buchführung führt.

4.2 Folgen von Mängeln in der Kassenführung

Nicht jeder Verstoß gegen die Formvorschriften der §§ 140 ff. AO oder gegen die Aufbewahrungsvorschriften des § 147 AO hat für den Unternehmer spürbare Folgen. Entscheidend ist immer, wie schwer die Mängel wiegen. Der Gewichtung der Mängel kommt dabei eine entscheidende Bedeutung zu.

4.2.1 Geringfügige Mängel

Kleinere **formelle Mängel**, die das Geschäftsergebnis nicht beeinflussen, werden i.d.R. nicht geahndet (z.B. das Fehlen eines Z-Bons). Die Ordnungsmäßigkeit der Buchführung bleibt erhalten, die Aufzeichnungen des Steuerpflichtigen werden gem. § 158 AO der Besteuerung zugrunde gelegt.

Der Außenprüfer wird den Steuerpflichtigen auf die festgestellten Mängel z.B. in der Schlussbesprechung hinweisen und die Mängel zusätzlich in seinem Prüfungsbericht aufführen.

Stellt der Prüfer geringfügige **sachliche Mängel** fest, ist er zwar angehalten, sie zahlenmäßig zu korrigieren (z.B. punktuelle Hinzurechnung eines kleineren Kassenfehlbetrags), wird aber auch in diesen Fällen die Buchführung insgesamt nicht verwerfen. Die Richtigkeitsvermutung des § 158 AO bleibt auch hier erhalten.

4.2.2 Wiederholt auftretende Mängel

Alle festgestellten Mängel sind gleichzeitig mit einer Auflage für künftige Abrechnungszeiträume verbunden. Werden diese Vorgaben nicht eingehalten und die gleichen Mängel bei einer nachfolgenden Betriebsprüfung erneut festgestellt, erhöht sich ihr Gewicht.

Beispiel: »Tintenkiller« !

Anlässlich einer früheren Betriebsprüfung beanstandete der damalige Prüfer, dass handschriftliche Eintragungen im Kassenbuch wiederholt nachträglich korrigiert wurden. In seiner Prüfernotiz machte er den Unternehmer darauf aufmerksam, dass es nicht zulässig sei, einen sog. »Tintenkiller«, der den ursprünglichen Inhalt nicht mehr erkennen lässt, zu verwenden. Die Feststellung blieb ohne Folgen für den Steuerpflichtigen.
Eine aktuell durchgeführte Prüfung ergab, dass nach wie vor ein »Tintenkiller« zur Korrektur falscher Einträge benutzt wird. Bei der Beurteilung des Sachverhalts muss der Prüfer nun davon ausgehen, dass es sich nicht mehr – wie in der Vorprüfung – um bloße Unwissenheit handelt. Er unterstellt, dass die Änderungen bewusst so durchgeführt wurden, dass die originären Eintragungen nicht mehr nachvollziehbar sind.
Obwohl in beiden Fällen dieselben Formvorschriften (§ 146 Abs. 4 AO) verletzt wurden, hat die Prüfungsfeststellung im aktuellen Fall einen deutlich höheren Stellenwert. Der Sachverhalt wird eingehendere Prüfungshandlungen nach sich ziehen. Welche Konsequenzen sich daraus für den Steuerpflichtigen ergeben, hängt von den weiteren Feststellungen ab.

Veränderungen mit »Tippex«

BFH-Urteil vom 27.01.1989 – III B 130/88 (NV)

Die im Streitfall (Hotelgewerbe) vorgelegten Kassenaufzeichnungen sind nicht beweiskräftig, da zahlreiche ursprüngliche Aufzeichnungen mit »Tippex« unkenntlich gemacht und dann überschrieben oder unmittelbar verändert wurden.

4.2.3 Grobe formelle oder sachliche Mängel

Sowohl formelle als auch sachliche Mängel können die Beweisvermutung des § 158 AO erschüttern. Unabhängig vom Charakter der Mängel ist bei der Beurteilung entscheidend, wie gewichtig die festgestellten Mängel sind.

Formelle Mängel, die das Buchführungsergebnis nicht beeinflusst haben, können grundsätzlich nicht zu einer Änderung der Besteuerungsgrundlagen führen.

Liegen schwere formelle Verstöße vor, muss jedoch davon ausgegangen werden, dass die Buchhaltung auch inhaltlich unrichtig ist.

Bei groben materiellen Verstößen darf die Buchführung der Besteuerung nicht zugrunde gelegt werden. Die Besteuerungsgrundlagen können bzw. müssen gem. § 162 AO geschätzt werden.

!

Beispiel: Münzgeld ist nur Wechselgeld?

Ein Barbesitzer führt eine offene Ladenkasse. Die Höhe seiner Tageseinnahmen ermittelt er durch Zählen des Bestands am Ende des Geschäftstages unter Berücksichtigung des Vortagesbestands. Dabei zählt er aus Vereinfachungsgründen nur die Scheine. Das Münzgeld verbleibt als Wechselgeld in der Kasse.

Die ins Kassenbuch übertragenen Tageseinnahmen sind unvollständig. Eine ordnungsmäßige Kassenführung verlangt eine centgenaue Erfassung der Betriebseinnahmen.
Welche Folgen dieser materielle Buchführungsmangel für den Barbesitzer hat, hängt noch von weiteren Faktoren ab. Letztlich wird das Gesamtbild darüber entscheiden, ob die Buchführung insgesamt verworfen werden muss.

Glatte 50-/100-Eurobeträge

FG Münster vom 23.03.2000 – 5 V 7028/99 E, G, U

In einem ähnlich gelagerten Fall hat das FG Münster einen schwerwiegenden Buchführungsmangel darin gesehen, dass ein Restaurantbesitzer (Pizzeria) nur große Scheine gezählt und seine Tageseinnahmen stets als glatte 50-/100-Eurobeträge ausgewiesen hat. Eine steuerliche Hinzuschätzung des Finanzamts auf Richtsatzbasis hat das Gericht für rechtens erachtet.

4.2.4 Verzögerungsgeld (§ 146 Abs. 2b AO)

Das seit 2009 eingeführte Verzögerungsgeld soll den Steuerpflichtigen dazu anhalten, seine Mitwirkungspflichten gem. § 200 AO im Rahmen von Außenprüfungen zu erfüllen. Wird z.B. der Datenzugriff nach § 147 Abs. 6 AO nicht, nicht zeitnah oder nicht in vollem Umfang eingeräumt, muss der Unternehmer mit der Festsetzung eines Verzögerungsgeldes rechnen. Das Verzögerungsgeld ist ein Druckmittel eigener Art und besitzt präventiven und repressiven Charakter.

Die Festsetzung und die Höhe des Verzögerungsgeldes ist eine Ermessensentscheidung der Finanzbehörden und richtet sich nach den Verhältnissen im Einzelfall. Es kann zwischen 2.500 EUR und 250.000 EUR betragen. Ein Verzögerungsgeld darf nur festgesetzt werden, wenn der Steuerpflichtige seinen Mitwirkungspflichten nicht nachkommt.

Achtung !

Ein festgesetztes Verzögerungsgeld muss auch dann bezahlt werden, wenn der Steuerpflichtige seine Verpflichtung später doch erfüllt.

Fragen- und Antwortkatalog des BMF zum Verzögerungsgeld !

Eine Orientierungshilfe zur Anwendung bietet der auf der Internetseite des Bundesfinanzministeriums zur Verfügung gestellte Fragen- und Antwortkatalog zum Verzögerungsgeld (**BMF Referat IV A 4**).

Beispiel: Digitale Kassenjournaldaten !

Ein Unternehmer weigert sich bei einer Betriebsprüfung im Jahr 2016 trotz Aufforderung, die vorhandenen digitalen Kassenjournaldaten seiner elektronischen Registrierkasse vorzulegen. Er glaubt, erst ab 2017 hierzu verpflichtet zu sein.
Der Steuerpflichtige riskiert die Festsetzung eines Verzögerungsgeldes, die dem Grunde nach berechtigt wäre.

! **Beispiel: Kassendaten nicht mehr vorhanden**

Der Unternehmer hat dem Betriebsprüfer nur die Z-Bons in Papierform vorgelegt. Seine digitalen Kassendaten hat er im System gelöscht, weil er der irrigen Meinung war, dass er sie erst ab der endgültigen Umsetzung der neuen Rechtslage im Jahr 2017 aufbewahren muss.
Die Festsetzung eines Verzögerungsgeldes wäre dem Grunde nach unberechtigt. Der Steuerpflichtige ist nicht mehr in der Lage, seine vernichteten Kassendaten vorzulegen. Die Buchführung ist jedoch nicht ordnungsmäßig. Sie weist schwere Mängel auf und wird verworfen.

Mehrere Verzögerungsgelder?

Hessisches FG vom 08.08.2011 – 8 V 1281/11

Nach Auffassung des hessischen FG bestehen ernsthafte Zweifel, ob bei der Verletzung mehrerer Pflichten oder einer fortdauernden Pflichtverletzung mehrere Verzögerungsgelder festgesetzt werden können.

Eine analoge Anwendung des § 332 Abs. 3 AO, wonach ein Zwangsmittel für jede einzelne Zuwiderhandlung angedroht werden kann, kommt im Rahmen der Festsetzung des Verzögerungsgeldes nicht in Betracht.

4.2.5 Haftung des Steuerberaters?

Übernimmt ein steuerlicher Berater ungeprüft Aufzeichnungen seines Mandanten, kann er im Falle einer nicht ordnungsmäßigen Buchführung und einer damit in Zusammenhang stehenden Einnahmenverkürzung rechtlich wegen Beihilfe zur Steuerverkürzung belangt werden.

BFH-Urteil vom 21.01.2004 – XI R 3/03

Als Hilfeleistung ist jede Handlung anzusehen, die die Herbeiführung des Taterfolgs des Haupttäters fördert, ohne dass sie für den Erfolg selbst ursächlich sein muss. Einzelheiten der Haupttat braucht der Hilfeleistende nicht zu kennen. Es reicht, dass die Hilfe an sich geeignet ist, die Tat zu fördern und zu erleichtern und der Hilfeleistende dies weiß.

BFH-Urteil vom 13.08.2007 – VII B 345/06 (NV)

Im Urteilsfall wurde einem Steuerfachgehilfen vorgeworfen, er habe vom Mandanten geschätzte Einnahmen ungeprüft in die Umsatzsteuererklärung übernommen. Sowohl die Betriebseinnahmen als auch erhebliche Teile des Wareneinkaufs einer Gaststätte wurden nicht zutreffend erfasst. Trotz des dem Steuerfachgehilfen bekannten Umstands, dass keine ordnungsmäßigen Einzelaufzeichnungen vorlagen, habe er die fehlerhafte Steuerfestsetzung in Kauf genommen und damit die Hinterziehung des Steuerpflichtigen objektiv gefördert.

Der BFH beruft sich in seinem Beschluss auf die ständige höchstrichterliche Rechtsprechung zur Haftungsinanspruchnahme nach den §§ 101, 71 AO.

4.3 Schätzung der Besteuerungsgrundlagen (§ 162 AO)

4.3.1 Die gesetzlichen Voraussetzungen für eine Schätzung

Die Voraussetzung für eine Schätzung ist grundsätzlich, dass die Buchführung und das Buchführungsergebnis nicht mehr gem. § 158 AO der Besteuerung zugrunde gelegt werden können.

Kann die Finanzbehörde Besteuerungsgrundlagen nicht ermitteln oder berechnen, hat sie sie zu schätzen (§ 162 Abs. 1 AO). Das ist unter anderem der Fall, wenn eine mangelhafte Buchführung vorliegt und der Steuerpflichtige seine Mitwirkungspflichten nicht erfüllt.

Zu schätzen ist auch, wenn tatsächliche Anhaltspunkte für die Unrichtigkeit oder Unvollständigkeit der vom Steuerpflichtigen gemachten Angaben zu steuerpflichtigen Einnahmen bestehen, soweit die Zustimmung gem. § 93 Abs. 7 AO zum Abruf von Bestandsdaten nicht erteilt wird.

4.3.2 Gründe für eine Schätzung

Klare Regelungen, ob und in welchen Fällen eine Schätzung angebracht ist, gibt es nicht. Das bleibt eine Einzelfallentscheidung. Dabei kommt es maßgeblich darauf an, in welchem Umfang Mängel festgestellt wurden und ob sie sich auf die gesamte Buchführung oder nur auf einen bestimmten Teil der Buchführung erstrecken.

Nach Auffassung des Bundesfinanzhofs kommt eine Schätzung erst dann in Betracht, wenn alle anderen Möglichkeiten, die zutreffenden Besteuerungsgrundlagen zu ermitteln, ausgeschöpft sind (BFH-Urteil vom 23.08.1994 — VII R 143/92).

4.3.3 Ziel einer Schätzung

Eine Schätzung hat nicht die Aufgabe, einen Steuerpflichtigen zu bestrafen. Mit einer Schätzung muss die Finanzbehörde versuchen, die individuellen Besteuerungsgrundlagen mithilfe eines verminderten Beweismaßes so realitätsnah wie möglich zu ermitteln und der Besteuerung zugrunde zu legen. Dabei sind alle Umstände zu berücksichtigen, die für die Schätzung von Bedeutung sind.

Die Ergebnisse müssen nach Wahrscheinlichkeitsüberlegungen plausibel, in sich schlüssig, vernünftig und wirtschaftlich möglich sein. Eine Schätzung »ins Blaue« ist rechtswidrig.

4.3.4 Voll- oder Teilschätzung

Sind die Mängel so umfassend, dass das gesamte Betriebsergebnis infrage steht, ist eine Vollschätzung zulässig, sind dagegen nur Teilbereiche betroffen, bietet sich eine Teilschätzung an.

Punktuelle (Zu-)Schätzung

Lassen sich materielle Fehler in der Buchführung exakt eingrenzen, auf einen ganz bestimmten Geschäftsvorfall beziehen und betragsmäßig hinreichend beziffern, wird die Schätzung über eine punktuelle Korrektur meist nicht hinausgehen. Die Zuschätzung erfolgt nur, soweit die Beanstandungen reichen.

!

Beispiel: Punktueller Fehler

Es fehlt nur eine Tageseinnahme oder es wurde ein einzelner Kassenfehlbetrag ermittelt.

Ob es bei einer partiellen Hinzuschätzung bleibt, entscheidet der Einzelfall. Werden viele solcher Mängel festgestellt, kann die gesamte Buchführung infrage gestellt werden, auch wenn sich die einzelnen Fehler zahlenmäßig ermitteln lassen.

(Un-)Sicherheitszuschläge

Ein Sicherheitszuschlag hat keinen Strafcharakter. Er dient dem Zweck, Ungenauigkeiten bei der Bemessung der Höhe einer Schätzung auszugleichen. Ergeben sich dabei Unsicherheiten, gehen sie grundsätzlich zulasten des Steuerpflichtigen.

Bei der Bemessung der Höhe eines Sicherheitszuschlags kommt es auf die jeweiligen Verhältnisse an. Dabei gibt es keine festen Regeln. Meist wird der Sicherheitszuschlag prozentual auf der Grundlage des ermittelten Schätzungsbetrags berechnet und festgesetzt. In der Praxis liegt er häufig zwischen 5 und 10 % des Hinzuschätzungsbetrags.

Der Sicherheitszuschlag kann aber auch wesentlich höher ausfallen. Insbesondere bei Kassenfehlbeträgen kommt es vor, dass der hinzuzurechnende Fehlbetrag verdoppelt wird. Dadurch soll der Vermutung Rechnung getragen werden, dass neben dem sichtbaren Kassenfehlbetrag — aufgrund nicht verbuchter Einnahmen — weitere Einnahmen nicht erfasst wurden, die bei hohen Kassenbeständen optisch nicht erkennbar sind.

Sicherheitszuschlag — griffweise Schätzung

BFH-Urteil vom 26.10.1994 - X R 114/92
Der Sicherheitszuschlag lässt sich als eine griffweise Schätzung, die in einem vernünftigen Verhältnis zu den erklärten oder nicht verbuchten Umsätzen steht, charakterisieren.

Schätzungsunschärfen

FG München vom 14.10.2005 - 10 V 1834/05
Da das Finanzamt im Streitfall auf den üblichen Sicherheitszuschlag verzichtet hat, werden die bisher bei der Nachkalkulation nicht berücksichtigten Minderungen des Ergebnisses aufgrund von Eigenbedarf, Schankverlust und Kundenanimation kompensiert.

Strafschätzung

Strafschätzungen sind unzulässig. Unter einer Strafschätzung wird im Allgemeinen eine willkürliche Hinzuschätzung zum Nachteil des Steuerpflichtigen verstanden. Eine steuerliche Hinzuschätzung kann nur erfolgen, wenn Sachverhalte vorliegen, die begründete Zweifel an der richtigen Ermittlung der Besteuerungsgrundlagen ergeben. Können die Besteuerungsgrundlagen auch im Wege einer Schätzung nicht ermittelt werden, darf die Finanzbehörde keinen »Denkzettel« in Form einer Strafschätzung erteilen.

Beispiel: »Denkzettel« !

Ein Prüfer stellt fest, dass Einnahmen i.H.v. 5.000 EUR aus einer Nebenkasse nicht als Betriebseinnahmen verbucht wurden. Er stellt das Betriebsergebnis insgesamt infrage und verwirft die Buchführung. Die Nachverprobung ergibt einen geringeren Umsatz, als bisher erklärt. Der Gewinn des Unternehmens liegt im externen Branchenvergleich über dem oberen Grenzwert der Richtsätze.

Eine Schätzung, die über den bisher nicht versteuerten Betrag vom 5.000 EUR zuzüglich eines angemessenen Sicherheitszuschlags hinausgeht, wird der Prüfer aus den genannten Gründen nicht durchsetzen können.

»Griffweise« Schätzung

Unter einer griffweisen Schätzung ist eine Schätzungsmethode zu verstehen, der keine konkreten amtlichen Ermittlungen zur Berechnung der Höhe des jeweiligen Schätzungsbetrags (Kalkulation u.a.) vorausgehen.

Eine griffweise Schätzung ist gem. BFH-Urteil vom 01.12.1998 (AZ III B 78/97) zulässig, wenn zahlenmäßige Anhaltspunkte für das Ausmaß der nicht erklärten Betriebseinnahmen nicht erkennbar sind.

Höhe einer Schätzung

Die Höhe des Schätzungsbetrags wird durch das jeweilige Ermittlungsergebnis bestimmt. Es kann das bisherige Ergebnis ersetzen oder der Höhe nach ergänzen.

Schätzungsrahmen

Der Schätzungsrahmen besteht aus einer Bandbreite möglicher Wertansätze. Er ist umso größer, je unzuverlässiger das Ausgangsmaterial ist. Es besteht kein Anspruch auf den untersten Rahmenbereich. Je nach Einzelfall kann sich das Finanzamt auch an der oberen Grenze orientieren (vgl. auch FG des Saarlandes vom 13.01.2010 — 1 K 1101/05).

Überschreiten des Schätzungsrahmens

FG Köln vom 22.05.2014 – XI K 3056/11

Verlässt die Finanzbehörde den durch die Umstände des Falls zulässigen Schätzungsrahmen, ist die Schätzung als rechtswidrig anzusehen. Nichtig i.S.d. § 125 AO ist eine Schätzung aber nur, wenn sie objektiv willkürlich zum Nachteil des Steuerpflichtigen erfolgt.

4.3.5 Schätzungsmethoden

Die Auswahl einer geeigneten Schätzungsmethode liegt im Ermessen der Finanzbehörde. Sie muss sich dabei für die Methode entscheiden, die mit zumutbarem Aufwand die größte Gewähr dafür bietet, das wahrscheinlichste Ergebnis zu erzielen. Die Wahl der geeigneten Schätzungsmethode ist situations-, anwender- und normabhängig (vgl. FG des Saarlandes vom 13.01.2010 — 1 K 1101/05).

Schätzung mit betriebsinternen Daten

Bei dieser Methode werden der Schätzung die Verhältnisse des zu schätzenden Unternehmens zugrunde gelegt. Die Schätzung kann z.B. durch eine Nachkalkulation der Umsätze, durch einen Zeitreihenvergleich oder unter Zuhilfenahme von mathematisch-statistischen Zahlenanalysen wie Benford's Law oder dem Chi-Quadrat-Test erfolgen. Bei Letzteren ist zu beachten, dass mathematisch-statistische Analysen nur wenig Aufschluss über die Höhe des zutreffenden Schätzungsbetrags geben können. Auch die Vermögenszuwachs- oder Geldverkehrsrechnung sind verbreitete Schätzungsmethoden, bei denen die eigenen Daten des Steuerpflichtigen verwendet werden.

Schätzung anhand externer Vergleichsdaten

Neben solchen internen Methoden zur Ermittlung des zutreffenden steuerlichen Ergebnisses kann auch ein externer Betriebsvergleich infrage kommen.

Amtliche Richtsatzsammlungen

Die von der Finanzverwaltung erstellten amtlichen Richtsatzsammlungen enthalten Vergleichszahlen anderer Unternehmen, die im Rahmen von Betriebsprüfungen ermittelt wurden. Sie sind nach Branchen zusammengestellt, berücksichtigen aber keine betriebsspezifischen Besonderheiten. Die Richtsammlung beinhaltet sowohl einen Mittelwert als auch einen oberen und unteren Grenzwert.

Eine Schätzung auf der Grundlage eines branchenüblichen Vergleichswerts von Halbrein- oder Reingewinn lässt die Berücksichtigung besonderer Umstände naturgemäß nicht zu und ist ungenau.

Die Schätzung auf Richtsatzbasis ist eine eher grobe Schätzungsmethode, die insbesondere dann zum Zuge kommt, wenn andere Methoden kein vernünftiges Ergebnis erwarten lassen oder einen unzumutbaren Zeitaufwand erfordern.

Zur Anwendung der Richtsatzsammlung und zum Schätzungsrahmen macht das Bundesfinanzministerium auf seiner Webseite (www.bundesfinanzministerium.de) die folgenden ergänzenden Angaben:

> *Bei der Schätzung nach Richtsätzen führt die Anwendung der Mittelsätze im Allgemeinen zu dem Ergebnis, das mit der größten Wahrscheinlichkeit den tatsächlichen Verhältnissen am nächsten kommt. Ein Abweichen vom Mittelsatz kann jedoch durch besondere betriebliche oder persönliche Verhältnisse begründet sein.*
>
> *Wenn bei einzelnen Gewerbeklassen in Spalte 1 der Richtsätze ein Rahmen für den wirtschaftlichen Umsatz angegeben ist, gelten die oberen Richtsatzwerte, wenn der wirtschaftliche Umsatz im unteren Bereich liegt und die unteren Richtsatzwerte, wenn der wirtschaftliche Umsatz im oberen Bereich liegt.*

!

Beispiel: Bäckerei und Konditorei

Bäckerei und Konditorei (Richtsatzwerte 2014)

		wirtsch. Umsatz	Halbreingewinn	Reingewinn
A	bis	250.000 EUR	30–62	9–32
			47	**20**
B	über	250.000 EUR	30–62	7–24
	bis	500.000 EUR	**47**	**16**
C	über	500.000 EUR	30–62	4–17
			47	**10**

Fall 1:
Wirtschaftlicher Umsatz: **270.000 EUR**
Halbreingewinn 47 – 62, Reingewinn 16 – 24
Fall 2:
Wirtschaftlicher Umsatz: **480.000 EUR**
Halbreingewinn 30 – 47, Reingewinn 7 – 16

Der Gewinn ist möglichst nach dem Halbreingewinnsatz zu schätzen, denn die vom Halbreingewinn abzusetzenden besonderen sachlichen und personellen Betriebsaufwendungen können im Allgemeinen festgestellt werden (vgl. Erläuterungen des BMF zur Richtsatzsammlung und zum Schätzungsrahmen).

Errechnung der Betriebsvergleichszahlen

Richtsätze werden in einem Vomhundertsatz des wirtschaftlichen Umsatzes oder des Wareneinsatzes ausgedrückt. Wie sich die wichtigsten Betriebsvergleichszahlen errechnen lassen, zeigt die nachfolgende Tabelle:

Vergleichszahlen	Berechnung
Wirtschaftlicher Umsatz (WU)	Betriebseinnahmen (netto) einschl. branchenübliche sonstige Erlöse
Rohgewinn I (Handel)	Umsatz – Wareneinsatz (WES)
Rohgewinn II (Handwerk + Handel)	Umsatz – WES – Fertigungslöhne (FL)
Rohgewinnsatz (Handel)	Rohgewinn I x 100 : WU
Rohgewinnsatz (Handwerk mit Handel)	Rohgewinn II x 100 : WU
Rohgewinn-Aufschlagsatz (Handel)	Rohgewinn I x 100 : WES

Vergleichszahlen	Berechnung
Rohgewinn-Aufschlagsatz (Handwerk mit Handel)	Rohgewinn II x 100 : (WES + FL)
Halbreingewinn	Rohgewinn — Betriebsausgaben (allgemeine sachliche BA)
Halbreingewinnsatz	Halbreingewinn x 100 : WU
Reingewinn	Halbreingewinn — Betriebsausgaben (besondere personelle BA)
Reingewinnsatz	Reingewinn x 100 : WU

Abb. 5: Betriebsvergleichszahlen

4.3.6 Auszüge aus der Rechtsprechung

Der Bundesgerichtshof zu Kassenmanipulationen

BGH-Urteil vom 29.01.2014 – 1 StR 561/13

Eine Schätzung der Besteuerungsgrundlagen nach im Besteuerungsverfahren anerkannten Schätzungsmethoden ist zulässig, wenn feststeht, dass der Steuerpflichtige einen Besteuerungstatbestand erfüllt hat, das Ausmaß der verwirklichten Besteuerungsgrundlagen aber ungewiss ist.

Erweist sich eine konkrete Ermittlung oder Schätzung der tatsächlichen Umsätze von vorneherein oder nach entsprechenden Berechnungsversuchen als nicht möglich, kann pauschal geschätzt werden, auch unter Heranziehung der Richtwerte für Rohgewinnaufschlagsätze aus der Richtsatzsammlung des Bundesministeriums der Finanzen.

Dabei muss nicht zugunsten eines Angeklagten von den unteren Werten der in der Richtsatzsammlung genannten Spannen ausgegangen werden, wenn sich Anhaltspunkte für eine positivere Ertragslage ergeben.

Je größer der Mangel, desto gröber die Schätzung

BFH-Urteil vom 02.02.1982 – VIII R 65/80

Schwerwiegende Buchführungsmängel rechtfertigen ein verhältnismäßig grobes Schätzungsverfahren. Die Kassenaufzeichnungen waren im Streitfall nicht ordnungsmäßig. Ungeklärte Bankeinzahlungen und mehrfach nach unten korrigierte Einnahmen im Kassenbuch ließen den Schluss zu, dass die Bareinnahmen nachträglich verkürzt wurden.

Nachkalkulation und »Schätzungsunschärfe«

BFH-Urteil vom 26.04.1983 – VIII R 38/82

Soll die sachliche Unrichtigkeit formell ordnungsmäßig aufgezeichneter Betriebseinnahmen durch eine Nachkalkulation nachgewiesen werden, muss bei geringfügiger Abweichung der Nachkalkulation vom Buchführungsergebnis in Erwägung gezogen werden, dass die Abweichung auf Schätzungsunschärfen beruhen kann. Liegt die Abweichung im Unschärfebereich, findet keine Schätzung statt.

Die vom BFH vertretene Auffassung geht dabei von der Annahme aus, dass die formell ordnungsmäßige Buchführung im Streitfall auch die sachliche Richtigkeit vermuten ließ.

Gibt der Steuerpflichtige jedoch Anlass für eine Schätzung, muss er Unschärfen, zu seinen Ungunsten hinnehmen. Eine gewisse Unschärfe haftet jeder Schätzung an und ist im Allgemeinen zu vernachlässigen.

Keine Verwerfung bei Unaufklärbarkeit

BFH-Urteil vom 09.08.1991 – III R 129/85

Das Ergebnis einer formell ordnungsmäßigen Buchführung kann verworfen werden, soweit die Buchführung mit an Sicherheit grenzender Wahrscheinlichkeit materiell unrichtig ist. Diese Sicherheit ist nicht gegeben, wenn sich ein Sachverhalt auch unter Mitwirkung des Steuerpflichtigen nicht aufklären lässt.

Die Folgen der Unaufklärbarkeit richten sich nach den Regeln der Beweislastverteilung. Die objektive Beweislast trägt der Steuergläubiger für diejenigen Tatsachen, die den Steueranspruch begründen oder ihn erhöhen. Für eine Umkehr der Beweislast sah das Gericht im Streitfall keine Grundlage.

Reduziertes Beweismaß

BFH-Urteil vom 14.08.1991 – X R 86/88

Kommt ein Steuerpflichtiger seinen abgabenrechtlichen Mitwirkungspflichten nicht nach, darf der Sachverhalt aufgrund von Wahrscheinlichkeitserwägungen mittels eines reduzierten Beweismaßes festgestellt werden.

Willkürverbot

BFH-Urteil vom 03.02.2011 – V B 132/09 (NV)

Eine Schätzung ist unzulässig, wenn das Schätzungsergebnis unvertretbar ist oder wenn überhaupt nicht erkennbar ist, welche Schätzungserwägungen das Finanzamt vorgenommen hat. Ein Steuerpflichtiger, der die Grundsätze ordnungsmäßiger Buchführung verletzt, soll keinen Vorteil daraus ziehen, dass das Ausmaß der Pflichtverletzung im Nachhinein nicht mehr genau feststellbar ist, solange nicht gegen das Willkürverbot verstoßen wird.

Unverschuldeter Verlust von Unterlagen

BFH-Urteil vom 26.10.2011 – X B 44/11 (NV)

Nach ständiger höchstrichterlicher Rechtsprechung ist eine Schätzungsbefugnis auch bei einem unverschuldeten Verlust von Buchführungsunterlagen bzw. Aufzeichnungen gegeben.

Die Schätzungsbefugnis ist unabhängig von einem Verschulden des Steuerpflichtigen und besteht auch bei einem Verlust von Unterlagen infolge von Hochwasserschäden.

Schätzung aufgrund eines Zeitreihenvergleichs

FG Köln vom 27.01.2009 – 6 K 3954/07

Eine Zuschätzung auf der Grundlage eines Zeitreihenvergleichs erachtet das FG Köln im Urteilsfall für unrechtmäßig. Weniger gewichtige Mängel wie die Nichtaufbewahrung von Bewirtungsrechnungen u.a. führen nicht zur Verwerfung der Buchführung. Entgegen der Auffassung des Finanzamts ist die Buchführung im Streitfall formell ordnungsmäßig.

Der Nachweis von steuererhöhenden Tatsachen ist im Urteilsfall mit dem Zeitreihenvergleich nicht mit »an Sicherheit grenzender Wahrscheinlichkeit« erbracht. Es gilt weiterhin die Beweisvermutung des § 158 AO.

Unvollständige Z-Bons

FG München vom 14.10.2005 – 10 V 1834/05

Im Streitfall konnte ein Bistrobetreiber die Tagesendsummenbons nicht lückenlos vorlegen. Der Prüfer hat die formell nicht ordnungsmäßige Buchführung verworfen.

Eine Schätzung auf der Grundlage der externen Richtsatzwerte hält das Gericht für zutreffend und rechtens.

Mitwirkungspflicht und »Beweisverderber«

FG Düsseldorf vom 28.07.2009 – 15 K 829/06 G, U, F

Bei einer Verletzung abgabenrechtlicher Mitwirkungspflichten können auch für den Steuerpflichtigen nachteilige Schlüsse gezogen werden. Diese Schlussfolgerungen können auch nicht bezifferbare Besteuerungsgrundlagen betreffen.

Im gleichen Urteil führt der Senat aus, »Beweisverderber« und »Beweisvereitler« dürfen aus ihrem Verhalten keinen Vorteil ziehen. Sie dürfen nicht bessergestellt werden als diejenigen, die ihren steuerlichen Pflichten nachkommen.

Schätzung mit Mittelwerten

Hessisches FG vom 02.09.2009 – 9 V 959/09

Ein Steuerpflichtiger (Eisdiele), der im Wesentlichen Barumsätze tätigt, verhindert durch eine fehlerhafte Kassenführung die richtige Erfassung und Überprüfbarkeit seiner Umsätze und Gewinne. Er hat wegen der Verletzung dieser Pflichten keinen Anspruch darauf, dass lediglich Mittelwerte bei der Schätzung zugrunde gelegt werden.

Schätzungsrahmen

FG des Saarlandes vom 13.01.2010 – 1 K 1101/05

Das Urteil des FG des Saarlandes beinhaltet zahlreiche, weit über den Streitfall hinausgehende allgemeine Ausführungen zur Schätzung.

Die Besteuerungsgrundlagen sind nach größtmöglicher Wahrscheinlichkeit zu schätzen. Bei der Schätzung nach Wahrscheinlichkeitsgrundsätzen besteht eine Bandbreite möglicher Wertansätze (Schätzungsrahmen). Der Schätzungsrahmen ist umso größer, je ungesicherter das Tatsachenmaterial ist, auf dem die Schätzung basiert.

Der Steuerpflichtige hat keinen Anspruch darauf, dass sich die Schätzung bei den Einnahmen im untersten Rahmenbereich bewegt.

Der seine Mitwirkungspflichten verletzende Steuerpflichtige soll nicht besser stehen als derjenige, der die Besteuerungsgrundlagen ordnungsgemäß aufzeichnet und erklärt.

Bei groben Pflichtverletzungen, die darauf hindeuten, dass Einkünfte verheimlicht werden sollen, kann sich das Finanzamt auch an der oberen Grenze des Schätzungsrahmens orientieren.

Die Schätzung kann auch durch einen Zuschlag auf die Betriebseinnahmen oder einen Abschlag von den Betriebsausgaben erfolgen, um dadurch den Unsicherheiten Rechnung zu tragen, die durch die punktuelle Feststellung von sachlichen Fehlern in den Unterlagen des Steuerpflichtigen eingetreten sind, dem sog. (Un-)Sicherheitszuschlag.

Die Qualität der Aufzeichnungen und die Mitwirkungsbereitschaft des Steuerpflichtigen bestimmen den Sorgfaltsmaßstab für die Schätzung des Finanzamts.

Sachverständigengutachten Taxigewerbe

FG Hamburg vom 07.09.2010 – 3 K 13/09

Das Gutachten eines Sachverständigenbüros über die wirtschaftliche Lage der Taxiunternehmen in Hamburg ist eine geeignete Schätzungsgrundlage.

5 Kassenführung bei Gewinnermittlung gem. § 4 Abs. 3 EStG

Ein § 4 III-Rechner braucht kein Kassenbuch zu führen!

5.1 Praxisfall: Kassenbuch bei § 4 III-Rechnern

Ein Betriebsprüfer besteht im Rahmen einer Außenprüfung auf der Vorlage des Kassenbuchs eines Steuerpflichtigen. Der Unternehmer ermittelt seinen Gewinn zulässigerweise durch Einnahmenüberschussrechnung gem. § 4 Abs. 3 EStG. Dem Prüfer wird entgegnet: »Ein Kassenbuch habe ich nicht. Als § 4 III-Rechner bin ich ja nicht verpflichtet, ein Kassenbuch zu führen!«

Frage: Hat der Unternehmer recht?

Antwort: Ermittelt ein Unternehmer seinen Gewinn durch Einnahmenüberschussrechnung gem. § 4 Abs. 3 EStG, ist er gesetzlich nicht zur Buchführung verpflichtet. Ein § 4 III-Rechner erstellt zum Jahresabschluss keine Bilanz. In der Buchführung eines Einnahmenüberschussrechners gibt es daher auch keine Bestandskonten und somit auch kein Kassenkonto. Der Unternehmer muss seine Aufzeichnungen nur insoweit führen, dass sie den steuerlichen Zwecken genügen. Einen buchmäßigen Kassenbestand zum Jahresabschluss braucht er nicht zu ermitteln.

Aus den genannten Gründen ist der Einnahmenüberschussrechner gesetzlich auch nicht zur Führung eines formellen Kassenbuchs verpflichtet.

5.2 Keine gesetzliche Verpflichtung

Nicht gesetzlich zur Führung von Büchern und zur Führung eines ordnungsgemäßen Kassenbuchs verpflichtet sind daher

- Freiberufler,
- Nichtkaufleute,
- Einzelkaufleute, die aufgrund der Betriebsgröße von der Buchführung befreit sind,
- Land- und Forstwirte, die keine Kaufleute sind.

5.3 Freiwillig geführtes Kassenbuch

Auch wenn sich für den Unternehmer eine rechtliche Verpflichtung aus § 4 Abs. 3 EStG nicht ergibt, empfiehlt es sich nicht nur aus betriebswirtschaftlichen Gründen, ein Kassenbuch zu führen — soweit Bargeschäfte getätigt werden. Ein Kassenbuch ist übersichtlicher als eine Belegsammlung.

Wird ein Kassenbuch freiwillig geführt, ist es ein wesentlicher Teil der Buchführung und unterliegt damit in vollem Umfang den Ordnungsvorschriften.

5.4 § 22 UStG und § 63 UStDV

Nach § 22 Abs. 1 UStG muss der Unternehmer Aufzeichnungen zur Feststellung und Ermittlung der Umsatzsteuer führen. Die vereinnahmten Entgelte, auch die Bareinnahmen, müssen gem. Abs. 2 der Vorschrift einzeln aufgezeichnet werden.

Ein sachverständiger Dritter muss sich in angemessener Zeit einen Überblick über die Umsätze verschaffen können (§ 63 UStDV).

5.5 Verpflichtung anderer Gesetze (§ 140 AO)

Nach § 140 AO lassen sich diese Pflichten auch auf andere Steuerarten übertragen (vgl. auch BFH v. 02.03.1982, VIII R 225/80).

> *§ 140 AO*
> *Wer nach anderen Gesetzen als den Steuergesetzen Bücher und Aufzeichnungen zu führen hat, die für die Besteuerung von Bedeutung sind, hat die Verpflichtungen, die ihm nach anderen Gesetzen obliegen, auch für die Besteuerung zu erfüllen.*

5.6 Fazit

! **Wichtig!**

Ein Unternehmer, der seinen Gewinn nach § 4 Abs. 3 EStG ermittelt, ist grundsätzlich zwar nicht zur Führung eines Kassenbuchs verpflichtet, muss aber Bareinnahmen und -ausgaben nachvollziehbar aufzeichnen.

Dieses Fazit ist das inhaltliche Ergebnis der verschiedenen Steuergesetze und Anwendungsvorschriften, stellt aber eine für den Unternehmer insgesamt unbefriedigende und wenig praxistaugliche Aussage dar.

Die Frage, ob ein § 4 III-Rechner ein Kassenbuch führen muss oder nicht, ist damit nicht endgültig beantwortet und weiterhin mit einem Fragezeichen zu versehen.

Es ist deshalb nicht verwunderlich, dass sich die Rechtsprechung immer wieder in Streitfällen mit der Frage der Nachweispflicht von Betriebseinnahmen und -ausgaben bei Einnahmenüberschussrechnern auseinandergesetzt hat.

Bezüglich der Anforderungen an die Kassenführung machen die Gerichte in ihren Entscheidungen kaum Unterscheide zwischen § 4 III-Rechnern und Buchführungspflichtigen.

5.7 Rechtsprechung

Fehlende Nachweise

BFH-Urteil vom 15.04.1999 – IV R 68/98

Soweit ein Landwirt, der nicht zur Führung von Büchern verpflichtet ist und seinen Gewinn durch Einnahmenüberschussrechnung ermittelt, Einnahmen und Ausgaben nicht nachweisen kann, ist der Gewinn nach den Richtsätzen der Finanzverwaltung zu schätzen.

Fehlendes Kassenbuch

BFH-Urteil vom 16.02.2006 – X B 57/05 (NV)

Bei zulässiger Gewinnermittlung nach § 4 Abs. 3 EStG sind Steuerpflichtige nicht zur Führung eines Kassenbuchs verpflichtet. Die Verpflichtung zur Einzelaufzeichnung ergibt sich jedoch aus § 22 UStG i.V.m. §§ 63 bis 68 UStDV.

Fehlerhafte Kassenführung

FG Münster vom 20.12.2000 – 8 K 4633/97 E

Auch ein § 4 III-Rechner muss seine Bareinnahmen und -ausgaben für einen buchsachverständigen Dritten nachvollziehbar aufzeichnen, dokumentieren und in einem Kassenbericht erfassen.

Der Steuerpflichtige hat zwar ein Kassenbuch geführt, die Kassenführung war jedoch aus mehreren Gründen formell fehlerhaft. Die Schätzung des Finanzamts nach § 162 AO war nach Auffassung des Senats berechtigt.

Geordnete Belegablage anstelle eines Kassenbuchs

FG Berlin-Brandenburg vom 26.07.2007 – 14 K 3368/06 B

Auch Einnahmeüberschussrechner müssen nach § 146 Abs. 1 Satz 2 AO Kasseneinnahmen und -ausgaben täglich festhalten. Das kann, falls kein Kassenbuch geführt wird, auch durch eine geordnete Belegablage erfolgen, da sie eine Nachprüfbarkeit ebenfalls ermöglicht.

Im Streitfall räumt das Gericht zwar ein, dass aufgrund des geringen Werts der verkauften Waren an eine Vielzahl unbekannter Personen eine Einzelaufzeichnung nicht zumutbar ist. Gleichzeitig betont der Senat aber, dass gerade in derartigen Fällen die Einnahmenermittlung nachvollziehbar dokumentiert und überprüfbar sein muss.

Freiwillig geführte Bücher

BFH-Urteil vom 24.06.2009 – VIII R 80/06

Führt ein Steuerpflichtiger Aufzeichnungen, zu denen er nicht gesetzlich verpflichtet ist, sind sie nur dann nicht gem. § 146 Abs. 6 AO für die Besteuerung von Bedeutung, wenn sie der Besteuerung nicht zugrunde zu legen sind.

Eine Steuerberater- und Rechtsanwaltssozietät, die ihren Gewinn durch Einnahmenüberschussrechnung ermittelte, war nicht verpflichtet, die Kanzlei-Rechnungswesen-Daten der Betriebsprüfung zur Verfügung zu stellen.

Nach Auffassung des BFH handelte es sich dabei um freiwillig geführte und unstrittig steuerlich relevante Aufzeichnungen, die aber nicht bei der Erstellung der § 4 III-Rechnung zugrunde gelegt wurden.

Anmerkung: Erfahrungsgemäß basieren viele Einnahmenüberschussrechnungen auf Kanzlei-Rechnungswesen-Daten. Würden sie der Besteuerung zugrunde gelegt, was vielfach der Fall ist, wären diese (freiwilligen) Aufzeichnungen im Umkehrschluss aufbewahrungs- und vorlagepflichtig.

Einnahmenaufzeichnung bei einem Taxibetrieb

FG Hamburg vom 31.08.2011 – 6 V 25/11

Ein Taxiunternehmer, der zulässigerweise seinen Gewinn nach § 4 Abs. 3 EStG ermittelt, ist zur Aufzeichnung seiner Betriebseinnahmen verpflichtet.

Auch die Überschussrechnung setzt voraus, dass die Betriebseinnahmen und -ausgaben durch Belege nachgewiesen werden.

Detailliertes Kassenkonto oder Kassenbuch

FG des Saarlandes vom 21.06.2012 – 1 K 1124/10

Auch bei einer Gewinnermittlung nach § 4 Abs. 3 EStG sind die Betriebseinnahmen und -ausgaben nachzuweisen. Für bargeldintensive Betriebe wie ein Kosmetikstudio ist ein detailliertes Kassenkonto oder ein Kassenbuch zu führen.

»Dem genügen die nicht mit Kassenendbons o.Ä. belegten Aufzeichnungen auf dem handschriftlichen Formblatt »Kasse« der Fa. DATEV bzw. dessen elektronische Form (Kassenerfassung für Office der Fa. DATEV), wenn diese lediglich die Tageseinnahmen als Summenzahlen und nur rechnerische — nicht mit dem IST-Stand abgeglichene — Beträge ausweisen.«

Wiederholte Korrekturen im Kassenbericht

BFH-Urteil vom 13.03.2013 – X B 16/12 (NV)

Auch bei einem Steuerpflichtigen, der seinen Gewinn nach § 4 Abs. 3 EStG ermittelt und zur Führung eines Kassenbuchs nicht verpflichtet ist, müssen die von ihm erklärten Betriebseinnahmen auf ihre Vollständigkeit und Richtigkeit überprüfbar sein.

Erfasst er seine Tageseinnahmen zulässigerweise in einer Summe, muss er das Zustandekommen der Summe nachweisen können.

Dokumentiert er seine Betriebseinnahmen in Kassenberichten, ist das Finanzamt zur Schätzung befugt, wenn die Kassenberichte wiederholt korrigiert und in sich widersprüchlich sind.

6 Vom Fehlbetrag zum Kassensturz

6.1 Kassenfehlbeträge

Ergibt der rechnerisch ermittelte Saldo laut Kassenbuch einen negativen Wert, spricht man von einem Kassenfehlbetrag. Dabei werden alle Einnahmen und Ausgaben zu einem bestimmten Zeitpunkt aufsummiert und unter Berücksichtigung des Vortagesbestands saldiert. Ein Abgleich mit den tatsächlichen Barbewegungen findet nicht statt.

Unabhängig von den tatsächlichen Geldbewegungen lassen Kassenfehlbeträge einen inneren Widerspruch der Kassenaufzeichnungen erkennen. Minusbestände kann es in einer Kasse nicht geben.

6.1.1 Kassenfehlbeträge aus Sicht des Prüfers

Ungeklärte Kassenfehlbeträge
Unaufklärbare Kassenfehlbeträge resultieren stets aus nicht verbuchten betrieblichen Bareinnahmen — so die Unterstellung des Betriebsprüfers.

Die Kassenfehlbetragsprüfung gehört zum Standard jeder Betriebsprüfung, zumindest dann, wenn Unternehmen geprüft werden, bei denen die Geschäftskasse eine nicht nur untergeordnete Rolle spielt. Sie erfolgt ausschließlich anhand der im Kassenbuch dokumentierten Eintragungen oder anhand der den Eintragungen zugrunde liegenden digitalen Daten in der Buchführung.

Ein verlässlicher Abgleich des Kassenbuchs mit dem Istbestand der Kasse ist rückwirkend nicht mehr möglich. Im Rahmen einer Außenprüfung beurteilt der Prüfer die ordnungsgemäße Kassenführung anhand von Tests, die die tatsächlichen Verhältnisse der Vergangenheit jedoch nur bedingt widerspiegeln können. Neben dem »Kassensturz« zählt hierzu auch die Kassenfehlbetragsprüfung. Beide Methoden liefern dem Prüfer nur Indizien, mit deren Hilfe sich jedoch gewisse Rückschlüsse auf die Kassenführung im Prüfungszeitraum ziehen lassen.

Anstelle der zeitraubenden Prüfungsmethoden vergangener Tage setzt der moderne Prüfer digitale Analyseinstrumente ein, die es ihm gestatten, den kompletten Prüfungszeitraum in kürzester Zeit auf Fehlbeträge hin zu durchforsten.

Mit seinem Prüfmakro ist der Prüfer in der Lage, an jedem Tag innerhalb des Prüfungszeitraums abzugleichen, ob der errechnete Kassenbestand zu einem negativen Wert führt. Dabei werden alle Einnahmen und Ausgaben sowie der Vortagesbestand automatisch mit berücksichtigt und als verdichteter Tagessaldo ausgegeben.

Ob sich in einer Geschäftskasse tatsächlich zu hohe oder zu niedrige Geldbestände befunden haben, kann auch ein solches Makro im Nachhinein nicht mehr feststellen. Überwiegen jedoch rechnerisch die Ausgaben über die Einnahmen, kann das nicht dem damaligen Istbestand der Kasse entsprochen haben. In diesem Fall muss sich mehr Geld in der Kasse befunden haben, als im Kassenbuch dokumentiert wurde.

Bareinlagen und -entnahmen
Bei niedrigen Kassenbeständen wird der Prüfer ein besonderes Augenmerk auf Bareinlagen richten, die in dieser Zeit getätigt wurden. Er will untersuchen, ob die Einlagen nur den Kassenbestand stärken sollen, weil das Wechselgeld nicht ausreicht, oder ob es sich vielleicht um »Luftbuchungen« handelt, um einen Minussaldo zu überdecken. Besonders kritisch überprüft er Einlagen, die am Monatsende, kurz vor der Ermittlung des Saldos aufgezeichnet sind.

Bareinlagen und -entnahmen im Wechsel, die in relativ kurzen Zeitabständen gebucht werden, sind noch auffälliger und sollten unbedingt durch entsprechende Vermerke näher erläutert werden.

6.1.2 Selbst errechneter Kassenfehlbetrag

Da ein Saldo normalerweise nur zum Monats- und Jahresende errechnet wird, fallen dem Unternehmer zwischen diesen Stichtagen vorhandene rechnerische Negativsalden meist gar nicht auf, solange der Abschlusssaldo positiv ist.

Errechnet er an einem der Stichtage (Monatsende) einen Negativsaldo, würde er ihn umgehend korrigieren und mit dem tatsächlich in der Kasse befindlichen Geldbestand abstimmen. Aus diesem Grund wird ein Prüfer vor allem die dazwischenliegenden Zeitpunkte unter die Lupe nehmen.

Werden die einzelnen Kassenbewegungen in ein Rechnungswesenprogramm übernommen, wird der Buchhalter in den meisten Fällen unmittelbar bei der Entstehung auf einen »unterjährigen« Fehlbetrag hingewiesen.

Die Warnmeldung sollte nicht ignoriert werden, auch wenn eine Weiterbearbeitung trotzdem möglich ist und sich der Fehlbetrag aufgrund von späteren Bareinnahmen wieder »ausgleicht«. Ein Betriebsprüfer wird diesen Fehlbetrag mit Sicherheit ermitteln und kritisch hinterfragen.

6.1.3 Wie entsteht ein Fehlbetrag?

Kassenfehlbeträge können verschiedene Ursachen haben:

- Rechenfehler,
- Barausgaben werden zu hoch verbucht,
- Barausgaben werden nicht zeitnah erfasst,
- Bareinnahmen werden nicht verbucht,
- Bareinnahmen werden verspätet verbucht,
- Privateinlagen werden nicht oder zeitlich verspätet erfasst,
- Aufwendungen werden privat vorgestreckt und später nach Belegdatum im Kassenbuch eingetragen.

Aufgrund eines vorangegangenen Kassenfehlbetrags können – insbesondere bei niedrigen Kassenbeständen – auch weitere Fehlbeträge neu entstehen. Außerdem können Fehlbeträge entstehen, wenn Ausgabebelege nur rechnerisch in der Kasse erfasst werden, das Geld aber tatsächlich in der Kasse verbleibt (fingierte Betriebsausgaben zwecks Rohgewinnanpassung).

6.1.4 Nicht sichtbare »unechte« Kassenfehlbeträge

Unter nicht sichtbaren Kassenfehlbeträgen versteht man latente Kassenfehlbeträge, die erst dann zutage treten, wenn die Eintragungen im Kassenbuch um Falschbuchungen bereinigt werden. Ob es sich dabei um bewusste Falschbuchungen handelt, lässt sich im Nachhinein nur selten mit Bestimmtheit sagen.

»Unechte« Kassenfehlbeträge können die folgenden Ursachen haben:

- Vordatierung von Einlagen auf dem Eigenbeleg,
- fehlender Nachweis über die Mittelherkunft von Einlagen,
- unverständlicher schneller Wechsel von Einlagen und Entnahmen,
- buchmäßige Einlage zur Vermeidung eines Fehlbetrags.

Kassenfehlbeträge können im täglichen Geschäftsleben schnell mal entstehen. Sie sind oft nur die Folge von kleineren Unachtsamkeiten bei der Führung des Kassenbuchs. Sie lassen sich meist problemlos aufklären und bereinigen.

Ein Kassenbuch, in dem nie ein Fehlbetrag errechnet wurde, ist nach der allgemeinen Lebenserfahrung eher ungewöhnlich. Stellt der Unternehmer einen Fehlbetrag fest, sollte er ihn umgehend aufklären, ausgleichen und protokollieren. Eine verlässliche Aufklärung nach Jahren (z.B. bei einer Außenprüfung) ist unmöglich.

6.1.5 »Kassenfehlbeträge« durch Kassierer

Gibt ein Kassierer in einem Lebensmittelmarkt einem Kunden versehentlich zu viel heraus, wird bei der späteren Abrechnung eine Kassendifferenz festgestellt. Diese Differenz ist nicht mit einem Kassenfehlbetrag gleichzusetzen. Ein Minusbetrag im Bestand kann sich dabei nicht ergeben. Wird die Differenz vom Arbeitgeber ausgeglichen, ist der Betrag als zusätzlicher Arbeitslohn zu versteuern.

6.1.6 Kassenverluste

Neben den »klassischen« Kassenfehlbeträgen und den im täglichen Geschäftsleben kaum vermeidbaren Kassendifferenzen können auch Kassenverluste durch Unterschlagung oder Diebstahl dritter Personen entstehen.

Da das entwendete Geld bereits als Einnahme im Kassenjournal erfasst wurde (Registrierkasse), macht der Unternehmer den Betrag als Betriebsausgabe steuerlich geltend. Es ist für ihn jedoch schwierig und in den meisten Fällen sogar unmöglich, den Nachweis zu erbringen, dass ihm das Geld tatsächlich gestohlen worden ist.

Da seine Kasse zu diesem Zeitpunkt nicht mehr kassensturzfähig ist, wird folgerichtig zunächst die Ordnungsmäßigkeit der Kasse infrage gestellt. Um Zweifel bei einer späteren Überprüfung auszuschließen, sollte der Sachverhalt unbedingt ausreichend dokumentiert werden.

Glaubhafte Nachweise für den Abzug als Betriebsausgabe liegen vor, wenn z.B.

- Zeugenaussagen vorhanden sind,
- Strafanzeige erstattet wurde,
- Ersatzansprüche geltend gemacht werden,
- einem Kunden Hausverbot erteilt wird oder
- (wenn es sich um einen eigenen Arbeitnehmer handelt) dem Angestellten gekündigt wurde.

Wurde der Unternehmer nicht von einem fremden Dritten, sondern von einem nahen Angehörigen bestohlen, kann er keine Betriebsausgaben geltend machen und auch seine Einnahmen nicht vermindern (Umsatzsteuer). In diesem Fall wäre die Unterschlagung im Wege einer Privatentnahme zu verbuchen.

6.1.7 Steuerliche Folgen von Kassenfehlbeträgen

Was kann ich tun, wenn in meiner Kasse ein »Loch« entdeckt wurde?
Werden im Rahmen einer Außenprüfung Kassenfehlbeträge festgestellt, liegen sachliche Mängel in der Kassenführung vor und die Ordnungsmäßigkeit der Buchführung steht auf dem Prüfstand.

Nicht alle Fehlbeträge führen gleich zur Verwerfung der Buchführung. Es kommt auch hier auf das Gewicht des Mangels an. Kleinere Kassenfehlbeträge lassen sich oft mühelos vom Unternehmer aufklären oder sind zumindest von ihrer Entstehung her plausibel nachvollziehbar. Sie haben für den Unternehmer keine steuerlichen Folgen.

Nicht aufklärbare Differenzen lösen regelmäßig weitere Prüfungshandlungen aus. Je nach Höhe der Differenzen bleibt es nicht bei einer punktuellen Hinzurechnung zum Betriebsergebnis. Unterstellt der Prüfer, dass die Fehlbeträge aufgrund nicht erfasster Bareinnahmen entstanden sind, muss der Unternehmer sogar mit einer Schätzung der (baren) Betriebseinnahmen rechnen. Der Prüfer geht dabei von der Überlegung aus, dass tatsächlich Bargeld in der Kasse gewesen sein muss, um die entsprechenden Ausgaben leisten zu können. Wurden Bareinnahmen nicht vollständig im Kassenbuch erfasst, führt das zu einem rechnerischen Minusbestand.

6.1.8 Hohe Kassenbestände

Hohe Saldovorträge aufgrund hoher Barbestände verhindern Kassenfehlbeträge. Dass die Bareinnahmen vollständig erfasst wurden, ist dadurch aber noch nicht gewährleistet. Inwieweit es sich bei auffällig hohen Istbeständen um echte Kassenbestände oder nur um einen künstlich vorgetragenen Bestand handelt, könnte nur ein zeitnaher Abgleich mit der Kasse selbst aufklären.

Ein aktuell durchgeführter Kassensturz oder eine Umsatzsteuer-Nachschau liefert zwar keinen sicheren Nachweis dafür, dass die Verhältnisse im Prüfungszeitraum vergleichbar waren, es wird jedoch unterstellt. Gerade bei hohen vorgetragenen Kassenbeständen wird ein Prüfer ein besonderes Augenmerk auf die Kassenführung legen.

6.1.9 Mehrere Kassenfehlbeträge

In den seltensten Fällen bleibt es bei der Feststellung eines einzigen Fehlbetrags.

Im Rahmen der Hinzurechnung der Differenzen zum Betriebsergebnis stellt sich beim Vorliegen mehrerer Fehlbeträge die Frage, ob es sich dabei tatsächlich um, von der Entstehung her gesehen, verschiedene Minusbeträge handelt.

Es gibt zwei Möglichkeiten:

- Jeder ermittelte Fehlbetrag ist neu entstanden,
- ein einziger Fehlbetrag wurde durch das gesamte Buchführungsjahr hindurchgeschleust und immer wieder sichtbar.

Bei der zweiten Alternative wird der Fehlbetrag immer nur dann sichtbar, wenn der Kassenbestand gerade niedrig ist. Je nach Bestand erscheint er in unterschiedlicher Höhe. Bei höheren Kassenbeständen fällt die Differenz nicht auf.

Diese Überlegungen haben einen entscheidenden Einfluss auf die Bemessung der Höhe der steuerlichen Hinzurechnung.

!

Beispiel: Mehrere Kassenfehlbeträge

Bei einer Betriebsprüfung wurden im Wirtschaftsjahr 2013 Kassenfehlbeträge i.H.v. insgesamt **4.498,70 EUR** festgestellt:

28.01.2013	–2.873,10 EUR
12.05.2013	–236,20 EUR
18.09.2013	–976,60 EUR
04.12.2013	–412,80 EUR
Summe	4.498,70 EUR

Variante 1

Ein im Januar entstandener Minusbestand (hier: -2.873,10 EUR) zieht sich rechnerisch bis zum Jahresende durch und wird aufgrund der nachfolgenden höheren Kassenbestände nur noch in verminderter Höhe »sichtbar« (-236,20 EUR, 976,60 EUR, 412,80 EUR). Ein Abgleich mit der Geschäftskasse findet nicht statt.

Variante 2

Der Unternehmer ermittelt regelmäßig (mindestens einmal pro Monat) den buchmäßigen Bestand und stellt ihn im Kassenbuch dar.

Ergebnis Variante 1
Bei nicht bereinigten Differenzen ist davon auszugehen, dass sich ein einmal entstandener Fehlbetrag bis zum Jahresende durchzieht, aber nur bei niedrigen Kassenbeständen sichtbar wird.
Soll lediglich eine punktuelle Korrektur vorgenommen werden, kann eine steuerliche Hinzurechnung nur auf der Grundlage des höchsten jährlich festgestellten Fehlbetrags (hier: **2.873,10 EUR**) erfolgen.
Werden im Kassenbuch überhaupt keine Salden ermittelt und die rechnerischen Bestände nicht mit den gezählten Geldbeständen abgeglichen, liegt ein schwerer formeller Buchführungsmangel vor, der das materielle Gewicht des aufgedeckten Kassenfehlbetrags erhöht.
Ergebnis Variante 2
Wiederholt neu entstandene Kassenfehlbeträge lassen die Vermutung zu, dass regelmäßig Betriebseinnahmen nicht in voller Höhe erfasst wurden.
Die steuerliche Hinzurechnung beträgt in diesem Fall mindestens **4.498,70 EUR**.
Der Prüfer geht dabei von der folgenden Überlegung aus: Werden rechnerische Kassenbestände ermittelt und im Kassenbuch ausgewiesen, kann im Regelfall unterstellt werden, dass sie auch mit der Geschäftskasse abgeglichen wurden.
Auch wenn die Geldbestände der Kasse nicht gezählt werden, fallen dem Unternehmer zumindest größere Differenzen sofort auf.
Weist der Kassenbestand am Monatsende z. B. einen Saldo von 200,00 EUR aus, befinden sich aber tatsächlich 1.000,00 EUR in der Kasse, ist das für den Unternehmer unübersehbar. Es kann davon ausgegangen werden, dass er die Differenz umgehend bereinigt.

6.1.10 Hinzuschätzung mit Sicherheitszuschlag

In beiden oben beschriebenen Fällen wird der Prüfer neben der Hinzuschätzung der ermittelten Fehlbeträge auf einen Sicherheitszuschlag bestehen. Dieser liegt üblicherweise zwischen 50 % und 200 % des Hinzuschätzungsbetrags.

Damit soll der Überlegung Rechnung getragen werden, dass Fehlbeträge nur dann »sichtbar« werden, wenn der Geldbestand insgesamt niedrig ist. Das bedeutet, dass nicht verbuchte Bareinnahmen auch höher gewesen sein könnten, als der errechnete Minusbetrag.

Nachfolgende höhere Kassenbestände verhindern das Auftreten weiterer Kassenfehlbeträge. Mögliche Einnahmenverkürzungen bleiben somit unerkannt.

6.1.11 Rechtsprechung zu Kassenfehlbeträgen

Fehlbeträge betrieblich veranlasst?
BFH-Urteil vom 26.04.1983 – VIII R 68/82
Werden Fehlbeträge festgestellt, muss auch bei einer formell ordnungsmäßigen Buchführung nicht die Finanzbehörde, sondern der Steuerpflichtige entlastende Umstände anführen.

Schätzung bei Kassenfehlbeträgen
BFH-Urteil vom 20.09.1989 – X R 39/87
Kassenfehlbeträge können Anlass geben, die (baren) Betriebseinnahmen zu schätzen. Die Fehlbeträge geben regelmäßig einen ausreichenden Anhalt für die Schätzung der Höhe nach.

Summe aller Fehlbeträge oder griffweise Schätzung
BFH-Urteil vom 01.12.1998 – III B 78/97
Nach Rechtsprechung des BFH (Verweis auf BFH-Urteil v. 20.09.1989) wird der Finanzbehörde ein weiter Schätzungsrahmen zugestanden. Dieser reicht von der beanstandeten Einlagebuchung (im Streitfall als Kassenfehlbetrag ermittelt) bis zur Summe aller dieser Beträge sowie eines zusätzlichen Zuschlags in angemessener Höhe.

Sind zahlenmäßige Anhaltspunkte für das Ausmaß der nicht erklärten Betriebseinnahmen nicht erkennbar, ist eine »griffweise« Schätzung zulässig.

Kassenfehlbeträge sind Buchhaltungsfehler
FG Hamburg vom 24.06.2005 – I 153/04
Fehler in der Buchführung liegen insbesondere vor, wenn sich Kassenfehlbeträge ergeben oder Einzahlungen auf das betriebliche Bankkonto nicht ausreichend erklärt werden können.

Hohe Kassenfehlbeträge
Niedersächsisches FG vom 13.08.2009 – 10 K 10065/07
Schon eine nicht unbeachtliche Höhe entstandener Kassenfehlbeträge reicht aus, die Ordnungsmäßigkeit der Kassenführung zu verneinen. Da die Geschäftskasse keinen Minusbestand haben kann, wird mit der Aufdeckung von Kassenfehlbeträgen nachgewiesen, dass betriebliche Geldbewegungen nicht verbucht worden sind.

6.2 Kassensturzfähigkeit und Kassensturz

6.2.1 Kassensturzfähigkeit

Kassenaufzeichnungen müssen so beschaffen sein, dass der Sollbestand jederzeit mit dem Istbestand in der Kasse verglichen werden kann. Eine Geschäftskasse, die einen solchen Abgleich ermöglicht, ist kassensturzfähig.

Die Kassensturzfähigkeit ist die wichtigste Eigenschaft der Kassenführung. Sie wird nur durch das Erfassen von Geldbewegungen noch am Tag der Vereinnahmung oder Verausgabung gewährleistet.

Wichtig! !

Kassensturzfähig bedeutet nicht, dass Soll und Ist täglich abgeglichen werden müssen.

Es gibt keine gesetzlichen Vorgaben, in welchen Zeitabständen eine Bestandsaufnahme durchzuführen ist (Ausnahme: offene Ladenkasse). Ein wöchentlicher oder zumindest monatlicher Abgleich wäre ratsam.

Wichtig! !

Werden Differenzen festgestellt, sollten sie umgehend ausgeglichen und protokolliert werden!

Eine tägliche Bestandsaufnahme ist nur bei Verwendung einer offenen Ladenkasse und bei der Führung von Kassenberichten zwingend erforderlich.

6.2.2 Kassensturz

Um den in der Kasse befindlichen Geldbestand zu zählen, wird die Ladenkasse umgestürzt, d.h., bildlich gesprochen, »auf den Kopf gestellt«.

Der zu einem bestimmten Zeitpunkt gezählte tatsächliche Geldbestand einer Kasse wird zeitgleich mit dem sich rechnerisch aus den Kassenaufzeichnungen ergebenden Kassenbestand verglichen. Dabei werden alle bis zu diesem Zeitpunkt erfassten Einnahmen den Ausgaben gegenübergestellt und unter Berücksichtigung des Anfangsbestands saldiert.

Werden die Grundsätze der §§ 145 f. AO bei der Führung einer Kasse beachtet, müssten der Soll- und der Ist-Bestand einer Kasse jederzeit übereinstimmen.

Jederzeit bedeutet, dass ein Abgleich auch während des Tages möglich sein muss, soweit Einzelaufzeichnungen geführt werden. Werden die Tageseinnahmen nur summarisch erfasst, muss eine Kasse am Beginn und am Ende des Geschäftstages abgeglichen werden können.

Insbesondere die in § 146 Abs. 1 Satz 2 AO geforderte zeitgerechte Erfassung von Bargeschäften ist dabei eine unerlässliche Voraussetzung für einen zutreffenden Abgleich von Soll und Ist.

Nur Kassensysteme, bei denen neben der körperlichen Geschäftskasse auch chronologische Aufzeichnungen geführt werden, ermöglichen einen Kassensturz. Eine fehlende Chronologie und zeitverschobene Kassenbuchungen erschweren die Überprüfung der Kassensturzfähigkeit bzw. machen sie unmöglich (vgl. hierzu auch BFH-Urteil vom 26.08.1975 — VIII R 109/70).

6.2.3 Rechtsprechung

BFH-Urteil vom 23.12.2004 – III B 14/04 (NV)
Nach der ständigen Rechtsprechung des BFH müssen Kassenaufzeichnungen gem. § 146 Abs. 1 Satz 2 AO so beschaffen sein, dass ein jederzeitiger Kassensturz möglich ist; ein Buchsachverständiger muss jederzeit in der Lage sein, den Sollbestand laut Aufzeichnungen mit dem Istbestand der Geschäftskasse zu vergleichen.

Der BFH bezieht sich in seinem Urteil vom 23.12.2004 — III B 14/04 (NV) auch auf die Ausführungen zweier älterer Entscheidungen des BFH:

- BFH-Urteil vom 17.11.1981 — VIII R 174/77,
- BFH-Urteil vom 20.09.1989 — X R 39/87.

6.2.4 Welche Kassen müssen kassensturzfähig sein?

Jede in einem Unternehmen verwendete Geschäftskasse muss immer kassensturzfähig sein, d.h., dass sie einen Abgleich von Soll und Ist ermöglichen muss.

Werden die Geschäftsvorfälle einzeln aufgezeichnet, ist das Wort »immer« als »jederzeit« auszulegen, ansonsten muss die Kasse zumindest am Beginn und am Ende des Geschäftstages abgleichfähig sein.

Um die Kassensturzfähigkeit zu gewährleisten, müssen auch alle Geldverschiebungen zwischen mehreren Geschäftskassen (z.B. Filialkassen) eines Betriebs buchmäßig erfasst werden.

Haupt- und Nebenkassen

!

Beispiel: Gastronomiebetrieb mit Haupt- und Nebenkassen

In einem Gastronomiebetrieb werden mehrere elektronische Registrierkassen eingesetzt. Es gibt z.B. eine Thekenkasse, eine Kasse im Restaurant selbst und eine mobile Registrierkasse, die je nach Bedarf im Nebenzimmer oder im Biergarten verwendet wird. Die aufsummierten Umsätze werden am Tagesende jeweils in einer Summe in die Hauptkasse im Restaurant eingetippt. Der Gastwirt vernichtet daraufhin die Z-Bons der Nebenkassen mit der Begründung, die jeweiligen Tagessummen habe er in der Hauptkasse erfasst. Diese seien somit automatisch im Finanzbericht des Z-Bons seiner Hauptkasse enthalten.
Was er nicht bedacht hat: *Jede* Kasse muss kassensturzfähig sein!
Die Übernahme der Einzelsummen in die Hauptkasse ist nicht zu beanstanden, solange die Kassensturzfähigkeit der Nebenkassen erhalten bleibt. Die Zusammenfassung der Tageseinnahmen mehrerer Kassen ist nur zulässig, wenn eine spätere Trennung aufgrund von Einzelbelegen wieder möglich ist.
Werden die Z-Bons der Nebenkassen vernichtet, lassen sich die Einnahmen dieser Kassen nicht mehr feststellen. Für die in die Hauptkasse übernommenen Tagessummen fehlt der Nachweis. Der Unternehmer könnte jeden beliebigen »Wunschumsatz« eingetippt haben.
Weniger schwer wiegt der Mangel, wenn sich der Tagesumsatz der Nebenkassen aus dem dort gespeicherten Kassenjournal reproduzieren lässt.
Werden elektronische Registrierkassen verwendet, die Journaldaten systembedingt nicht vorhalten können, kann nachträglich nicht mehr festgestellt, wie hoch die Einzelumsätze der Nebenkassen waren. Eine Überprüfung oder Verprobung der Einnahmen ist dann nicht möglich.

Sonderkasse – das Kellnerportemonnaie

Streng genommen sind auch die Portemonnaies der Kellner eigene Kassen. Gehört das Wechselgeld zum Eigentum des Restaurantbesitzers, ist es zumindest ein Teil des Kassenbestandes.

Abb. 6: Kellnerportemonnaie

Separate Einzelaufzeichnungen für Kellnerportemonnaies sind jedoch nicht erforderlich, da sie nicht zumutbar sind. Solange die Zentralkasse kassensturzfähig ist, kann die Ordnungsmäßigkeit der Kassenführung nicht beanstandet werden.

Die Portokasse

Vielfach wird neben der Hauptkasse auch eine Portokasse geführt. Aus dieser Kasse werden verschiedene, meist kleinere Betriebsausgaben getätigt, die den Wechselgeldbestand der Hauptkasse nicht schmälern oder gar aufbrauchen sollen.

Eine Porto- oder Ausgabenkasse wird zu diesem Zweck regelmäßig aus anderen Kassen des Betriebs, aus Bankabhebungen oder auch aus privaten Mitteln des Unternehmers aufgefüllt.

Auch eine Portokasse muss jederzeit kassensturzfähig sein. Alle Geschäftsvorfälle sind zu belegen, der Bestand der Ausgabenkasse gehört mit zum Kassenbestand.

Geldschrank

Werden die Tageseinnahmen bis zur Bankeinzahlung aus Sicherheitsgründen vorübergehend in einem Geldschrank aufbewahrt, sind auch diese Vorgänge aufzuzeichnen. Wird der Safe als gesonderte Kasse geführt, muss er als betriebliche Kasse kassensturzfähig sein. Ist sein Inhalt lediglich »ausgelagerter« Bestandteil der Hauptkasse, muss dieser Umstand aus den Kassenaufzeichnungen ersichtlich sein.

Sonstige Kassen
Weitere Kassen i.S.d. Finanzverwaltung sind

- Zigarettenautomaten,
- Geldgewinnspielgeräte,
- Unterhaltungsautomaten,
- Taxameter,
- Warenautomaten (Getränke, Snacks u.a.),
- Fahr- und Parkscheinautomaten.

Obwohl es sich bei derartigen Kassen nicht um echte Registrierkassen handelt, müssen für jedes einzelne Gerät Aufzeichnungen geführt werden, die die Kassensturzfähigkeit ermöglichen.

6.2.5 Geldverschiebungen

Werden Gelder unterschiedlicher Kassen und verschiedener Geschäftszweige verschoben, ohne diese Vorgänge einzeln aufzuzeichnen, liegt ein wesentlicher Buchführungsmangel vor.

Beispiel: Schreibwarenhandel mit Lottoannahmestelle !

Ein Unternehmer betreibt einen Büro- und Schreibwarenhandel und unterhält in den gleichen Räumlichkeiten zusätzlich eine Lottoannahmestelle. Die Bareinnahmen einer Lottoannahmestelle und die Einnahmen aus dem Schreibwarenhandel werden verschoben, ohne die Verschiebungen genau zu dokumentieren.
Weitere Beispiele für Betriebe mit unterschiedlichen Gewerbezweigen ist ein Lebensmitteleinzelhandel mit Wäschereiannahme oder ein Zeitschriftenladen mit Fremdversandhandel u.a.

Fleisch- und Wurstwaren mit Gaststätte
FG Nürnberg vom 27.04.2004 – II 8/2003, II 8/03
Die Einnahmen eines Ladengeschäfts für Fleisch- und Wurstwaren und die Einnahmen aus der parallel geführten Gastwirtschaft wurden im Urteilsfall nicht nachvollziehbar getrennt erfasst und aufgezeichnet. Ein Antrag auf Erleichterung gem. § 22 Abs. 6 UStG i.V.m. § 63 Abs. 4 UStDV wurde nicht gestellt.

Späteren Nachbesserungen fehlt es an der vollständigen und zeitgerechten Erfassung der Geschäftsvorfälle. Das Finanzamt kann die Nachbesserungen zwar berücksichtigen, um Unsicherheiten auszugleichen, es ist jedoch zulässig, ergänzende Zuschätzungen auf der Einnahmenseite vorzunehmen.

6.2.6 Fremdkasse

Werden neben den eigenen Umsätzen auch Umsätze im Namen von Dritten (durchlaufende Posten) getätigt, sind die vereinnahmten Beträge klar und eindeutig voneinander zu trennen und entsprechend zu belegen.

!

Beispiel: Gaststube mit Flohmarkt

Ein Gastwirt unterhält in seinem Nebenzimmer einen Flohmarkt. Er will dadurch weitere Gäste für sein Lokal anlocken. Die angebotenen Waren gehören ihm nicht. Das vereinnahmte Geld verwahrt er in einer gesonderten »Fremdkasse«.
Diese Fremdkasse muss nicht kassensturzfähig sein. Eine Vermischung ihres Inhalts mit seiner Geschäftskasse wäre jedoch unzulässig, auch dann, wenn eine Aufteilung und Trennung der Beträge durch Belege möglich wäre.

6.2.7 Mängel in der Kassenführung

Nicht immer ist es in der Praxis (z.B. im Rahmen einer Betriebsprüfung) möglich, aufgrund der individuellen Kassenführung einen Kassensturz durchzuführen. Lässt sich ein Kassensturz aus einem der nachfolgenden Gründe nicht vornehmen, liegt regelmäßig ein schwerer formeller Buchführungsmangel vor, der je nach Gewicht zur Verwerfung der Buchführung kann:

- Aufzeichnungen werden nicht chronologisch geführt,
- Verschiebungen zwischen Filialkassen werden nicht dokumentiert,
- Bareinnahmen werden nur wöchentlich erfasst,
- eine zeitnahe Aufzeichnung von Entnahmen und Einlagen findet nicht statt,
- die Zahlungswege sind nicht bezeichnet.

6.2.8 Der Zweck eines Kassensturzes

Ein Kassensturz wird durchgeführt, um festzustellen, ob eine Kasse ordnungsgemäß geführt wird. Im Rahmen einer Betriebsprüfung erfolgt ein Kassensturz meist dann, wenn sich bei der Prüfung Zweifel an der Kassenführung ergeben.

Auch ein in der Bilanz ausgewiesener unverhältnismäßig hoher Kassenbestand kann ein Anlass sein, die Richtigkeit und Glaubwürdigkeit der Bilanz mithilfe eines Kassensturzes zu überprüfen. Der Prüfer geht dabei von der Überlegung aus, dass ein »künstlicher«, d.h. nur buchmäßig vorgetragener hoher Geldbestand bewusst gepflegt wird, damit keine Kassenfehlbeträge sichtbar werden.

Es stellt sich dabei Frage, welche Erkenntnisse der Prüfer durch einen aktuell durchgeführten Abgleich gewinnt und wie er das Ergebnis für die in der Vergangenheit liegenden Prüfungsjahre verwerten kann.

Ergeben sich beim Kassensturz Differenzen zwischen dem buchmäßigen Soll- und dem tatsächlichen Istbestand, liegt ein Buchführungsmangel vor. Dieser Mangel kann zur Widerlegung der sachlichen Richtigkeit der Kassenführung auf den Prüfungszeitraum übertragen werden, obwohl er außerhalb dieses Zeitraums festgestellt wurde.

6.2.9 Wer führt einen Kassensturz durch?

Bei der praktischen Durchführung eines Kassensturzes wird der Prüfer den Kasseninhalt i.d.R. nicht selbst ermitteln, sondern sich aus Sicherheitsgründen und zum Eigenschutz das Geld vom Steuerpflichtigen oder einer von ihm beauftragten Person vorzählen lassen.

6.2.10 Differenzen zwischen Soll und Ist

Stimmt der gezählte Kasseninhalt nicht mit dem buchmäßigen Bestand laut Kassenbuch überein, liegt ein materieller Mangel in der Kassenführung vor.

Dabei ist es für die Beurteilung der Ordnungsmäßigkeit unerheblich, ob sich zu viel oder zu wenig Geld in der Kasse befindet.

Während die fehlende Kassensturzfähigkeit »nur« einen formellen Mangel darstellt, der trotz Verwerfung der Buchführung nicht zwangsläufig eine Schätzung zur Folge hat, führen Differenzen beim Kassensturz regelmäßig zu steuerlichen Hinzuschätzungen.

Ergeben sich beim Abgleich keine Differenzen, ist diese Tatsache umgekehrt als positives Kriterium bei der Beurteilung der Ordnungsmäßigkeit zu werten.

6.2.11 Kassensturz außerhalb des Prüfungszeitraums

Wenn es für die Aufklärung der Verhältnisse des Prüfungszeitraums erforderlich und von Bedeutung ist, dürfen im Rahmen einer rechtmäßig angeordneten Außenprüfung auch Prüfungshandlungen durchgeführt werden, die den Prüfungszeitraum selbst nicht unmittelbar betreffen. Entsprechendes gilt auch für angeforderte Unterlagen, aus denen Rückschlüsse auf die Verhältnisse im Prüfungszeitraum gezogen werden können, obwohl sie die Prüfungsjahre selbst nicht betreffen.

Die Rechtmäßigkeit eines Kassensturzes ergibt sich auch aus den folgenden Finanzgerichtsentscheidungen:

- FG des Saarlandes vom 15.07.2003 — 1 K 174/00,
- FG Sachsen-Anhalt vom 16.12.2013 — 1 K 1147/12.

6.2.12 Einnahme des Augenscheins (§ 98 AO)

Die allgemeinen Verfahrensvorschriften der AO sehen im Rahmen einer steuerlichen Ermittlung u.a. den sog. Augenschein vor. Nach § 98 AO können Beweise im Steuerverfahren auch durch eine Inaugenscheinnahme erbracht werden, deren Ergebnis gem. Abs. 1 der Vorschrift aktenkundig zu machen ist. Eine solche Inaugenscheinnahme kann auch aus einem Kassensturz bestehen, der außerhalb des Prüfungszeitraums durchgeführt wird.

6.2.13 Kassensturz bei einer Umsatzsteuer-Nachschau § 27b UStG

Die Finanzverwaltung hat auch die Möglichkeit, bei einer unangekündigten Umsatzsteuer-Nachschau einen Kassensturz durchzuführen, soweit es dabei um die Aufklärung und Überprüfung umsatzsteuerlicher Sachverhalte geht. Die Umsatzsteuer-Nachschau kann mit einer Betriebsprüfung, einer Kassensystemprüfung oder einer Umsatzsteuersonderprüfung verbunden werden. Sie kann aber auch außerhalb einer Außenprüfung erfolgen.

6.2.14 Praxisbeispiel: Kassensturz

Sachverhalt

Während einer im Jahr 2015 durchgeführten Betriebsprüfung beschließt der Prüfer, einen Kassensturz durchführen. Diese Entscheidung des Prüfers ergab sich aufgrund durchgehend hoher Kassenbestände, die der Steuerpflichtige in seinem Kassenbuch vorgetragen hat. Die Tageseinnahmen werden täglich bei der Bank auf das Geschäftskonto einbezahlt.

Nach Ansicht des Prüfers ist Wechselgeld in der angegebenen Höhe erfahrungsgemäß in dieser Branche (Bäckerei) weder erforderlich noch üblich. Schon aus Sicherheitsgründen wird normalerweise der Wechselgeldbestand so klein wie möglich gehalten.

Eine vorherige Kassenfehlbetragsprüfung ließ keine Fehlbeträge erkennen. Eine ordnungsmäßige Kassenführung will der Prüfer hieraus aber nicht ableiten, da kleinere Minussalden innerhalb des hohen Geldbestands ohnehin rechnerisch untergehen.

Die Prüfungsanordnung erstreckt sich auf die Jahre 2011 bis 2013.

Fragen:

- War der Prüfer zu einer solchen Maßnahme außerhalb seines Prüfungszeitraums berechtigt?
- Darf der Kassensturz zur Widerlegung der sachlichen Richtigkeit der Kassenführung für die Jahre im Prüfungszeitraum herangezogen werden?

Antwort: Ja, die Rechtsprechung lässt sowohl einen Kassensturz außerhalb des Prüfungszeitraums als solchen als auch die sinngemäße Übertragung der Ergebnisse auf einen vergangenen Zeitraum zu.

7 Dokumentation im Buch oder im Bericht

7.1 Das ordnungsgemäße Kassenbuch

Das Kassenbuch ist ein zentrales Element der doppelten Buchführung. Es erfüllt die Grundbuchfunktion und hat die Aufgabe, sämtliche Barbewegungen eines Unternehmens chronologisch und zeitnah zu erfassen.

Bei einem Buchführungspflichtigen stellt das Kassenbuch das buchmäßige Abbild seiner Geschäftskasse dar und ist gleichzeitig ein Spiegelbild des Kontos »Kasse« der Finanzbuchhaltung.

An das Kassenbuch werden hohe Anforderungen gestellt. Für die Kassenführung gelten grundsätzlich die gleichen Anforderungen wie an die Finanzbuchhaltung. Sie muss so beschaffen sein, dass es einem sachverständigen Dritten jederzeit möglich ist, sich innerhalb angemessener Zeit einen Überblick über die Geschäftsvorfälle zu machen. Ein ordnungsgemäß geführtes Kassenbuch erlaubt jederzeit einen rechnerischen Abgleich mit dem tatsächlichen Istbestand der Kasse.

7.1.1 Rechtsgrundlage

Die Rechtsgrundlage für die tägliche Aufzeichnung der Kasseneinnahmen und Kassenausgaben ergibt sich aus §§ 238 ff. HGB, § 146 AO, §§ 140 bis 148 AO und § 22 UStG.

7.1.2 Wer muss ein Kassenbuch führen?

Unternehmer, die ihren Gewinn durch Bilanzierung (§ 4 Abs. 1 oder § 5 EStG) ermitteln, sind zur Führung eines ordnungsmäßigen Kassenbuchs verpflichtet.

Unternehmer, die nicht buchführungspflichtig sind und ihren Gewinn durch eine Einnahmenüberschussrechnung (§ 4 Abs. 3 EStG) ermitteln, sind grundsätzlich auch nicht zur Kassenbuchführung verpflichtet.

7.1.3 Wann muss ein Kassenbuch geführt werden?

Die Grundvoraussetzung für eine Kassenbuchführung ist das Vorhandensein einer Geschäftskasse. Erforderlich ist eine Kasse nur dann, wenn Bargeschäfte getätigt werden. Für die Führung eines Kassenbuchs ist es unerheblich, um welche Art von Kasse es sich dabei handelt (Ausnahme: offene Ladenkasse — vgl. hierzu Kapitel 9.1.2.1).

Tätigt ein Unternehmen Bargeschäfte in nicht nur unerheblichem Umfang, ist das Kassenbuch ein wesentlicher Bestandteil der Buchführung. Die Ordnungsmäßigkeit der Buchführung hängt dann vor allem von der Kassenbuchführung ab (BFH-Urteil vom 02.12.2008 — X B 68/08, NV und niedersächsisches FG vom 17.12.2010 — 15 K 458/07).

7.1.4 Kassenbuch ohne Kasse?

Stellt die Finanzverwaltung im Rahmen einer Außenprüfung fest, dass eine Kasse nur rechnerisch geführt wurde, ist die Buchführung formell ordnungswidrig und kann nicht nach § 158 AO der Besteuerung zugrunde gelegt werden.

Nach Auffassung des FG Münster (FG Münster vom 08.05.2012, 1 K 602/09 E, G, U) ist diese Feststellung als neue Tatsache gem. § 173 Abs. 1 Nr. 1 AO anzusehen und rechtfertigt die Schätzung der Umsätze und der Gewinne.

7.1.5 Formen eines Kassenbuchs

Dem Unternehmer ist freigestellt, in welcher Form er sein Kassenbuch führt, solange es den Vorschriften der GoB bzw. bei elektronischen Kassenbüchern der GoBD entspricht.

Ein Kassenbuch kann gebunden sein, es kann aber auch als Loseblattsammlung oder sogar in Form aneinandergereihter Kassenberichte geführt werden. Im Handel werden unterschiedliche Arten und Formate angeboten. Am häufigsten werden gebundene Kassenbücher mit Durchschreibefunktion verwendet. Die einzelnen Seiten sind perforiert und herausnehmbar. Das herausgetrennte Original dient dabei regelmäßig als Buchungsbeleg und wird gemeinsam mit den dazugehörigen Belegen aufbewahrt, während die Durchschrift im Kassenbuch verbleibt.

Es ist nicht erforderlich, ein bereits vorgedrucktes Kassenbuch zu verwenden. Ein mithilfe eines Tabellenkalkulationsprogramms am PC selbst erstelltes Tabellenschema kann ebenso benutzt werden. Dies ist jedoch nur unter der Voraussetzung zulässig, dass die Tabellenblätter als Leerseiten ausgedruckt und danach handschriftlich ausgefüllt werden.

Zunehmend an Bedeutung gewinnen Kassenbücher, die in elektronischer Form geführt werden.

7.1.6 Angaben und Aufbau eines Kassenbuchs

Das Kassenbuch sollte mindestens die folgenden Angaben enthalten:

- Datum des Geschäftsvorfalls,
- Belegnummer,
- Buchungstext/Leistungsbeschreibung,
- Betrag,
- Umsatzsteuer-/Vorsteuersatz,
- Umsatzsteuer-/Vorsteuerbetrag.

7.1.7 Tageseinnahme in einer Summe

Für die fortlaufende, vollständige und richtige Aufzeichnung der Geschäftsvorfälle im Kassenbuch ist es nach Auffassung des BFH nicht zu beanstanden, wenn die Bareinnahmen täglich nur in einer Summe eingetragen werden. Dies gilt aber nur, wenn das Zustandekommen der Summen durch die Aufbewahrung der **angefallenen Kassenstreifen, Kassenzettel und Bons nachgewiesen werden kann.**

Eine andere Möglichkeit besteht darin, die Einnahmen und Ausgaben anhand eines Kassenberichts nachzuweisen, indem sie jeweils mit dem Anfangs- und Endbestand der Kasse abgestimmt werden (BFH vom 20.06.1985 — IV R 41/82).

7.1.8 Ermittlung des Kassenbestands

Bei einem ordentlich geführten Kassenbuch ist es nicht erforderlich, den Kassenbestand (Saldo) täglich zu ermitteln. Der Kassenbestand sollte am Ende einer Kassenbuchseite, zumindest aber am Ende einer Abrechnungsperiode (z.B. am Monatsende) ermittelt und dargestellt werden.

7.1.9 Welche Kassenbewegungen müssen erfasst werden?

Für eine ordnungsmäßige Kassenführung ist es grundsätzlich erforderlich, dass alle Kasseneingänge und -ausgänge im Kassenbuch erfasst werden. Soweit es zumutbar ist, sollten die Geschäftsvorfälle ausreichend bezeichnet werden.

In der täglichen Praxis stellt sich öfter die Frage, ob bzw. welche der folgenden Geldbewegungen neben den Betriebseinnahmen und -ausgaben im Kassenbuch erfasst werden müssen. Hier die Antworten:

- Scheckzahlungen sind Bareinzahlungen,
- Scheckeinreichungen an die Bank sind Ausgaben,
- EC-Karteneinnahmen, die über die Registrierkasse in die Tageseinnahmen eingeflossen sind, stellen unbare Ausgaben dar (gesonderte Kennzeichnung),
- Gelder aus der Kasse, die auf das betriebliche Bankkonto einbezahlt werden (Geldtransit), sind Ausgaben,
- Einlagen sind Kasseneinnahmen,
- Entnahmen sind Ausgaben,
- Privat bezahlte Ausgaben werden nicht im Kassenbuch festgehalten (Verbuchung als Privateinlage).

Schecks sind zwar kein Bargeld, gehören aber zum Kassenbestand und sind wie Bargeld zu behandeln.

7.1.10 Bareinnahmen aus einem Nebengewerbe

!

Beispiel: Gastronomie

Neben den klassischen Bareinnahmen eines Gastronomiebetriebs aus Getränkeausschank und Verzehr an Ort und Stelle können je nach Betrieb noch Einnahmen aus weiteren Quellen anfallen, die nicht vergessen werden sollten:

- **Einnahmen aus Automaten (Geldspiel-, Unterhaltungs-, Hygiene- oder Zigarettenautomaten),**
- **Straßenverkauf,**
- **Vermietung von Nebenzimmern (Konferenzräumen),**
- **Nutzungsgebühren für Kegelbahn, Sauna, Fitness, Schwimmbad u.a.,**
- **Verkauf von Andenken,**
- **Verkauf von Ansichtskarten,**
- **Eintrittsgelder (Veranstaltungen),**
- **Garderobengebühren.**

7.1.11 Anforderungen an die Aufzeichnungen gem. § 146 Abs. 1 AO

Die Ordnungsvorschrift des § 146 Abs. 1 AO schreibt im Einzelnen vor, wie die Aufzeichnungen vorzunehmen sind und welche Anforderungen an die Inhalte der Eintragungen gestellt werden.

Die Aufzeichnungen müssen
- vollständig,
- richtig,
- zeitgerecht und
- geordnet

vorgenommen werden.

Die genannten Anforderungen des § 146 Abs. 1 Satz 1 gelten allgemein für die Buchhaltung und die sonstigen erforderlichen Aufzeichnungen und sind somit auch bei der Kassenbuchführung zu beachten.

7.1.12 Zeitgerechte Kassengeschäfte

§ 146 Abs. 1 Satz 2 AO bezieht sich unmittelbar auf die Aufzeichnung von Kassenbewegungen und fordert zusätzlich:

Kasseneinnahmen und Kassenausgaben sollen täglich festgehalten werden.

Ausnahmen:
- wenn zwingende Gründe entgegenstehen,
- wenn eine tägliche Verbuchung unzumutbar ist und
- wenn sich aus den Buchungsunterlagen (Z-Bons, Belege usw.) zweifelsfrei ergibt, wie sich der buchmäßige Kassenbestand seit Beginn des vorangegangenen Geschäftstages entwickelt hat.

Gründe für die strengen Anforderungen sind:
- Verhinderung von Manipulationen.
- Eigenbelege (Einlagen, Entnahmen) werden erst bei der Buchung gefertigt.
- Falsche Belegablage führt zu einer falschen Zuordnung.
- Die Kassensturzfähigkeit ist nicht gegeben.
- Die Gefahr von Belegverlusten.
- Die Aufklärung bei Kassenfehlbeträgen wird erschwert.

Ob die Eintragungen im Kassenbuch tatsächlich täglich vorgenommen wurden, lässt sich im Rahmen einer Betriebsprüfung nicht mehr eindeutig feststellen. Der Prüfer wird jedoch die Ordnungsmäßigkeit anhand von Indizien untersuchen.

Ein über eine längere Periode verteiltes gleichmäßiges Schriftbild unter Verwendung eines stets gleichfarbigen Kulis spricht eher für ein später nachgeschriebenes als für ein zeitnah geführtes Kassenbuch. Weist die Vorkontierung die gleiche Handschrift wie die übrigen Eintragungen auf, wird er unterstellen, dass das Kassenbuch vom Steuerbüro geführt wird. Sind mehrere unterschiedliche Handschriften erkennbar, stellt sich die Frage, wer anstelle des Unternehmers die Eintragungen vornimmt.

7.1.13 Weitere Anforderungen — Was ist sonst noch zu beachten?

Das klassische Kassenbuch in Papierform wird zwar mehr und mehr vom elektronisch geführten Kassenbuch verdrängt, hat in der Praxis aber immer noch einen relativ hohen Stellenwert.

Auch wenn die nachfolgenden Grundsätze nicht mehr ganz zeitgemäß erscheinen, können sie, wenn sie nicht beachtet werden, zur Verwerfung der Buchführung führen. Im Rahmen einer Gesamtbetrachtung führen manchmal auch viele kleinere formelle Verstöße, die gesondert betrachtet eher als geringfügig einzustufen wären, zu einem gewichtigen Mangel.

Die daraus entstehenden Folgen können für den Unternehmer erheblich sein.

Viele Fehler entstehen in der Praxis unbewusst aus Nachlässigkeit oder Unachtsamkeit. Sie abzustellen, ist oft einfach und mit nur unerheblichem Mehraufwand verbunden.

Auf die folgenden Punkte sollte deshalb bei der Führung eines Kassenbuchs unbedingt geachtet werden:

- Zwischenräume und Leerzeilen im Kassenbuch sind nicht gestattet.
- Übrige Zeilen am Ende können mit einer sog. »Buchhalternase« durchgestrichen werden.
- Sachkonten sollten durch doppeltes Unterstreichen abgeschlossen werden.
- Alle Eintragungen sind in deutscher Sprache vorzunehmen.
- Beträge müssen centgenau erfasst werden.
- Zu jedem Eintrag gehört ein Beleg — keine Buchung ohne Beleg!
- Liegt kein Fremdbeleg vor, ist ein Eigenbeleg zu fertigen.
- Entnahmen und Einlagen sind mittels Eigenbelegen zu dokumentieren.
- Für Trinkgelder und Schmiergelder sind ebenfalls Eigenbelege zu erstellen.
- Vertrauliche und auswärtige Spesen (z.B. Telefon) sind ggf. durch Eigenbelege zu belegen.

- Die Eintragungen dürfen keine erheblichen Rechenfehler aufweisen.
- Eintragungen mit Bleistift sind unzulässig.

!

Wichtig!

Wird ein Kassenbuch mit Bleistift geführt, liegt laut BFH-Rechtsprechung auch bei einer ansonsten ordnungsmäßigen Buchführung ein schwerer formeller Mangel vor.

7.1.14 Änderungen im Kassenbuch

Nachträgliche Änderungen im Kassenbuch dürfen nur vorgenommen werden, wenn feststellbar ist, dass eine Korrektur erfolgt ist und was im Einzelnen verändert wurde (§ 146 Abs. 4 AO und § 239 Abs. 3 HGB). Stornos und Neubuchungen müssen nachvollziehbar dokumentiert werden. Radierungen, Rasuren, Über- und Durchschreibungen sowie das Überkleben von Eintragungen sind unzulässig.

Auf den Grundsatz der Unveränderbarkeit von Daten verweisen auch das BMF-Schreiben vom 26.11.2010 und die GoBD. Gemäß Rz 58 der GoBD darf eine Buchung oder Aufzeichnung nicht so verändert werden, dass der ursprüngliche Inhalt nicht mehr feststellbar ist.

7.1.15 Verbot der spurlosen Löschung!

Darüber hinaus dürfen auch solche Veränderungen nicht vorgenommen werden, deren Beschaffenheit es ungewiss lässt, ob sie ursprünglich oder erst später gemacht worden sind.

Sind nachträgliche Veränderungen und Löschungen von Eintragungen bei elektronischen Kassenbüchern nötig, müssen sie so protokolliert werden, dass die Voraussetzungen des § 146 Abs. 4 AO erfüllt sind.

Unabhängig vom EDV-System kann eine Stornobuchung mit umgekehrtem Vorzeichen – auch als Generalumkehr bezeichnet – durchgeführt werden. Anschließend erfolgt dann die neue korrekte Buchung. Es ist darauf zu achten, dass gerade bei Stornobuchungen die Anfertigung eines internen Buchungsbelegs von besonderer Wichtigkeit ist.

7.1.16 Muss das Kassenbuch vom Unternehmer eigenhändig geführt werden?

Eine ordnungsmäßige Kassenführung setzt voraus, dass der Steuerpflichtige sein Kassenbuch selbst führt oder es von einem von ihm Bevollmächtigten führen lässt.

In der Praxis kommt es jedoch häufig vor, dass die Eintragungen im Kassenbuch vom Steuerberater oder seinem Mitarbeiter anhand der übergebenen Belege vorgenommen werden. Diese Vorgehensweise hat den praktischen Vorteil, dass im gleichen Zuge auch der Vorkontierungsvermerk angebracht werden kann, ohne dass die Belege später noch einmal eingesehen werden müssen.

! **Wichtig!**

Nach Auffassung der Finanzgerichte ist dies unzulässig, da eine zeitgerechte Erfassung der Geschäftsvorfälle und damit auch die Kassensturzfähigkeit nicht mehr gegeben ist.

Aus Sicht eines Steuerberaters stellt sich zudem die Frage, wie vorzugehen ist, wenn die Saldierung der Beträge zu einem Kassenfehlbetrag führt. Wird eine nachträgliche fiktive Bareinlage so datiert, dass der Fehlbetrag nicht mehr sichtbar ist, liegt eine strafbare Handlung vor. Es drohen haftungsrechtliche Konsequenzen.

7.1.17 Was gehört zum Kassenbestand?

Nicht alle »flüssigen Mittel« gehören zum Barbestand einer Kasse. Unter dem Begriff »flüssige Mittel« könnten fälschlicherweise auch Bankguthaben verstanden werden, die bei Bedarf sofort »flüssig« gemacht werden können und damit Zahlungsfunktion besitzen.

Der Kassenbestand setzt sich aus dem in- und ausländischen (!) Bargeld aller Haupt- und Nebenkassen zusammen. Dazu gehören auch die in Automaten befindlichen Münzen oder Scheine. Das Wechselgeld im Portemonnaie des Kellners ist Bestand einer Nebenkasse. Streng genommen sind auch Briefmarken und sonstige Wertmarken dem Kassenbestand hinzuzurechnen.

7.1.18 Elektronische Kassenbücher

Der Wunsch, das nostalgisch anmutende Handdurchschreibe-Kassenbuch durch ein EDV-geführtes Kassenbuch zu ersetzen, ist verständlich und nachvollziehbar. Solche, auch als virtuelle Kassenbücher bezeichneten Computerprogramme erscheinen zeitgemäß und lassen sich zudem einfach bedienen.

Spezielle Eingabefelder und Sperrfelder, die automatische Vergabe von laufenden Ordnungsnummern sowie hinterlegte Formeln für den rechnerischen Teil erlauben dem Anwender ein sicheres und zügiges Bedienen des Programms, für das meist nicht einmal besondere PC-Kenntnisse erforderlich sind.

Alle Eintragungen sind übersichtlich und optisch perfekt dargestellt. Rechenfehler können nahezu ausgeschlossen werden, ein Tippfehler lässt sich nachträglich schnell und sauber korrigieren.

Aber gerade hier sieht der Gesetzgeber das Kernproblem beim Einsatz von EDV-Kassenbüchern. Eine nachträgliche Korrektur darf nicht unsichtbar bleiben. Sind Änderungen später nicht mehr erkennbar, verstoßen die Aufzeichnungen gegen die allgemeinen Grundsätze von § 239 Abs. 3 HGB und § 146 Abs. 4 AO.

Nicht alle EDV-geführten Kassenbücher werden den gesetzlichen Anforderungen hinsichtlich der Ordnungsmäßigkeit und Manipulationssicherheit gerecht. Im Zweifel empfiehlt es sich, beim Anbieter nachzufragen, ob ein Testat zur Ordnungsmäßigkeit vorliegt.

In der Praxis sind verschiedene Arten von EDV-geführten Kassenbüchern zu finden:

- Elektronische Kassenbücher,
- Onlinekassenbücher,
- Excel-Kassenbücher.

Das elektronische Kassenbuch
Unter einem elektronischen Kassenbuch ist ein vorgefertigtes Programm zu verstehen, das käuflich erworben und auf dem eigenen PC installiert werden kann.

Einige Unternehmen bieten z. B. elektronische Kassenbücher mit ausdruckbarer Prima Nota an, sodass sämtliche nachträglichen Änderungen von Beträgen und Konten sichtbar und nachvollziehbar sind. Gelegentlich aufkommende Zweifel an der Ordnungsmäßigkeit solcher Programme sind vielfach nur auf Anwenderfehler zurückzuführen.

Wird ein elektronisches Kassenbuch geführt und in der Finanzbuchhaltung verarbeitet, so ist darauf zu achten, dass nur die zeitnahe Festschreibung der Daten sicherstellen kann, dass die Eintragungen im Kassenbuch nicht nachträglich noch einmal verändert wurden.

Das Onlinekassenbuch

Kasseneinnahmen und Kassenausgaben werden erfasst und browserunterstützt direkt per Internet auf einen eigens vom Anbieter zur Verfügung gestellten Server weitergeleitet. Die Software ist teuer und veraltet schnell. Die sog. ASP-Software (Application Service Provider) muss nicht käuflich erworben werden, sie wird vielmehr vom Anbieter online zur Nutzung bereitgestellt.

Das Onlinekassenbuch hat den praktischen Vorteil, dass der Bestand laufend bei jeder Belegeingabe angezeigt wird. Dadurch entfallen aufwendige und zeitraubende Abstimmungsarbeiten. Werden nachträglich Änderungen an den Aufzeichnungen vorgenommen, sind sie erkennbar und werden protokoliert.

Das Excel-Kassenbuch

Bedenklich i.S.d. Gesetzgebers sind dagegen selbst gefertigte Programme, die mithilfe von Textverarbeitungs- oder Tabellenkalkulationsprogrammen (Excel u.a.) erstellt wurden. Sie stellen ein hohes Risikopotenzial dar, da sie nicht manipulationssicher sind.

Änderungen in einem Tabellenkalkulationsprogramm sind jederzeit möglich. Da die nachträglichen Veränderungen in solchen Kassenbüchern später auch nicht mehr erkennbar sind und vorgenommen werden können, ohne Spuren zu hinterlassen, ist die Ordnungsmäßigkeit der Kassenführung nicht mehr gewährleistet.

In seinem Urteil vom 04.05.2010 führt das FG München aus, ein selbst gefertigtes Excel-Kassenbuch biete keinen ausreichenden Schutz vor einer Manipulation, auch wenn im Streitfall behauptet wurde, jede nachträgliche Änderung wäre gekennzeichnet worden. Da das Kassensystem jede beliebige nachträgliche Änderung zulässt, ist eine ordnungsgemäße Kassenführung nicht gegeben (FG München vom 04.05.2010 — 13 V 540/10).

Rechtsprechung

Elektronisches Kassenbuch und elektronisches Fahrtenbuch

BFH-Urteil vom 16.11.2005 – IV R 64/04

Zur Verwendung eines elektronischen Kassenbuchs hat sich der BFH bisher noch nicht geäußert. In seiner Entscheidung vom 16.11.2005 führt er jedoch bzgl. der Anerkennung eines elektronischen Fahrtenbuchs Folgendes aus:

»Eine mit Hilfe eines Computerprogramms erzeugte Datei genügt den Anforderungen an ein ordnungsgemäßes Fahrtenbuch nur dann, wenn nachträgliche Änderungen an den zu einem früheren Zeitpunkt eingegebenen Daten nach der Funktionsweise des verwendeten Programms technisch ausgeschlossen sind oder in ihrer Reichweite in der Datei selbst dokumentiert und offengelegt werden.«

Der BFH folgt hier den vorausgegangenen Entscheidungen verschiedener Finanzgerichte.

Es ist davon auszugehen, dass sich diese Rechtsauffassung umso mehr auf die Verwendung von elektronisch geführten Kassenbüchern übertragen lässt.

FG Baden-Württemberg, Außensenat Freiburg vom 27.02.2002 – 2 K 235/00
Auch das FG Baden-Württemberg hat sich mit den Anforderungen an die Ordnungsmäßigkeit eines elektronischen Fahrtenbuchs befasst. Dem Einwand, die individuelle Anfertigung eines allen Anforderungen gerecht werdenden Programms, sei zu teuer, begegnete das Gericht mit dem Hinweis, das Fahrtenbuch auf herkömmliche Weise zu führen.

7.1.19 Das Kassenblatt

Das Kassenblatt erfüllt grundsätzlich die gleichen Aufgaben wie das Kassenbuch. Es enthält alle Bareinnahmen und -ausgaben für den Zeitraum eines Monats. Das Kassenblatt dient in der Praxis gleichzeitig als Buchungsunterlage. Es enthält mehr Informationen für die Buchhaltung als das Kassenbuch. So können Einnahmen und Ausgaben detaillierter beschrieben werden, haben eine Spalte für das jeweilige Gegenkonto und manchmal auch Felder für das Handzeichen des Bearbeiters und für Prüfvermerke. Es wird vielfach als Deckblatt für die Ablage der einzelnen Barbelege in der Buchhaltung verwendet.

Im Handel werden Kombinationen von Kassenblatt und Kassenbuch mit Selbstdurchschreibefunktion angeboten. Der heraustrennbare Teil wird üblicherweise mit den Belegen abgelegt, die Originale bleiben in gebundener Form erhalten.

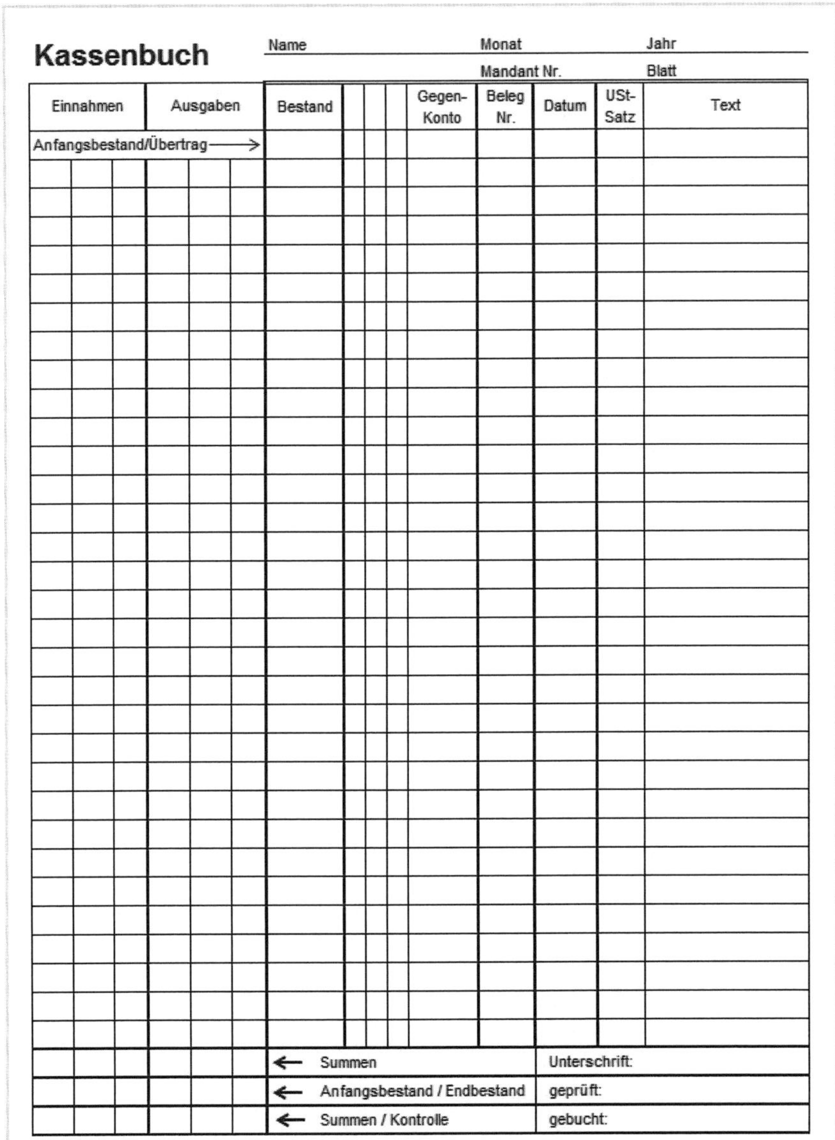

Kassenbuch

Name Monat Jahr

Mandant Nr. Blatt

Einnahmen	Ausgaben	Bestand			Gegen-Konto	Beleg Nr.	Datum	USt-Satz	Text
Anfangsbestand/Übertrag →									

← Summen | Unterschrift:

← Anfangsbestand / Endbestand | geprüft:

← Summen / Kontrolle | gebucht:

Abb. 7: Muster eines Kassenbuchs

7.2 Der Kassenbericht

Ein Kassenbericht dient der rechnerischen Ermittlung der Tagesbareinnahmen (»Tageslosung«). Die hierzu erforderlichen einzelnen Rechenschritte werden im Kassenbericht, auch als Tagesbericht bezeichnet, dokumentiert.

7.2.1 Wer verwendet einen Kassenbericht?

Wer seine Betriebseinnahmen und -ausgaben nicht mittels einer Registrierkasse oder auf andere Weise einzeln aufzeichnet, kann die Tageseinnahmen nur ermitteln, indem er den Geldbestand seiner Kasse nach Geschäftsschluss zählt und den Anfangsbestand davon abzieht. Um die steuerpflichtigen Bareinnahmen zu erhalten, muss er den Saldo noch um die Ausgaben sowie um die Entnahmen und Einlagen bereinigen.

Unternehmer, die anstelle einer Registrierkasse eine »offene Ladenkasse« ohne jegliche technische Unterstützung führen, haben keine andere Möglichkeit, ihre Bareinnahmen zu errechnen. Solche Kassen werden meist von Kleinunternehmen ohne Fremdpersonal oder von Betrieben mit geringem Barumsatz verwendet. Jedoch ist es auch einem größeren bargeldintensiven Unternehmen freigestellt, eine offene Ladenkasse zu führen und die Einnahmen mittels Kassenberichten zu ermitteln.

Die Voraussetzungen der §§ 140 ff. AO sind bei der Verwendung einer offenen Ladenkasse uneingeschränkt zu beachten.

7.2.2 Aufbau eines Kassenberichts

Der Kassenbericht unterscheidet sich hinsichtlich seines Aufbaus wesentlich vom Kassenbuch. Beim Kassenbericht werden die Einnahmen aus den Beständen, beim Kassenbuch die Bestände aus den Einnahmen errechnet. Dabei müssen die Bestände beim Kassenbericht gezählt werden, während es sich beim Kassenbuch um rechnerisch ermittelte Bestände handelt.

Wichtig! !

Die Betriebseinnahmen müssen retrograd ermittelt werden. Das heißt: Der Kassenbericht beginnt immer mit dem gezählten Kassenbestand bei Geschäftsschluss.

7.2.3 Ermittlung der Tageseinnahmen für den Kassenbericht

Retrograde Ermittlung

	Gezählter Kassenbestand am Ende des Tages
–	Gezählter Kassenbestand am Vortag
–	Bareinlagen
+	Barentnahmen
+	Bareinzahlungen Kasse an Bank
–	Bareinzahlungen Bank an Kasse
+	Barausgaben
=	Tageseinnahmen

Abb. 8: Schematische Darstellung der retrograden Ermittlung der Tageseinnahmen

Progressive Ermittlung
Werden die Tageseinnahmen im Kassenbericht umgekehrt dargestellt, beginnt also der Bericht mit dem Kassenbestand des Vortages, muss davon ausgegangen werden, dass der Kassenbestand nicht gezählt, sondern nur rechnerisch ermittelt wurde.

Wird eine Vorlage mit einer solchen Kassenberichtsdarstellung verwendet, liegt ein formeller Buchführungsmangel vor. Leider werden derartige Berichtsmuster, bei denen es sich richtigerweise um sog. Kassenbestandsrechnungen handelt, teilweise als Kassenberichte angeboten. Werden die Einnahmen ansonsten korrekt errechnet, ist dieser Mangel als geringfügig einzustufen. Steuerlichen Folgen sind nicht zu befürchten.

7.2.4 Verwendung einer Kassenberichtsvorlage

Dem Unternehmer steht es frei, für welche Berichtsvorlage er sich entscheidet. Im Handel werden zahlreiche Kassenberichte angeboten. Er kann jedoch auch mithilfe eines Tabellenkalkulations- oder Textverarbeitungsprogramms ein eigenes Muster am PC erstellen und dieses Muster ausdrucken. Es gelten die gleichen steuerlichen Ordnungsvorschriften wie beim Kassenbuch.

7.2.5 Grundaufzeichnungen

Alle vorhandenen Unterlagen und Belege sind aufbewahrungspflichtig.

Hierzu gehören

- Eigenbelege für Entnahmen oder Einlagen,
- Ausgabenbelege,
- Belege über Einzahlungen auf das Bankkonto,
- Belege über Bankabhebungen,
- Geldtransit Hauptkasse—Nebenkasse und umgekehrt,
- Sonstige Aufzeichnungen wie Berechnungen auf Notizzetteln oder Bierdeckeln.

Wichtig! !

Fehlende Grundaufzeichnungen führen zu materiellen Buchführungsmängeln.

7.2.6 Vorsicht bei fehlenden Entnahmebelegen

Werden versehentlich keine Eigenbelege für Geldentnahmen aus der Kasse erstellt, vermindert sich der Geldbestand, was zwangsläufig zu einer **Steuerverkürzung** führt!

7.2.7 Zählprotokoll

Es ist empfehlenswert, dem Kassenbericht ein tägliches Zählprotokoll beizufügen. Ein Zählprotokoll dokumentiert die materielle Bestandsaufnahme. Auch wenn der Gesetzgeber ein Zählprotokoll nicht ausdrücklich verlangt, dient es als ein weiterer Nachweis gegenüber dem Finanzamt. Ein Zählprotokoll kann auch bei der Verwendung einer elektronischen Registrierkasse sinnvoll sein, z.B., wenn der Istbestand der Kasse ermittelt wird oder besondere Ereignisse wie z.B. Diebstahl o.Ä. eingetreten sind.

Ein Abgleich des Kassenbestands und die Erstellung eines Zählprotokolls können der Ermittlung der Höhe von steuerfreien Trinkgeldern (Arbeitnehmer) dienen.

Das Zählprotokoll unterstreicht die ordnungsmäßige Ermittlung durch tatsächliches »Zählen« und die Richtigkeit des ausgewiesenen Kassenbestands bei Geschäftsschluss.

Auf dem Zählprotokoll sollten unbedingt das Datum und die Uhrzeit vermerkt werden. Wird die Kasse von einer fremden Person geführt, ist es zweckmäßig, das Protokoll vom Geschäftsinhaber abzeichnen zu lassen.

Für das Zählprotokoll gibt es keine festen Vorgaben. Wird ein Zählprotokoll erstellt, ist es grundsätzlich aufbewahrungspflichtig, es sei denn, dem Protokoll kommt lediglich eine Transportfunktion zu, d.h., die Eintragungen werden zeitnah in den an einem anderen Ort befindlichen Kassenbericht übertragen.

Ursprungsaufzeichnungen mit Transportfunktion

BFH-Urteil vom 07.07.1977 – IV R 205/72

Werden unmittelbar nach der Auszählung der Tageskasse Einnahmen und Ausgaben – wie sonst in einen Kassenbericht – in das Kassenbuch übertragen, müssen die Notizzettel mit dem Auszählungsergebnis nicht als Einnahmeursprungsaufzeichnungen aufbewahrt werden.

Musterzählprotokoll

Anlage zum Kassenbericht Nr. ....

Zählprotokoll **Datum ....**

Scheine	**Anzahl**	**Summe in EUR**
500,00 EUR		
200,00 EUR		
100,00 EUR		
50,00 EUR		
20,00 EUR		
10,00 EUR		
5,00 EUR		
Summe 1		
Münzen	**Anzahl**	**Summe in EUR**
2,00 EUR		
1,00 EUR		
0,50 EUR		
0,20 EUR		
0,10 EUR		
0,05 EUR		
0,02 EUR		
0,01 EUR		
Summe 2		
Gesamt 1 und 2		

____

Unterschrift

Abb. 9: Zählprotokoll

7.2.8 Zählbrett

Bei großen Münzbeständen verwenden viele Unternehmen (Eisdielen, Kiosks, Markt-, Verkaufs- und Imbissstände) zum Zählen ihrer Tageseinnahmen ein sog. Geldzählbrett.

Um zu dokumentieren, dass der Bestand der Münzen tatsächlich gezählt und nicht nur geschätzt wurde, empfiehlt es sich gerade in diesen Fällen anstelle eines Zählbretts ein Zählprotokoll zu führen.

7.2.9 Kassenbestand

Zum gezählten Kassenbestand gehört auch das als Wechselgeld in der Kasse verbleibende Münzgeld. Das Wechselgeld ist auch dann im Kassenbericht mit zu erfassen, wenn es sich dabei regelmäßig um einen der Höhe nach gleichen Wechselgeldbestand handelt.

7.2.10 Kassenfehlbeträge

Werden die Einnahmen mittels Kassenberichten ermittelt, können sich systembedingt keine Kassenfehlbeträge ergeben, weil nur das Geld gezählt wird, das sich am Ende des Geschäftstages in der Kasse befindet. Einen negativen Kassenbestand gibt es nicht.

Allerdings sind untertägige Kassenfehlbeträge nicht auszuschließen, wenn anhand des Datums der Ausgabebelege festgestellt werden kann, dass zu diesem Zeitpunkt mehr ausgegeben als vereinnahmt wurde. Eine solche Feststellung kann aber nur getroffen werden, wenn eine Saldierung vor Geschäftsbeginn, d.h. zu einem Zeitpunkt, zu dem noch keine Einnahmen getätigt wurden, möglich ist.

Beispiel: Cocktailbar !

Verschiedene Einkäufe (z.B. Lebensmittel) übersteigen laut den Ausgabenbelegen betragsmäßig den ausgewiesenen Kassenbestand des Vortages. Einnahmen sind noch keine verzeichnet. Der Barbetrieb beginnt erst abends ab 22:00 Uhr.

7.2.11 Kassenbuch oder Kassenbericht?

In der Praxis entscheidet die Art der eingesetzten Kasse, ob ein Kassenbuch oder ein Kassenbericht zu verwenden ist.

Wer seine Einnahmen mittels einer Registrierkasse aufzeichnet, erhält die Tagessumme über den Tagesabschlussbon und muss die Einnahmen nicht im Wege des Kassenbestandsvergleichs ermitteln. Unternehmer mit Registrierkasse führen also ein Kassenbuch (Ausnahme: § 4 III-Rechner).

Wer eine offene Ladenkasse führt und seine Einnahmen nicht einzeln aufzeichnet, ermittelt die Tageseinnahmen durch einen Bestandsvergleich und dokumentiert ihn in einem Kassenbericht.

Rechtsprechung zu Kassenberichten
Keine Registrierkasse
BFH-Urteil vom 20.06.1985 – IV R 41/82
Wird keine Registrierkasse eingesetzt, müssen die Einnahmen durch Kassenberichte ermittelt werden.

Schätzungsbefugnis bei Korrekturen
BFH-Urteil vom 13.03.2013 – X B 16/12 NV
Dokumentiert der Steuerpflichtige seine Betriebseinnahmen in Kassenberichten, ist das Finanzamt zur Schätzung befugt, wenn die Kassenberichte wiederholt korrigiert wurden und in sich widersprüchlich sind.

Kassenbuch oder Kassenbericht
FG Münster vom 31.08.2000 – 14 K 3305/98 G, U, F
Ein Kassenbuch kann die Anforderungen von Kassenberichten nicht erfüllen, da die Einnahmen beim Kassenbuch nicht aus den Beständen, sondern die Bestände aus den Einnahmen ermittelt werden.

Aufbewahrung von Kassenstreifen und Kassenbons
FG Bremen vom 17.01.2007 – 2 K 229/04
Wer seine Einnahmen und Ausgaben anhand eines Kassenberichts nachweist, indem sie mit dem Anfangs- und Endbestand der Kasse abgestimmt werden, muss die Kassenstreifen, Kassenzettel und Kassenbons nicht aufbewahren.

Muster eines Kassenberichts

Kassenbericht Name Nr. Datum

Kassenbestand bei Geschäftsschluss							Buchungs-Vermerke
Vareneinkauf	Vorsteuer		Netto/Brutto				
Geschäftsausgaben							
Privatentnahmen							
Sonstige Ausgaben							
			Vorsteuer bei Nettobetrag →				
	Summe						
	abzüglich Kassenbestand am Vortag						
	Kasseneingang						

abzüglich sonstige Einnahmen

Tageseinnahmen					

Unterschrift

____

Abb. 10: Kassenbericht

8 Das »alte« und das neue Recht

8.1 Das »alte« Recht

8.1.1 Ist das »alte« Recht überholt?

Wie bereits mehrfach beschrieben, ist die alte Rechtslage unter ganz bestimmten Voraussetzungen noch bis zum 31.12.2016 anwendbar. Auch wenn für Zeiträume, die ab dem 01.01.2017 beginnen, nur noch Registrierkassensysteme eingesetzt werden dürfen, die den neuen Anforderungen gerecht werden und dann auch keine Übergangs- und Vereinfachungsregelungen mehr greifen, gelten die alten Bestimmungen zumindest noch für Veranlagungszeiträume bis 2016.

Die alte Rechtslage wird uns auch im Falle von Betriebsprüfungen, bei denen regelmäßig zurückliegende Zeiträume geprüft werden, wohl noch einige Jahre begleiten.

Es wäre leichtsinnig, erst ab 2017 eine gesetzeskonforme Kasse zu führen und bis dahin darauf zu spekulieren, dass keine Prüfung angemeldet wird. Ebenso riskant wäre es, auf eine großzügige Auslegung der Anwendungsvorschriften zu vertrauen. Prüfer sind an ihre Vorgaben gebunden. Die Ordnungsmäßigkeit der Buchführung steht auf dem Spiel.

Welche Rechtsvorschrift bis zum 31.12.2016 angewendet werden kann, hängt entscheidend vom jeweils verwendeten Kassensystem ab. Die infrage kommenden Rechtsvorschriften sind:

- § 147 Abs. 6 AO (Datenzugriff),
- BMF-Schreiben vom 09.01.1996,
- BMF-Schreiben vom 26.11.2010,
- GoB, GoBS, GDPdU und GoBD.

8.1.2 Digitaler Datenzugriff oder Sonderregelung?

Seit dem 01.01.2002 sind alle steuerlich relevanten Daten in maschinell auswertbarer Form aufzubewahren und im Falle von Außenprüfungen auf einem geeigneten Datenträger vorzulegen. Kassenjournaldaten sind steuerlich relevante Daten i.S.d. **§ 147 Abs. 6 AO**.

Nicht alle Registrierkassensysteme sind jedoch technisch dazu in der Lage, Journaldaten dauerhaft vorzuhalten. Eine proprietäre elektronische Registrierkasse älterer Bauart löscht z.B. bauartbedingt automatisch sämtliche Einzeldaten, sobald der Tagessummenbon (Z-Bon) abgerufen wird. Einige bieten noch nicht einmal eine Schnittstelle, um die Daten rechtzeitig vor der systembedingten Löschung auf einem externen Speichermedium zu sichern. Den Anforderungen des § 147 Abs. 6 AO kann eine solche Kasse nicht gerecht werden. Um sie weiter, d.h. über den 01.01.2002 hinaus einsetzen zu dürfen, bedurfte es einer **Sonderregelung** (BMF-Schreiben vom 09.01.1996 — IV A 8 — S 0310 5/95).

8.1.3 PC-gestützte Kassen

Wer eine PC-Kasse einsetzt, kennt solche Probleme nicht. PC-Kassen besitzen grundsätzlich eine eigene Festplatte, auf der alle Daten abgelegt werden. Eine automatische Löschung erfolgt nicht. Sind PC-Kassendaten nicht mehr vorhanden, wurden sie bewusst gelöscht!

Für PC-gestützte Registrierkassen gilt die Vorschrift des **§ 147 Abs. 6 AO** zum digitalen Datenzugriff uneingeschränkt. Erleichterungen, Sonderregelungen und Übergangsvorschriften für elektronische Registrierkassen sind auf PC-gestützte Kassen nicht anzuwenden.

! **Wichtig!**

Für PC-Kassen gilt: Alle steuerlich relevanten Daten unterliegen den Vorschriften zum digitalen Datenzugriff gem. § 147 Abs. 6 AO und sind seit dem 01.01.2002 in maschinell auswertbarer Form aufzubewahren.

8.1.4 Proprietäre Registrierkassen älterer Bauart

Ungeachtet der Vorschrift zum digitalen Datenzugriff (§ 147 Abs. 6 AO) gelten für andere elektronische Registrierkassen, die nicht zu den PC-gestützten Kassen gehören, Sonder- und Vereinfachungsregelungen.

Bei diesen Kassentypen sind allerdings zwei grundlegende Formen voneinander zu unterscheiden. Dabei ist darauf abzustellen, was eine Kasse hinsichtlich ihrer Bauart zu Leisten imstande ist und nicht, in welchem Umfang sie im Unternehmen tatsächlich eingesetzt wird.

- **Typ 1**: Kassen, die Journaldaten mit Z-Abruf systembedingt automatisch löschen und keine externe Speicherung zulassen.

- **Typ 2**: Kassen, die Journaldaten mit Z-Abruf löschen, aber eine externe Speicherung erlauben (Schnittstelle) oder technisch aufrüstbar sind.

Für beide Kassentypen (Typ 1 und 2) sind zunächst die Regelungen des BMF-Schreibens vom 09.01.1996 (Kassenrichtlinie 1996) anwendbar. Mit dem Schreiben vom 26.11.2010 hat das Bundesfinanzministerium eine neue Kassenrichtlinie erstellt, die die Aufbewahrung digitaler Unterlagen bei Bargeschäften regelt. Die neue Kassenrichtlinie ersetzt jedoch nicht die alte, zumindest nicht vollumfänglich.

Die Vorschriften zum digitalen Datenzugriff wurden im Schreiben vom 26.11.2010 ergänzt und im Hinblick auf elektronische Registrierkassensysteme neu geregelt. Die Anforderungen wurden insgesamt deutlich verschärft. In Anlehnung an die AO-Vorschriften zum digitalen Datenzugriff sind nach der Kassenrichtlinie 2010 alle steuerlich relevanten Daten (auch Journaldaten) aufzubewahren.

8.1.5 Umgehende Nachrüstung

Gleichzeitig werden in diesem Schreiben Unternehmer, die eine der o.g. elektronischen Registrierkassen älterer Bauart verwenden, aufgefordert, ihre Kasse umgehend nachzurüsten, soweit dies technisch möglich ist.

Eine Frist zur Umrüstung wird im BMF-Schreiben vom 26.11.2010 nicht genannt, d.h., dass die Umrüstung sofort vorzunehmen ist. Nur Kassen, die aus technischen oder wirtschaftlichen Gründen nicht nachgerüstet werden können (Typ 1), dürfen weiterhin — längstens jedoch bis zum 31.12.2016 — eingesetzt werden.

Für alle nicht aufrüstbaren Kassen gelten die Härteklauseln des BMF-Schreibens vom 09.01.1996 wie bisher. Die neuen Regelungen weisen aber gleichzeitig darauf hin, dass die im Schreiben vom 09.01.1996 genannten Voraussetzungen streng auszulegen sind. Besitzer einer Kasse des Typs 1 sollten bedenken: Außenprüfer sind an diese Vorgaben gebunden! Mängel, die bisher großzügig toleriert wurden, könnten bei strenger Rechtsauslegung im Zweifelsfall ernste steuerliche Folgen nach sich ziehen.

8.1.6 BMF-Schreiben vom 09.01.1996 — IV A 8 — S 0310-5/95

Verzicht auf die Aufbewahrung von Kassenstreifen bei Einsatz elektronischer Registrierkassen
Die Aufbewahrung von Registrierkassenstreifen, Kassenzetteln, Bons und dgl. ist nach dem BMF-Schreiben vom 09.01.1996 im Einzelfall nicht erforderlich, wenn

der Zweck der Aufbewahrung in anderer Weise gesichert und die Gewähr der Vollständigkeit der vom Kassenbeleg übertragenen Aufzeichnungen nach den tatsächlichen Verhältnissen gegeben ist.

Hinsichtlich der Registrierkassenstreifen sind die Voraussetzungen regelmäßig dann erfüllt, wenn die Tagesendsummenbons aufbewahrt werden und die Gewähr der Vollständigkeit bieten.

Bei der Verwendung einer elektronischen Registrierkasse wird unterstellt, dass die Vollständigkeit im Regelfall gewährleistet ist. Diese Vereinfachungsregelung gilt nur dann, wenn der Tagesendsummenbon (Z-Bon) alle erforderlichen Angaben enthält und die nachstehend im BMF-Schreiben genannten Unterlagen und Ausdrucke aufbewahrt werden.

Voraussetzungen für die Vereinfachungsregelung

Der Z-Bon (Finanzbericht) muss enthalten:

- Name des Geschäfts,
- Datum,
- Tagesendsumme,
- Ausdruck des Nullstellungszählers (fortlaufende Z-Nr.),
- Stornobuchungen (Manager- und Nachstornos),
- Retouren,
- Entnahmen,
- Zahlungswege (bar, Scheck, Kredit).

Aufbewahrungspflichtige Unterlagen

- Finanzberichte
  - Tagesendsummenbons (Z-Bons)
- Erstellte und abgerufene Ausdrucke
  - Artikelberichte
  - Kellnerberichte
  - Monatsberichte
  - Warengruppenberichte
  - Ausdrucke der Trainingsspeicher
  - Spartenberichte
- Organisationsunterlagen
  - Bedienungsanleitung
  - Programmieranleitung
  - Urprogrammierung und Programmierungsprotokolle
- Mit Registrierkasse erstellte Rechnungen
  - Bewirtungsrechnungen
  - Gefälligkeitsrechnungen
- Betriebswirtschaftliche Auswertungen

Weitere Voraussetzungen

- Alle Unterlagen sind im Belegzusammenhang mit dem Tagesendsummenbon (Z-Bon) aufzubewahren.
- Die Vollständigkeit der Tagesendsummenbons ist durch organisatorische oder durch programmierte Kontrollen sicherzustellen.

Wichtig!

Auf die Aufbewahrung der papiernen Registrierkassenrollen kann nur dann verzichtet werden, wenn alle Z-Bons lückenlos vorhanden sind, der Z-Bon alle erforderlichen Angaben enthält *und* alle sonstigen Unterlagen (Rechnungen und Organisationsunterlagen) aufbewahrt werden.

!

8.1.7 Rechtsunsicherheit: Welche Rechtsvorschrift ist wann anzuwenden?

Für die seit Jahren herrschende Rechtsunsicherheit hinsichtlich der Aufbewahrungspflichten von Registrierkassenunterlagen sind vor allem die teilweise gegensätzlichen Vorschriften wie die Kassenrichtlinie 1996 (BMF-Schreiben vom 09.01.1996) und die Neuregelung des § 147 Abs. 6 AO zum digitalen Datenzugriff verantwortlich.

So verlangt z.B. § 147 Abs. 6 AO seit dem 01.01.2002 die Aufbewahrung sämtlicher steuerlich relevanten digitalen Daten, zu denen zweifelsfrei auch die Journaldaten der elektronischen Registrierkassen zählen. Gleichzeitig sollten aber weiterhin die Sonderregelungen der Kassenrichtlinie 1996 gelten. Diese erlaubten nicht nur in der Vergangenheit, sondern sogar über den 01.01.2002 hinaus unter bestimmten Voraussetzungen die Vernichtung solcher Journaldaten. Zwar können Altkassenjournaldaten nur in Papierform (Kassenrollen) ausgeben werden und sind maschinell auch nicht auswertbar, die steuerliche Relevanz steht jedoch außer Frage.

Mancher Unternehmer sah darin einen Widerspruch und beschloss, seine Kasse so weiterzuführen wie bisher. Er berief sich dabei auf die Ergebnisse früherer Prüfungen, bei denen die Kassenführung nie beanstandet wurde.

Das alte BMF-Schreiben erging zu einer Zeit, in der Registrierkassen größtenteils nicht in der Lage waren, digitale Journaldaten dauerhaft vorzuhalten und auszugeben. Dennoch ist dieses BMF-Schreiben bis heute noch nicht gänzlich überholt. Die darin enthaltenen Vereinfachungs- und Sonderregelungen gelten noch bis zum 31.12.2016, und zwar genauso lange, wie die Altkassen (Typ 1) noch eingesetzt werden dürfen, aber eben nur unter den genannten (verschärften) Voraussetzungen.

8.1.8 Ein weitverbreiteter Irrtum

Auch die ergänzenden Regelungen des BMF-Schreibens vom 26.11.2010 haben leider die Zweifel (aufseiten der Unternehmer, Steuerberater und Prüfer), welche Rechtsvorschrift im Einzelfall die Richtige ist, nicht vollends ausräumen können.

Viele Unternehmer sind nach wie vor der Auffassung, eine neue GoBD-konforme Kasse sei erst ab 2017 erforderlich, während alle bisher verwendeten (Alt-)Registrierkassen aufgrund der Härteregelung noch bis zum 31.12.2016 uneingeschränkt eingesetzt werden dürfen. Die Verpflichtung zur Nachrüstung der Altkassen wird vielfach ignoriert, insbesondere dann, wenn der Unternehmer ohnehin ab dem Jahr 2017 eine Neuanschaffung plant.

Selbst wenn das System in der Lage ist, digitale Journaldaten zu erzeugen, wird gegenüber einem Prüfer immer wieder behauptet, die Daten seien nicht mehr vorhanden. Bestärkt durch Auskünfte einiger Fachverbände, nach denen digitale Kassenjournaldaten angeblich erst ab 2017 aufbewahrt werden müssen, werden Journaldaten gutgläubig vernichtet.

! **Beispiel: Geldgewinnspielgeräte**

Moderne Geldspielgeräte zeichnen alle Vorgänge detailliert auf der Festplatte des geräteeigenen Computers auf. Werden die Daten bei der monatlichen Auslesung abgerufen, kann der Aufsteller zwischen einer Auslesung mit Löschung oder einer Auslesung ohne Löschung wählen. Entscheidet er sich für eine Auslesung mit Löschung und verzichtet er auf die Übertragung der Daten auf ein externes Speichermedium, werden die digitalen Daten im System gelöscht. Im Rahmen einer Betriebsprüfung kann er nur noch den papiernen Auslesestreifen vorlegen.
Das (gutgläubige?) Vernichten der Daten, die er zuvor hätte sichern können, führt bei einer Außenprüfung zu erheblichen Problemen und regelmäßig zur Versagung der Ordnungsmäßigkeit der Buch- bzw. Kassenführung.

! **Wichtig!**

Geldgewinnspielgeräte sind mit Registrierkassen des Typs 2 vergleichbar. Auch wenn eine technische Nachrüstung derzeit noch nicht möglich ist, um allen gesetzlichen Anforderungen vollumfänglich gerecht zu werden, können im System erzeugte digitale Daten gesichert werden. Für Geldgewinnspielgeräte gelten die Vereinfachungsregelungen des BMF-Schreibens vom 09.01.1996 nicht.

8.1.9 Erwerb einer Altkasse

Es stellt sich die Frage, ob ein Unternehmer nur seine eigene Kasse noch bis zum 31.12.2016 weiterverwenden darf oder ob diese Kassenform grundsätzlich solange eingesetzt werden kann.

Beispiel: Defekte Registrierkasse

!

Ein Kleinunternehmer besitzt eine Registrierkasse älterer Bauart und plant, ab 2017 eine neue GoBD-konforme Kasse anzuschaffen. Im März 2016 versagt jedoch seine Kasse ihren Dienst, eine Reparatur wäre teuer und im Hinblick auf die neue Rechtslage wirtschaftlich unrentabel. Er benötigt dringend eine Ersatzkasse. Aus finanziellen Gründen kommt eine sofortige Neuanschaffung für ihn nicht infrage. Sein Kassenaufsteller bietet ihm eine sehr günstige Gebrauchtkasse an. Diese entspricht zwar nicht den neuen Anforderungen, was bedeutet, dass er sie spätestens Ende des Jahres wieder entsorgen muss, die Anschaffung wäre aber finanziell machbar.

Frage: Darf der Kleinunternehmer nach Bekanntgabe des BMF-Schreibens vom 26.11.2010 überhaupt noch eine »neue« Altkasse erwerben und einsetzen?

Die Ausführungen des BMF-Schreibens 2010
Kann ein Gerät bauartbedingt die in diesem Schreiben niedergelegten gesetzlichen Anforderungen nicht erfüllen und ist eine technische Umrüstung durch Softwareanpassungen oder Speichererweiterungen nicht möglich, wird es nicht beanstandet, wenn der Steuerpflichtige dieses Gerät längstens bis zum 31.12.2016 in seinem Betrieb einsetzt.

Antwort: Dem Wortlaut nach könnte man die Auffassung vertreten, **»dieses Gerät«** beziehe sich auf seine eigene im Einsatz befindliche Kasse. Bei einer großzügigeren Auslegung könnte man »dieses Gerät« aber auch auf die Bauart solcher Kassen beziehen. Danach wäre auch der Erwerb einer nicht aufrüstbaren Gebrauchtkasse rechtens. Diese Auffassung wird vielfach vertreten und teilt auch die Rechtsauffassung des Autors.

8.1.10 Betriebsprüfungen im Übergangszeitraum

Während Betriebsprüfer die Anwendungsvorschriften bei Prüfungen, die sich auf die Jahre 2002 bis 2010 erstreckten, eher großzügig ausgelegt haben, pochen sie spätestens mit Bekanntgabe des BMF-Schreibens vom 26.11.2010 auf die strikte Einhaltung der neuen (und alten!) Regelungen.

In diesem Schreiben hat der Gesetzgeber klargestellt, dass steuerlich relevante digitale Journaldaten aufbewahrungspflichtig sind. Die Verpflichtung ergibt sich jedoch nicht aus diesem BMF-Schreiben, sondern bereits aus der AO (§ 147 Abs. 6 AO). Wer bis dahin schon im Besitz eines Kassensystems war, das Journaldaten speichern kann, hätte diese seit Inkrafttreten der Vorschrift (01.01.2002) vorhalten müssen. PC-Kassen und PC-gestützte Kassen erfüllen diese Anforderungen grundsätzlich.

! **Wichtig!**

Wer Daten vernichtet, im Glauben, die Sonderregelungen des alten BMF-Schreibens vom 09.01. 1996 noch bis zum 31.12.2016 in Anspruch nehmen zu können, riskiert viel.

Das Gleiche gilt auch für Unternehmer, die ihre alte Kasse nicht nachrüsten lassen, obwohl entsprechende Nachrüstsätze vom Kassenhersteller angeboten werden. Ist eine technische Anpassung der Kasse möglich und vorgesehen, darf nicht bis zum Ablauf der Übergangsfrist (31.12.2016) abgewartet werden. Diese »Härteregelung« gilt ausschließlich für nicht aufrüstbare Kassen.

Ob eine Kasse nachrüstbar ist oder nicht sollte vom Kassenhersteller — nicht nur vom Kassenaufsteller — bescheinigt werden. Dabei werden nicht nur technische Voraussetzungen, sondern auch wirtschaftliche Überlegungen berücksichtigt. Viele Hersteller stellen auf Ihrer Internetseite Listen ihrer aufrüstbaren bzw. nicht aufrüstbaren Kassen zur Verfügung.

8.2 Die neue Rechtslage

Unter der »neuen Rechtslage« sind insbesondere die Neuregelungen zur Aufbewahrung digitaler Unterlagen bei Bargeschäften bei der Verwendung von elektronischen Kassensystemen und vergleichbaren Geräten (BMF-Schreiben vom 26.11.2010) und die Grundsätze zur ordnungsmäßigen Führung und Aufbewahrung von Unterlagen in elektronischer Form sowie zum Datenzugriff (GoBD vom 14.11.2014) zu verstehen.

Zählt man die Vorschriften der AO zum digitalen Datenzugriffsrecht der Finanzverwaltung hinzu, beginnt das »neue Recht« bereits am 01.01.2002 (§ 147 Abs. 6 AO). Mit dem BMF-Schreiben vom 26.11.2010 wurden neue Regelungen zu elektronischen Kassensystemen veröffentlicht, die bereits seit Anfang 2011 gelten und spätestens ab dem 01.01.2017 vollumfänglich umzusetzen sind. Die GoBD sind ab dem Veranlagungszeitraum 2015 anzuwenden. Allerdings ist zu berücksichtigen, dass in den GoBD bereits geltende Regelungen aus anderen Vorschriften (GDPdU und GoBS) zusammengefasst und übernommen wurden.

Die allgemeinen Buchführungsgrundsätze und die Ordnungsvorschriften der AO und des HGB sind davon nicht direkt betroffen. Eine Änderung der materiellen Rechtslage ist nicht eingetreten. Die beiden BMF-Schreiben vom 26.11.2010 (sog. Kassenrichtlinie 2010) und vom 14.11.2014 (GoBD) legen bestehendes Recht (neu) aus und präzisieren die Vorschriften hinsichtlich der in der Praxis eingesetzten DV- und Kassensysteme. Sie vereinheitlichen bisher schon bestehende Verwaltungsregelungen und passen sie an die neuen technischen Buchführungsstandards und die aktuelle Rechtsprechung an.

Die GoB gelten uneingeschränkt, werden jedoch durch die Neuregelungen und Anpassungen weiterentwickelt und fortgeschrieben, zumindest soweit diese Vorgaben in der Praxis tatsächlich umgesetzt und von der Rechtsprechung mitgetragen werden.

Die wichtigste Neuerung für alle Unternehmen, die in ihrem Betrieb ein elektronisches Registrierkassensystem einsetzen, ist:

Wichtig! !

Spätestens ab 2017 müssen alle steuerlich relevanten Unterlagen, die mit elektronischen Registrierkassen erstellt worden sind, während der Dauer der Aufbewahrungsfrist jederzeit verfügbar, unverzüglich lesbar und maschinell auswertbar aufbewahrt werden.

8.2.1 Aufbewahrung digitaler Unterlagen bei Bargeschäften

Das BMF-Schreiben vom 26.11.2010 (IV A 4 — S 0316/08/10004-07) regelt die Aufbewahrung der mittels

- Registrierkassen,
- Waagen mit Registrierkassenfunktion,
- Taxametern und
- Wegstreckenzählern

erfassten Geschäftsvorfälle.

Nicht explizit erwähnt sind in diesem Schreiben **Geldgewinnspielgeräte**. Sie gehören aber gem. Rz 20 der GoBD vom 14.11.2014 ebenfalls zu den vorgelagerten elektronischen Buchführungssystemen. Für Geldgewinnspielgeräte gelten somit die gleichen Anforderungen wie für die im BMF-Schreiben genannten Geräte.

Das Schreiben bezieht sich auf die Vorschriften der AO, nach denen Unterlagen i.S.d. § 147 Abs. 1 AO, die mithilfe eines Datenverarbeitungssystems erstellt worden sind, in maschinell auswertbarer Form vorgehalten werden müssen. Es wird klargestellt, dass alle genannten Geräte sowie die mit ihrer Hilfe erstellten digitalen Unterlagen gem. § 147 Abs. 6 AO seit dem 01.01.2002 den GoBS vom 07.11.1995 und den GDPdU vom 16.07.2001 entsprechen müssen.

8.2.2 GoBS, GDPdU und GoBD

Die Grundsätze der GoBS und der GDPdU gelten nur noch für die Veranlagungszeiträume bis einschließlich 2014. Die Inhalte der GoBS und der GDPdU wurden jedoch weitestgehend unverändert in das BMF-Schreiben vom 14.11.2014 (GoBD) übernommen.

8.2.3 Journaldaten und maschinell erstellte Rechnungen

Das auch als Kassenrichtlinie 2010 bezeichnete BMF-Schreiben verlangt grundsätzlich die Einzelaufzeichnungspflicht, soweit die Daten maschinell erzeugt wurden. Alle steuerlich relevanten Einzeldaten einschließlich etwaiger mit der Kasse erzeugten elektronischen Rechnungen i.S.d. § 14 UStG sind darüber hinaus vollständig und in unveränderbarer Form aufzubewahren.

8.2.4 Verdichtung von Daten

Eine Verdichtung dieser Daten oder die ausschließliche Speicherung der Rechnungsendsummen ist nicht mehr zulässig. Bezogen auf die bisherige Praxis beim Einsatz von elektronischen Registrierkassen bedeutet das, dass eine Speicherung der Tagesendsummen ohne gleichzeitige Aufbewahrung der dieser Summe zugrunde liegenden digitalen Journaldaten unzulässig ist.

8.2.5 Unterlagen in Papierform

Nicht ausreichend ist das Vorhalten von aufbewahrungspflichtigen Unterlagen ausschließlich in ausgedruckter Form.

8.2.6 Auswertbares Datenformat

Die digitalen Unterlagen und die Strukturinformationen müssen in einem auswertbaren Datenformat vorliegen.

Danach genügt es nicht, die von der Kasse erzeugten digitalen Daten nur im systemeigenen Datenformat zu sichern. Um auswertbar zu sein, müssen die Daten zudem in einem Format ausgegeben werden können, das auch mit einem Fremdrechner und einer systemunabhängigen Software gelesen und ausgewertet werden kann.

Eine solche Software ist z.B. IDEA, eine Prüf- und Analysesoftware, mit der alle Außendienste der Finanzverwaltung in Deutschland ausgestattet sind. IDEA wird auch von Steuerberatern, Wirtschaftsprüfern, Revisoren und den Polizeibehörden (u.a. LKA/BKA) eingesetzt.

Das Aufspielen von Daten muss ohne Verwendung von zusätzlicher Fremdsoftware auf den Rechnern der Außenprüfer möglich sein. Ist ein Buchführungs- oder ein vorgelagertes EDV-System nicht in der Lage, Daten in einem auswertbaren Exportformat auszugeben, ist es nicht GoBD- bzw. GDPdU-konform. Die Buchhaltung entspricht folglich nicht den gesetzlichen Erfordernissen und ist nicht ordnungsmäßig.

8.2.7 Strukturinformationen

Strukturinformationen geben Auskunft über die Zusammensetzung und Beschaffenheit der digitalen Daten und müssen ebenso digital und in einem auswertbaren Datenformat vorliegen. Insbesondere bei Daten aus vorgelagerten Systemen, die oft eine im Vergleich zu den Daten einer Finanzbuchhaltung unübliche hauseigene Datenstruktur aufweisen, ist eine detaillierte Beschreibung der Daten unerlässlich.

8.2.8 Datensatzbeschreibung — Beschreibungsstandard

Die deutsche Vertriebsfirma von IDEA, die Firma Audicon in Düsseldorf, bietet hierzu eine gemeinsam mit der Finanzverwaltung und Wirtschaftsunternehmen entwickelte technische Lösung an. Mithilfe der sog. Index.XML-Datei wird eine Schnittstelle im eigenen Buchhaltungssystem erzeugt, mit der die steuerlich relevanten Daten definiert und problemlos in die Prüfsoftware IDEA übernommen werden können. Daten, die nach diesem Beschreibungsstandard definiert sind, gelten aus Sicht der Finanzverwaltung als auswertbar.

Die Bereitstellung der digitalen Datensatzbeschreibung nach dem Beschreibungsstandard ist freiwillig, die aktuelle technische Dokumentation wird kostenlos von der Firma Audicon GmbH (www.audicon.net) angeboten.

8.2.9 Speicherung der digitalen Daten

Nicht alle elektronischen Kassensysteme können alle steuerlich relevanten Daten komplett speichern. Ist eine Speicherung der Journal-, Auswertungs-, Programmier- und Stammdatenänderungen innerhalb des Geräts nicht möglich, müssen diese Daten unveränderbar und maschinell auswertbar auf einem externen Datenträger gespeichert werden. Ein Archivsystem muss die gleichen Auswertungen wie die im laufenden System ermöglichen.

8.2.10 Einsatzorte und -zeiträume

Die konkreten Einsatzorte der genannten Geräte (Registrierkassen, Waagen mit Registrierkassenfunktion, Taxameter und Wegstreckenzähler) sind zu protokollieren. Die Protokolle sind aufzubewahren und gem. § 145 Abs. 1 AO i.V.m. § 63 Abs. 1 UStDV so abzufassen, dass sich die Vorgänge in ihrer Entstehung und Abwicklung verfolgen lassen. Bei Taxametern und Wegstreckenzählern gilt als Einsatzort das Fahrzeug, in dem sie verwendet wurden.

8.2.11 Grundlagenaufzeichnungen und Organisationsunterlagen

Zur Überprüfung der Bareinnahmen müssen außerdem die Grundlagenaufzeichnungen für jedes einzelne Gerät getrennt geführt und aufbewahrt werden. Aufbewahrungspflichtig sind auch Organisationsunterlagen wie die zum jeweiligen Gerät gehörenden Bedienungsanleitungen, die Programmieranleitung und alle weiteren Anweisungen zur Programmierung des Geräts. Im Einzelnen:

- Bedienungsanleitung (für jede Kasse),
- Einzeldaten (Journale, Kassenauftragszeilen),
- Berichte (Finanz-, Bediener-, Trainer-, Artikel-, Warengruppen-, Transaktions-, Zeitzonenberichte u.a.),
- Programmier-, Stamm- und Stammänderungsdaten,
- Protokolle über Programmieränderungen (z.B. Änderung der Artikelpreise oder Warengruppen),
- Protokolle über die Einrichtung von Bediener- und Trainerspeichern,
- mit dem System erstellte Rechnungen (auch Gefälligkeits-, Pro-forma- und Bewirtungsrechnungen),
- Verfahrensdokumentation.

Die Bedienungsanleitung kann auch über den Kassenaufsteller angefordert oder über das Internet bezogen werden.

Werden mit dem System auch unbare Geschäftsvorfälle (EC-Cash, elektronisches Lastschriftverfahren) erfasst, muss ein **Abgleich der baren und unbaren Zahlungsvorgänge** und deren zutreffende Verbuchung in der Buchhaltung gewährleistet sein.

Taxameter und Wegstreckenzähler

Das BMF-Schreiben vom 26.11.2010 weist ausdrücklich daraufhin, dass die Inhalte des Schreibens auch für die mithilfe eines Taxameters oder Wegstreckenzählers erstellten digitalen Unterlagen gelten, jedoch nur soweit diese die Grundlage für Eintragungen auf einem Schichtzettel i.S.d. BFH-Urteils vom 26.02.2004 (XI R 25/02) bilden.

Welche Eintragungen auf einem Schichtzettel erforderlich sein können, wird im BMF-Schreiben einzeln aufgeführt (vgl. Taxameter und Wegstreckenzähler).

Übergangsregelung für Altgeräte

Geräte, die bauartbedingt den im BMF-Schreiben vom 26.11.2010 niedergelegten gesetzlichen Anforderungen nicht oder nur teilweise genügen, dürfen längstens bis zum 31.12.2016 eingesetzt werden.

Diese Übergangsregelung kann nur in Anspruch genommen werden, soweit technisch mögliche Softwareanpassungen und Speichererweiterungen mit dem Ziel, die genannten Anforderungen zu erfüllen, nicht möglich sind. In diesen Fällen sind die Anforderungen des BMF-Schreibens vom 09.01.1996 vollumfänglich zu beachten (s. Kapitel 8.1).

Feststellungslast

Die Feststellungslast, dass digitale Daten nicht speicher- oder exportierbar sind bzw. dass eine technische Auf-/Nachrüstung nicht möglich ist, liegt beim Steuerpflichtigen.

Aufhebung des BMF-Schreibens vom 09.01.1996

Für alle nicht unter die vorgenannte Übergangsregelung fallenden Systeme werden die Vorschriften des BMF-Schreibens vom 09.01.1996 (Verzicht auf die Aufbewahrung von Kassenstreifen bei Einsatz elektronischer Registrierkassen) aufgehoben.

Prüfschema: Elektronische Registrierkassensysteme

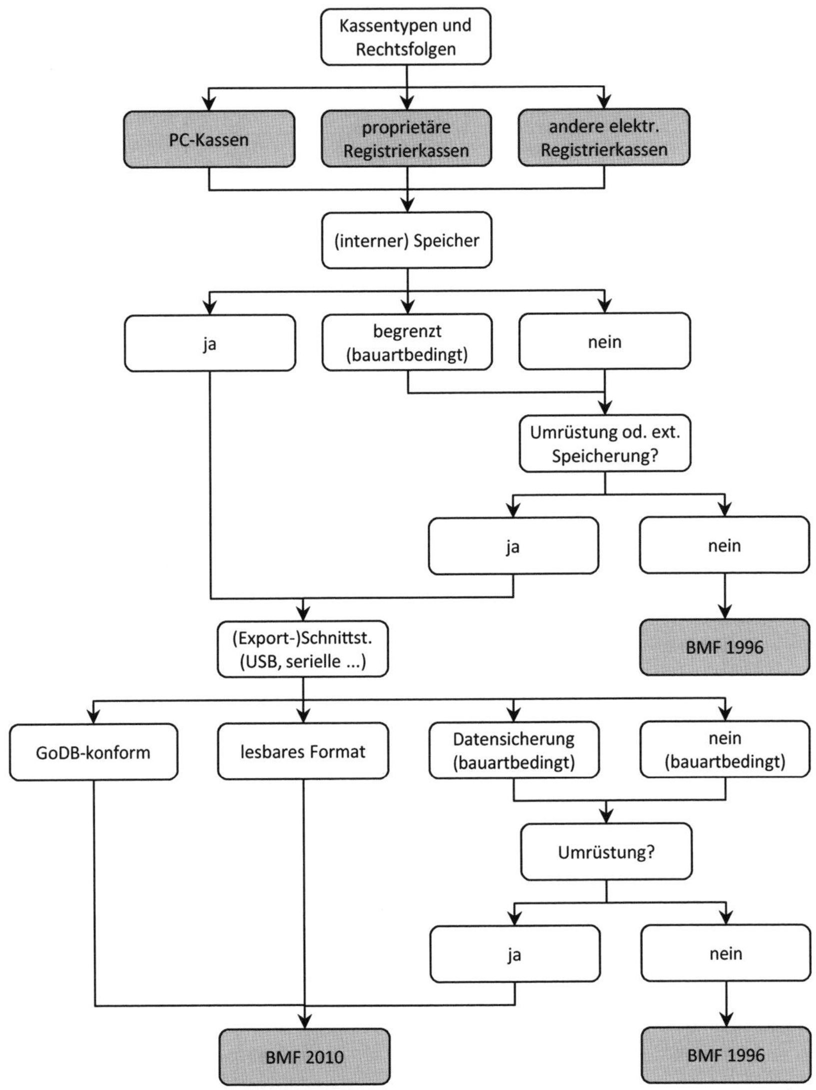

Abb. 11: Elektronische Registrierkassensysteme; Anm.: Unter Umrüstung sind sowohl technische Erweiterungen als auch Softwareanpassungen zu verstehen

8.2.12 Verwirrende Pressemeldungen

Immer wieder erscheinen Berichte in der Presse, die den Steuerpflichtigen verunsichern, statt ihn mit konkreten Informationen und Hinweisen zu versorgen.

So werden teilweise Uneinigkeiten zwischen Bund- und Länderministerien über ein manipulationssicheres Konzept mit grundsätzlichen, gesetzlich bereits verankerten Regelungen vermischt. Die Umstellungskosten werden in solchen Artikeln auf mehrere Mrd. EUR, die den Steuerpflichtigen angeblich belasten sollen, beziffert.

Die angegebenen Umstellungskosten können sich jedoch mit Blick auf die Höhe des Betrags nicht ausschließlich auf die manipulationssichere Umrüstung der Kassen beziehen. Mit einbezogen werden auch Aufwendungen für die Ersatzbeschaffung nicht mehr gesetzeskonformer Geräte. Gleichzeitig wird infrage gestellt, ob eine Umstellung oder Neuanschaffung überhaupt sinnvoll ist: »Sollen alle Steuerehrlichen bestraft werden, nur um einige Unehrliche zu entlarven?« ist die immer wieder in solchen Berichten aufgeworfene Frage. Schon die Fragestellung verdeutlicht: Hier geht es um gefälligen Lesestoff, nicht um Detailinformationen.

Wer solche Artikel liest, wird verunsichert und glaubt, der Gesetzgeber behalte sich jegliche Entscheidung zum Thema »elektronische Registrierkassensysteme« noch vor. Um keine möglicherweise unnötigen Ausgaben zu tätigen, sei es wohl vernünftig, zunächst einmal die weitere Entwicklung abzuwarten.

Tatsache ist jedoch, dass alle eingesetzten elektronischen Kassensysteme ab 2017 den neuen gesetzlichen Anforderungen des BMF-Schreibens vom 26.11.2010 und den GoBD gerecht werden müssen.

Wer die technisch mögliche Aufrüstung bzw. eine Neuanschaffung über den 31.12.2016 hinaus verzögert, riskiert im Falle einer Betriebsprüfung, dass seine Buchführung verworfen wird.

Ob ein Manipulationsschutz auf freiwilliger oder gesetzlich verordneter Basis eingeführt wird, ist dagegen zum Zeitpunkt des Erscheinens dieses Buchs noch nicht abschließend geklärt. Ebenso wenig herrscht derzeit Klarheit darüber, ob der Manipulationsschutz im Falle einer gesetzlichen Verpflichtung ausnahmslos nach dem INSIKA-Verfahren vorzunehmen ist oder ob ggf. ein gleichwertiges anderes Verfahren eingesetzt werden kann. Im Zweifel sollte unbedingt der steuerliche Berater hinzugezogen werden.

8.2.13 Grundsätze zur ordnungsmäßigen Führung und Aufbewahrung von Büchern, Aufzeichnungen und Unterlagen in elektronischer Form sowie zum Datenzugriff (GoBD)

BMF-Schreiben vom 14.11.2014 – IV A 4 – S 0316/13/10003

Allgemeines zur GoBD

Die Regelungen der GoBD übernehmen weitgehend die bisherigen Vorschriften der GoBS und der GDPdU, konkretisieren jedoch die dort hinterlegten Grundsätze oder interpretieren sie teilweise neu. Die gesetzlichen Vorgaben an die Unveränderbarkeit von elektronischen Aufzeichnungen und Belegen wurden aufgrund der zunehmenden Bedeutung von IT-gestützten Geschäfts- und Verarbeitungsprozessen überarbeitet und insgesamt deutlich verschärft.

Die Anpassung der formellen Anforderungen an die Ordnungsmäßigkeit der Buchführung im Hinblick auf die elektronische Führung und Aufbewahrung von Unterlagen beim Einsatz von EDV-Buchführungen war angesichts der bereits seit 1995 geltenden GoBS dringend erforderlich. Darüber hinaus enthalten die GoBD auch weitreichende Vorgaben zur Verfahrensdokumentation und zu betriebsinternen Kontrolleinrichtungen. Um diesen Anforderungen gerecht zu werden, sind umfassende innerbetriebliche Maßnahmen des Steuerpflichtigen zu veranlassen.

Eine nicht vollumfängliche Umsetzung der Vorgaben kann dazu führen, dass die Ordnungsmäßigkeit der Buchführung versagt wird.

Die Vorschriften der GoBD unterstreichen insbesondere die Regelungen der sog. Kassenrichtlinie 2010 (BMF-Schreiben vom 20.11.2010) zur Aufbewahrung digitaler Unterlagen bei Bargeschäften hinsichtlich der steuerlich relevanten Daten von Vor- und Nebensystemen.

Die GoBD sind chronologisch aufgebaut. Neben den allgemeinen Regelungen beschreiben sie Geschäftsvorfälle und das Belegwesen von der Entstehung und Erfassung der Vorgänge über Kontrolleinrichtungen, Verfahrensbeschreibungen, Nachprüfbarkeit, Sicherungsmaßnahmen und Datenzugriff bis hin zur unveränderbaren Archivierung steuerlich relevanter Unterlagen.

Anwendungsregelung

Die GoBD gelten für Veranlagungszeiträume, die nach dem 31.12.2014 beginnen. Das BMF-Schreiben vom 14.11.2014 ersetzt die GoBS (BMF-Schreiben vom 7.11.1995) und die GDPdU (BMF-Schreiben vom 16.07.2001).

Die GoBD — Gesetz oder interne Verwaltungsanweisung?
BMF-Schreiben wie die GoBD sind dem Grunde nach verbindliche Verwaltungsanweisungen des BMF an nachgeordnete Finanzbehörden. Sie sollen für Gleichbehandlung bei der Steuerfestsetzung sorgen. BMF-Schreiben beziehen sich auf die bestehenden Steuergesetze, mit dem Ziel, diese Gesetze einheitlich zu interpretieren und anzuwenden. Trotz ihres Rechtsnormencharakters und ihrer Bindungswirkung im Innenverhältnis stellt sich die Frage, ob auch Steuerpflichtige zwingend an diese »internen« Regelungen solcher BMF-Schreiben gebunden sind.

In der Literatur wird sogar die Auffassung vertreten, es handele sich bei den Regelungen der GoBD lediglich um eine Meinung der Finanzverwaltung, die keine verbindliche Außenwirkung hat. Andere kritische Stimmen sehen in den GoBD anstelle des erhofften Bürokratieabbaus und der Sicherung des Steueraufkommens eher die Schaffung der Grundlagen für eine vereinfachte Schätzung und eine schnellere Verhängung von Verzögerungsgeldern.

Es wird letztlich von den Entscheidungen der Gerichte abhängen, ob und inwieweit die Vorschriften der GoBD der Auffassung des Gesetzgebers entsprechen. Erst dann kann auch die Frage, ob es sich bei den GoBD um eine Weiterentwicklung der allgemeinen Grundsätze ordnungsmäßiger Buchführung (GoB) handelt, eindeutig beantwortet werden.

Die Finanzbehörden sind im Rahmen von Außenprüfungen zwingend an die Anweisungen der GoBD gebunden. Es ist ihre Aufgabe, die Umsetzung der Regelungen zu überprüfen. Der Ermessensspielraum hinsichtlich der steuerlichen Konsequenzen im Falle einer Nichtbeachtung ist nach Ablauf der Übergangsfrist (31.12.2016) stark eingeschränkt.

Welche Unternehmen sind betroffen?
Von den Neuregelungen der GoBD sind alle Steuerpflichtigen betroffen, die ihre Gewinne nach § 4 Abs. 1 EStG, § 5 EStG oder § 4 Abs. 3 EStG ermitteln — vorausgesetzt, sie führen ihre Bücher in DV-gestützter elektronischer Form.

Nachfolgend werden die wichtigsten und insbesondere hinsichtlich einer ordnungsmäßigen Kassenführung relevanten Inhalte der GoBD beschrieben.

8.2.14 Steuerliche Buchführungs- und Aufzeichnungspflichten

Neben den außersteuerlichen und steuerlichen Büchern, Aufzeichnungen und Unterlagen zu Geschäftsvorfällen sind alle Unterlagen aufzubewahren, die zum

Verständnis und zur Überprüfung der für die Besteuerung gesetzlich vorgeschriebenen Aufzeichnungen im Einzelfall von Bedeutung sind. Der Begriff der steuerlich relevanten Unterlagen wird in den GoBD nicht mehr verwendet.

Unter dem Begriff »alle« sind nicht nur die Unterlagen in Papierform, sondern auch alle Unterlagen in Form von Daten, Datensätzen und elektronischen Dokumenten, die das Verfahren beschreiben, mit dem die Ordnungsvorschriften im Einzelnen umgesetzt und überwacht werden, zu verstehen.

Reine Entwürfe, die keine Geschäftsvorfälle nach sich ziehen, sind nicht aufbewahrungspflichtig. Hierzu zählen u.a. Entwürfe von Geschäftsbriefen wie Rechnungen, E-Mails oder Angebote, die tatsächlich nicht abgesandt wurden.

Aufbewahrungspflichtig sind Unterlagen, soweit sie zur Erläuterung steuerlicher Sachverhalte erforderlich sind. So gehören z.B. Aufzeichnungen über eingerichtete Kostenstellen dann zu den aufbewahrungspflichtigen Unterlagen, wenn sie für die Bewertung von Wirtschaftsgütern, Rückstellungen oder als Grundlage für die Bemessung von Verrechnungspreisen dienen.

8.2.15 Beweiskraft der Buchführung

Soweit nach den Umständen des Einzelfalls kein Anlass besteht, die sachliche Richtigkeit zu beanstanden, verweist Rz 11 der GoBD auf die Vorschrift des § 158 AO, derzufolge die Buchführung und die Aufzeichnungen des Steuerpflichtigen der Besteuerung zugrunde zu legen sind. Werden Aufzeichnungen oder die Buchführung insgesamt beanstandet, hat die Finanzverwaltung den Grund hierfür in geeigneter Form darzustellen.

8.2.16 Aufzeichnungen und Bücher

Aufzeichnungen sind alle in Schriftform bestehenden oder auf digitalen Datenträgern abgelegten Unterlagen über Geschäftsvorfälle. Das können sowohl Texte und Zahlenwerke als auch erklärende und ergänzende Symbole oder sogar Grafiken sein.

Mehrfache Aufzeichnungen sind auch dann nicht erforderlich, wenn sie unterschiedlichen Zwecken oder Rechtsnormen dienen. Sind bestimmte Aufzeichnungen nach den AO-Vorschriften und gleichzeitig nach den Vorschriften des Umsatzsteuergesetzes zu führen, dürfen sie zusammengefasst werden.

Unter einem Buch i.S.d. Handelsrechts ist die Funktion der Aufzeichnungen innerhalb einer Buchführung zu verstehen. Die äußere Gestalt eines Buchs ist unerheblich. Es kann gebunden oder als Loseblattsammlung vorliegen und natürlich auch die Gestalt eines digitalen Datenträgers annehmen.

8.2.17 Grundsätze ordnungsmäßiger Buchführung (GoB)

Nicht durch die neuen Regelungen der GoBD ersetzt wurden GoB. Die in den GoB verankerten Regelungen kann man weder in einer Gesetzessammlung nachlesen, noch ist eine umfassende Zusammenstellung dieser Grundsätze in der Literatur zu finden.

Die GoB sind ein unbestimmter Rechtsbegriff, der von Rechtsnormen und der Rechtsprechung geprägt ist und die Ergebnisse von Gutachten und Stellungnahmen sowie Handelsbräuche, ständige Übung, Verkehrsanschauungen und Gewohnheitsrecht usw. beinhaltet. Abhängig von der technischen Weiterentwicklung der in der Praxis eingesetzten Systeme sind die GoB einem stetigen Wandel unterworfen.

Die GoBD beziehen sich auf die in den GoB »enthaltenen«, von der Praxis geprägten und von den Gerichten in zahlreichen Entscheidungen bestätigten formellen und materiellen Buchführungsgrundsätze. Rz 19 der GoBD stellt auf die materielle Ordnungsmäßigkeit von Büchern und Aufzeichnungen i.S.d. AO (§§ 145, 146 AO) und des HBG (§ 239 HGB) ab. Sie ist dann gegeben, wenn die Geschäftsvorfälle nachvollziehbar, vollständig, richtig, zeitgerecht und geordnet in ihrer Auswirkung erfasst und anschließend gebucht bzw. verarbeitet sind.

Ob die Vorschriften der GoBD in ihrer Gesamtheit oder auszugsweise Bestandteil der GoB werden, hängt nicht nur von den Gerichten, sondern auch von der Akzeptanz der Unternehmer und der überwiegend praktischen Umsetzung in den Betrieben ab.

8.2.18 Datenverarbeitungssysteme

Was allgemein unter dem Begriff »Datenverarbeitungssystem« zu verstehen ist, wird in Rz 20 beschrieben. Dazu gehört die im Unternehmen oder für Unternehmenszwecke zur elektronischen Datenverarbeitung eingesetzte Hard- und Software, mit der Daten und Dokumente

- erfasst,
- erzeugt,

- empfangen,
- übernommen,
- verarbeitet,
- gespeichert oder
- übermittelt

werden.

Eine der wesentlichen, insbesondere für die Kassenführung relevanten, Bestandteile der GoBD ist die *nicht abschließende* Aufzählung der zu einem betrieblichen DV-System zählenden Haupt-, Vor- und Nebensysteme:

- Finanzbuchführungssystem,
- Anlagenbuchhaltung,
- Lohnbuchhaltungssystem,
- Kassensystem,
- Warenwirtschaftssystem,
- Zahlungsverkehrssystem,
- Taxameter,
- Geldspielgeräte,
- elektronische Waagen,
- Materialwirtschaft,
- Fakturierung,
- Zeiterfassung,
- Archivsystem,
- Dokumentenmanagementsystem,
- Schnittstellen zwischen den Systemen.

Für die Zugehörigkeit kommt es dabei weder auf die jeweilige Bezeichnung des DV-Systems noch auf dessen Größe (z.B. Einzelgeräte oder Netzwerke) an.

Geldspielgeräte

Entgegen dem BMF-Schreiben vom 26.11.2010 zur Aufbewahrung digitaler Unterlagen bei Bargeschäften werden bei der Aufzählung der einzelnen DV-Systeme in der GoBD vom 14.11.2014 erstmals auch Geldspielgeräte genannt.

Da es sich bei Geldspielgeräten unstrittig um elektronische Systeme handelt, mit denen Bareinnahmen aufgezeichnet werden, gehören sie ebenfalls zu den Vor- bzw. Nebensystemen, auf die die Regelungen des BMF-Schreibens vom 26.11.2010 uneingeschränkt anzuwenden sind. Mit der expliziten Nennung der Geldspielgeräte im Rahmen der Aufzählung kann davon ausgegangen werden, dass auf diese Weise bewusst der Bezug zur Kassenrichtlinie 2010 hergestellt werden sollte — auch wenn es sich bei Geldspielgeräten nicht um elektronische Registrierkassen im klassischen Sinne handelt.

Taxameter und Wegstreckenzähler
Dagegen dürfte es ohne Bedeutung sein, dass sich die Aufzählung bzgl. der im Taxigewerbe verwendeten Geräte lediglich auf **Taxameter** beschränkt. Hier nicht einzeln erwähnt werden die im Mietwagenverkehr eingesetzten **Wegstreckenzähler**. Sie lassen sich hinsichtlich ihrer Funktionsweise mit den Taxametern vergleichen und sind im BMF-Schreiben vom 26.11.2010 aufgeführt.

8.2.19 Verantwortlichkeit

Allein der Steuerpflichtige ist für die Ordnungsmäßigkeit der elektronischen Bücher und der sonstigen erforderlichen elektronischen Aufzeichnungen verantwortlich.

Die alleinige Verantwortlichkeit bleibt auch dann beim Steuerpflichtigen, wenn organisatorische oder technische Buchführungs- und Aufzeichnungsaufgaben ganz oder teilweise auf Dritte wie z.B. den Steuerberater oder ein Rechenzentrum übertragen werden.

8.2.20 Allgemeine Anforderungen

Für die Ordnungsmäßigkeit der elektronischen Bücher und der sonstigen erforderlichen elektronischen Aufzeichnungen sind die gleichen Grundsätze und Prinzipien zu beachten wie bei manuell erstellten Büchern oder Aufzeichnungen.

Während der gesamten Dauer der Aufbewahrungsfrist müssen bei der Führung von elektronischen oder papiernen Büchern und Aufzeichnungen die nachfolgend aufgeführten Grundsätze erfüllt werden und erhalten bleiben:
- **Grundsatz der Nachvollziehbarkeit und Nachprüfbarkeit** und der
- **Grundsatz der Wahrheit, Klarheit und der fortlaufenden Aufzeichnung**,

unter den Gesichtspunkten
- der Vollständigkeit,
- der Richtigkeit,
- der zeitgerechten Buchungen und Aufzeichnungen,
- der Ordnung und
- der Unveränderbarkeit.

Diese Grundprinzipien der Ordnungsmäßigkeit dürfen nicht aus Gründen der Wirtschaftlichkeit verletzt und gefährdet werden. Die Kosten, die anfallen, um solche Gefährdungen zu vermeiden, muss der Steuerpflichtige ebenso in Kauf nehmen, wie alle anderen Aufwendungen, die die Art des Betriebs mit sich bringen (vgl. BFH-Urteil vom 26.03.1968 — IV 63/63).

Vollständigkeit (§ 146 Abs. 1 AO)
Geschäftsvorfälle sind vollständig und lückenlos aufzuzeichnen. Darunter ist zu verstehen, dass sie, entsprechend den Regelungen der GoB grundsätzlich einzeln zu erfassen sind. Das bedeutet, dass neben der Bezeichnung des Geschäftsvorfalls und der Aufzeichnung der in Geld bestehenden Gegenleistung auch der Inhalt des Geschäfts und der Name des Vertragspartners zu erfassen sind, soweit dies zumutbar ist (BFH-Urteil vom 12.05.1966 — IV 472/60).

Unternehmen, die unter die Ausnahmeregelung (s. Kapitel 3.2) fallen und eine Registrierkasse ohne Kundenverwaltung oder eine offene Ladenkasse führen, wird es nach wie vor i. S. d. BFH-Urteils vom 12.05.1966 gestattet, auf die Einzelaufzeichnung aus Unzumutbarkeitsgründen zu verzichten.

Werden jedoch tatsächlich elektronische Einzelaufzeichnungen geführt, stellt sich die Frage der Zumutbarkeit und Praktikabilität nicht mehr. Dabei spielt es keine Rolle, ob sie technisch bedingt automatisch im System erzeugt werden oder aus betriebswirtschaftlichen bzw. praktischen Notwendigkeiten geführt werden. In diesen Fällen sind die Daten in maschinell auswertbarer Form aufzubewahren und vorzulegen.

Verdichtete Aufzeichnungen auf dem Konto (Hauptbuch) sind nur zulässig, wenn sie nachvollziehbar wieder in ihre Einzelpositionen aufgegliedert werden können. Ansonsten wäre die Nachvollziehbarkeit und Nachprüfbarkeit nicht gewährleistet.

Zeitgerechte Buchungen und Aufzeichnungen
Zeitgerecht i. S. d. § 146 Abs. 1 AO bzw. des § 239 Abs. 2 HGB heißt, es muss ein zeitlicher Zusammenhang zwischen den betrieblichen Vorgängen und ihrer buchmäßigen Erfassung bestehen. Das bedeutet aber nicht, dass jeder Geschäftsvorfall unmittelbar nach seiner Entstehung gebucht werden muss.

Kein zeitlicher Zusammenhang bestünde, wenn Belege über eine längere Zeit lose und ungeordnet gesammelt und erst danach im Grundbuch (z. B. Kassenbuch) erfasst werden. Werden solche Belege aber geordnet und übersichtlich aufbewahrt, kann die Belegablage selbst bereits die Grundbuchfunktion erfüllen.

Jede nicht durch die Verhältnisse des Betriebs oder des Geschäftsvorfalls bedingte Zeitspanne ist bedenklich. Welcher Zeitraum vom Eintritt des Vorgangs bis zur buchmäßigen Erfassung als bedenklich oder nicht bedenklich anzusehen ist, hängt von den jeweiligen Unternehmensverhältnissen und den Geschäftsvorfällen selbst ab.

Entgegen den bisher geltenden Regelungen der GoBS werden in der GoBD (vgl. Rz 47) erstmals konkrete Zeiträume zur Orientierung genannt:

- täglich: Kasseneinnahmen und -ausgaben,
- bis acht Tage: Erfassung von Kontokorrentbeziehungen,
- bis zehn Tage: unbare Geschäftsvorfälle,
- bis Ablauf des Folgemonats: bei periodenweiser Verbuchung und ausreichenden Sicherungsmaßnahmen,
- bis Ablauf des Folgemonats: vorherige Erfassung der Geschäftsvorfälle in einem Vor- oder Nebensystem (mit Grundbuchfunktion).

Auch wenn darauf hingewiesen wird, dass Kassenbewegungen täglich zu erfassen sind, dürften geringe zeitliche Abweichungen zwischen der Vereinnahmung eines Betrags und seiner buchmäßigen Erfassung unschädlich sein, soweit es sich dabei um Einzelfälle, d.h. um gelegentliche, sich aus dem Betriebsablauf ergebende und nachvollziehbare Verzögerungen, handelt.

Werden Bareinnahmen jedoch erst nach zwei Wochen oder gar nur einmal im Monat erfasst, liegt nach der ständigen Rechtsprechung des BFH ein gewichtiger Mangel in der Kassenführung vor.

Der späteste Buchungszeitpunkt ist bei unbaren Geschäftsvorfällen und periodenbezogener Buchführung demnach der Ablauf des folgenden Monats. Es ist zu beachten, dass eine Buchung i.S.d. GoBD erst dann als vollzogen gilt, wenn sie festgeschrieben ist. Erst zu diesem Zeitpunkt sind die Daten unveränderbar.

Die zeitnahe chronologische Erfassung der Vorgänge soll verhindern, dass Geschäftsvorfälle für längere Zeit »in der Schwebe« gehalten werden und dadurch nachträglich manipuliert werden können. Ein noch nicht gebuchter Vorgang bietet die Möglichkeit, einen Sachverhalt später anders darzustellen, als er sich tatsächlich ereignet hat, oder ihn ganz außer Betracht zu lassen und als Privatvorgang abzuwickeln.

Bei zeitlichen Abständen zwischen der Entstehung eines Geschäftsvorfalls und seiner buchmäßigen Erfassung sind geeignete Maßnahmen zur Sicherung der Vollständigkeit zu treffen. Eine detaillierte Beschreibung dieser Maßnahmen in der Verfahrensdokumentation ist für die Beurteilung der Ordnungsmäßigkeit hilfreich und insbesondere dann erforderlich, wenn es sich um nicht alltägliche, betrieblich oder aus anderen Gründen bedingte zeitliche Verzögerungen handelt.

Unveränderbarkeit
Buchungen oder Aufzeichnungen dürfen nicht so verändert werden, dass der ursprüngliche Inhalt nicht mehr feststellbar ist. Werden dennoch Änderungen durchgeführt, muss ersichtlich sein, ob sie ursprünglich oder zu einem späteren Zeitpunkt erfolgt sind.

Da elektronische Veränderungen oder Löschungen optisch nicht mehr erkennbar sind, müssen sie zwingend protokolliert werden. Nicht protokollierte Änderungen sind unzulässig. Die Informationen dürfen im DV-System weder unterdrückt noch ohne Beschreibung gelöscht, überschrieben oder verändert werden können. Es bleibt dem Steuerpflichtigen überlassen, welches Verfahren er einsetzt, um die Unveränderbarkeit der Daten zu gewährleisten.

8.2.21 Nicht zulässige Vorgänge

Nicht zulässig sind (Stapel-)Buchungen, die z.B. mangels Festschreibung bis zur Erstellung des Jahresabschlusses »offengehalten« werden. Solche Buchungen können je nach System bis zur endgültigen Verbuchung jederzeit unprotokolliert verändert werden.

Unzulässig laut GoBD wäre auch der Reimport von zuvor aus einem elektronischen Kassensystem exportierten Journaldaten, die zwischenzeitlich in einem Tabellenkalkulationsprogramm unprotokolliert verarbeitet wurden. Dabei kommt es nicht darauf an, ob die Daten steuerschädlich verändert oder nur in anderer Form aufbereitet wurden.

Werden erforderliche Änderungen protokolliert und wird der Prozess zutreffend in der Verfahrensdokumentation beschrieben, ist weiter zu beachten, dass auch die Änderungshistorie selbst nicht mehr nachträglich verändert werden kann.

Daten, Datensätze, elektronische Dokumente und sonstige elektronische Unterlagen müssen unveränderbar aufbewahrt werden. Die reine Ablage der Daten im System kann diese Anforderungen nicht erfüllen. Um die Unveränderbarkeit zu gewährleisten, müssen zusätzliche Maßnahmen ergriffen werden.

8.2.22 Kundenstammdaten

Ändern sich die Kundenstammdaten, dürfen sie in der Kundenstammdatei ebenfalls nicht so überschrieben werden, dass die historischen Daten nicht mehr nachvollziehbar sind. Werden Kundenstammdaten wie Umfirmierungen,

Namenszusätze, Telefon-, Bankdaten- oder Adressänderungen so fortgeschrieben, dass der Bezug zu den bisherigen Stammdaten nicht mehr hergestellt werden kann, ist der Steuerpflichtige auch nicht mehr in der Lage, die inhaltliche Übereinstimmung von Geschäftsbriefen mit den ursprünglichen Inhalten sicherzustellen.

8.2.23 Manipulationsprogramme & Co

Der Einsatz von Manipulationsprogrammen, Zappern, Phantomware oder Systemfunktionen und dgl., die den Zweck verfolgen, Änderungen von Einnahmenaufzeichnungen unerkannt vorzunehmen, führt unmittelbar zur Versagung der Ordnungsmäßigkeit der elektronischen Buchführung.

Dabei wird nicht mehr zwischen formeller und materieller Ordnungsmäßigkeit unterschieden. Das bloße Vorhandensein solcher steuerschädlichen Funktionen, Programmen und Möglichkeiten reicht jedoch nicht aus. Es bedarf auch eines Nachweises, dass sie aktiv eingesetzt wurden. Nach den allgemeinen Regeln der Feststellungslast bedeutet das, dass die Finanzbehörde bei steuerbegründenden Sachverhalten den Nachweis einer Steuerverkürzung erbringen muss.

8.2.24 Belegwesen

Jeder Geschäftsvorfall ist zu belegen. Ist kein Fremdbeleg vorhanden, muss ein Eigenbeleg erstellt werden (z.B. Barentnahmen aus der Kasse, Bareinlagen). Belege dienen dazu, den Nachweis über den Zusammenhang zwischen den realen Vorgängen und dem aufgezeichneten oder gebuchten Inhalt zu erbringen. Die Bezeichnung »Beleg« ist unerheblich. Die Belegfunktion ist die Grundvoraussetzung für die Beweiskraft der Buchführung. Sie gilt auch beim Einsatz eines DV-Systems.

Papierbeleg
Die Belegfunktion wird bei einem Papierbeleg erfüllt, wenn er Angaben zur Kontierung (Vorkontierung), Ordnungskriterien für die Ablage und das Buchungsdatum enthält.

Elektronischer Beleg
Bei einem elektronischen Beleg kann dies auch im Belegzusammenhang durch elektronische Verknüpfung oder in Verbindung mit einem gesonderten Datensatz, der die Angaben zur Kontierung enthält, erfolgen. Ist das nicht der Fall, muss der Steuerpflichtige durch organisatorische Maßnahmen sicherstel-

len, dass auch ohne diese Angaben eine progressive und retrograde Prüfung der Geschäftsvorgänge in angemessener Zeit möglich ist. Jede Buchung oder Aufzeichnung muss im Zusammenhang mit einem Beleg stehen. Liegen den Buchungen keine inhaltlich richtigen Belege zugrunde, ist die Buchführung nicht ordnungsgemäß (BFH-Urteil vom 24.06.1997 — VIII R 9/96).

Die Erfassung, Verarbeitung, Ausgabe und Aufbewahrung elektronischer Belege muss sich aus der Verfahrensdokumentation ergeben.

Erforderliche Beleginhalte

Die erforderlichen Inhalte für Belege in Papierform und elektronische Belege sind:

- Belegnummer (Rechnungsnummer),
- Belegaussteller und Belegempfänger,
- Betrag und Wertangabe (z.B. Menge),
- Währung,
- Erläuterung des Geschäftsvorfalls,
- Belegdatum und
- ggf. der verantwortliche Aussteller (z.B. Bediener der Kasse).

Für umsatzsteuerliche Zwecke und zum Verständnis oder zur Überprüfung der für die Besteuerung gesetzlich vorgeschriebenen Aufzeichnungen können im Einzelfall auch weitere Angaben erforderlich sein.

Belegsicherung und Datensicherheit

Sowohl die Belege in Papierform als auch die elektronischen Belege sind zeitnah gegen Verlust zu sichern. Die Sicherung kann bei Papierbelegen durch laufende Nummerierung, chronologische Ablage, zeitgerechte Erfassung oder Einscannen erfolgen. Eine laufende Nummerierung kann bei elektronischen Belegen automatisch vergeben werden (Rechnungs- oder Belegnummer).

Der Verlust von Daten eines DV-Systems kann durch Unauffindbarkeit, Diebstahl, Vernichtung und Untergang entstehen. Die Sicherungsmaßnahmen müssen sich auch auf unberechtigte Eingaben, Veränderungen und Zugriffe erstrecken. Wurden die Daten nicht ausreichend geschützt und können sie deshalb nicht mehr vorgelegt werden, ist die Buchführung formell nicht mehr ordnungsmäßig.

Gespeichert und geschützt werden müssen auch alle für die Verarbeitung der Geschäftsvorfälle erforderlichen Tabellendaten, ihre Historisierung und die Programme. Dazu zählen Stammdaten, Bewegungsdaten, Grund- und Systemeinstellungen und Systemänderungen.

Die Beschreibung der Maßnahmen zur Datensicherheit ist Bestandteil der Verfahrensdokumentation.

8.2.25 Fortlaufende Aufzeichnung und Journalfunktion

Alle Geschäftsvorfälle müssen mit ihrem richtigen und erkennbaren Inhalt in zeitlicher Reihenfolge (fortlaufend) im Grundbuch (z.B. Kassenbuch) und in sachlicher Gliederung im Hauptbuch (Sachkonto) darstellbar sein. Die Aufzeichnung kann sowohl in Papierform als auch in digitaler Form erfolgen. Die fortlaufende Aufzeichnung dient zum einen der Belegsicherung und soll zum anderen die »Unverlierbarkeit« des Geschäftsvorfalls gewährleisten.

Grund(buch)aufzeichnungen sind an kein bestimmtes System gebunden. Ordnungsmäßig ist jedes System, das die Grundaufzeichnungsfunktion erfüllt, d.h., die Geschäftsvorfälle fortlaufend, vollständig und richtig erfasst.

Eine zusätzliche Erfassung im Grundbuch ist nicht erforderlich, wenn die genannten Voraussetzungen bereits mit fortlaufender Verbuchung unmittelbar im Journal erfüllt werden. Die Anforderungen der zeitgerechten Erfassung werden dadurch erfüllt.

8.2.26 Der Tagesendsummenbon

An den inhaltlichen Anforderungen von Tagesendsummenbons hat sich gegenüber der bisherigen Rechtslage (BMF-Schreiben vom 09.01.1996) nichts geändert. Welche Angaben auf einem Z-Bon zwingend enthalten sein müssen und welche optionalen Angaben ein Z-Bon aufweisen kann, wird an anderer Stelle ausführlich beschrieben (s. Kapitel 14.3).

8.2.27 Aufbewahrung digitaler Unterlagen

Im Unternehmen entstandene oder dort eingegangene steuerlich relevante Daten, Datensätze, elektronische Dokumente und sonstige elektronische Unterlagen sind in dieser Form aufzubewahren, solange die Aufbewahrungsfrist läuft. Sie müssen unveränderbar erhalten bleiben, dürfen vor Ablauf der Aufbewahrungsfrist nicht gelöscht werden und sind für einen maschinellen Datenzugriff durch die Finanzverwaltung vorzuhalten. Eine Vorhaltung in ausschließlich ausgedruckter Form ist unzulässig.

! **Beispiele: Digitale Rechnungen**

Eine per E-Mail eingegangene Rechnung im PDF-Format oder ein eingescannter digitalisierter Papierbeleg darf nicht nur als Ausdruck aufbewahrt werden.
Gleiches gilt auch für elektronische Daten, die per Download, CD oder USB-Stick u.a. im Unternehmen eingehen.

E-Mails als Transportmittel

Enthalten E-Mails steuerlich relevante Daten und Informationen und erfüllen sie die Funktion eines Buchungsbelegs oder eines Geschäftsbriefs (z.B. Eingangs-/Ausgangsrechnung), sind sie auch in dieser Form aufbewahrungspflichtig.

Vielfach werden E-Mails lediglich als Transportmittel genutzt, um z.B. eine im Anhang beigefügte elektronische Rechnung zu versenden. Enthält die E-Mail selbst keine aufbewahrungspflichtigen Daten, muss sie im Gegensatz zur Anlage nicht aufbewahrt werden. In diesen Fällen kann die E-Mail hinsichtlich ihrer Funktion mit einem Briefumschlag verglichen werden.

Formatumwandlung

Im Unternehmen eingegangene Daten oder Dateien, die im eigenen DV-System in ein zwar inhaltsgleiches, jedoch anderes Format umgewandelt werden, sind grundsätzlich auch dann in originärer Form aufzubewahren, wenn die Umwandlung verlustfrei erfolgt.

Werden Daten in ein anderes Format umgewandelt, ist das nur dann zulässig, wenn keine inhaltlichen Veränderungen vorgenommen werden und die maschinelle Auswertbarkeit dadurch nicht eingeschränkt oder reduziert wird.

Office-Dokumente

Werden in einem Unternehmen elektronische Daten, Belege oder sonstige Unterlagen mithilfe von Office-Programmen erzeugt, sollten unbedingt ergänzende Sicherungsmaßnahmen ergriffen werden, um die Beweiskraft solcher leicht veränderbarer digitaler Originalbelege nicht zu gefährden.

Infrage kommen neben technischen Maßnahmen wie dem Einsatz eines revisionssicheren Archivs auch innerbetriebliche organisatorische Sicherungsvorkehrungen wie Passwortvergabe, Zugriffsschutz, permanente Datensicherungen u.a.

Die ausführliche Beschreibung der im Betrieb implementierten Maßnahmen in der Verfahrensdokumentation kann für die Beurteilung der Ordnungsmäßigkeit ebenso hilfreich sein wie eine **zusätzliche** Umwandlung der Belege in das weniger einfach zu verändernde PDF-Format.

Textdokumente

Die Anforderungen der GDPdU vom 16.07.2001, nach denen für Dokumente, die nicht zur Weiterverarbeitung in einer DV-gestützten Buchführung bestimmt und geeignet sind, keine Aufbewahrungsverpflichtung in maschinell auswertbarer Form besteht, wurden auch in die GoBD übernommen. Dabei wird jedoch zwischen Ausgangsrechnungen, die auf einer sog. »Speicherschreibmaschine« erstellt wurden und Ausgangsrechnungen, die mittels Textverarbeitungsprogramm gefertigt wurden, unterschieden. Wird eine Speicherschreibmaschine benutzt, entstehen keine originär digitalen Daten, die sich zur Weiterverarbeitung eignen. Eine Aufbewahrung ist nicht erforderlich.

Wird dagegen ein auf einem Rechner installiertes Textverarbeitungsprogramm eingesetzt, ist weiter zu unterscheiden, ob die erstellten Textdokumente zur Weiterverarbeitung bestimmt sind oder nicht.

Eine Weiterverarbeitung bei Textdokumenten ist dann denkbar, wenn die Dokumente Auflistungen, Grafiken, Berechnungen oder Tabellen beinhalten, mit dem Ziel, diese ggf. nachträglich noch zu bearbeiten und zu verändern.

Dienen Textdokumente lediglich dazu einen Ausdruck zu erstellen und werden nur die Inhalte überschrieben, ist es nicht zumutbar, dennoch alle digitalen Rechnungen vorzuhalten. Es genügt, eine Kopie in Papierform aufzubewahren. Die ohne Änderung weiterverwendbaren neutralen Bestandteile des Dokuments sind mit einer Maske vergleichbar.

Beispiel: Ausgangsrechnungen !

Kundenrechnungen werden mithilfe eines Office-Textverarbeitungsprogramms erstellt, ausgedruckt und anschließend versandt. Der Buchhalter verwendet eine neutrale Vorlagendatei (Maske). Die Adressdaten und Inhalte der Rechnungen werden bei der Erstellung weiterer Rechnungen immer wieder überschrieben und angepasst.
Auch wenn es sich dabei um originär digitale Unterlagen handelt, müssen sie nicht aufbewahrt werden. Es genügt, wenn eine Kopie der versandten Rechnung gefertigt und aufbewahrt wird. Insofern sind durch die GoBD auch einige Erleichterungen gegenüber den bisherigen Regelungen zu verzeichnen.

Wichtig! !

Werden elektronische Rechnungen jedoch (zwischen-)gespeichert, müssen sie auch aufbewahrt werden. In diesem Fall reicht eine ausschließliche Aufbewahrung in Papierform nicht aus.

Eingescannte Belege

Um die ständig wachsende Papierflut einzudämmen, besteht in vielen Unternehmen der dringende Wunsch, eingehende Unterlagen zu digitalisieren. Aus organisatorischen Gründen sollen die Originaldokumente anschließend vernichtet werden können, ohne dabei die Ordnungsmäßigkeit der Buchführung zu gefährden.

Eine eingescannte Unterlage kann grundsätzlich den gleichen Stellenwert wie das Original erhalten, wenn darauf geachtet wird, dass das gescannte Ergebnis bildlich mit dem Original übereinstimmt. Dabei ist nur dann auf eine farblich korrekte Wiedergabe zu achten, wenn der Farbe eine Beweisfunktion zukommt. Das ist der Fall, wenn es sich z.B. bei Rotbeträgen um Minusbeträge handelt oder wenn farblich bedeutsame Kontroll- oder Bearbeitungsvermerke angebracht sind.

Die immer wieder diskutierte elektronische Signatur ist aus steuerlichen Gründen nicht erforderlich, solange die einzelnen Arbeitsschritte intern kontrolliert und in der Verfahrensdokumentation beschrieben werden.

Nach dem Einscannen dürfen die Papieroriginale nicht mehr durch Anbringung von Vermerken oder Ergänzungen weiter bearbeitet werden. Sind sie nicht nach besonderen steuerlichen oder außersteuerlichen Vorschriften im Original aufzubewahren, dürfen sie vernichtet werden.

Können die Anforderungen an die Unveränderbarkeit der digitalen Unterlagen nicht zweifelsfrei und vollumfänglich erfüllt werden, sollte im Hinblick auf die Beweiskraft der Buchführung zumindest eine vorübergehende zusätzliche Vorhaltung der Papierbelege erwogen werden.

Systemwechsel und Auslagerung

Nicht nur bei den Daten der Finanzbuchhaltung, sondern auch bzgl. der digitalen Kassendaten sind besondere Anforderungen bei einer Auslagerung von Daten, bei Systemänderungen oder bei einem Systemwechsel zu beachten.

Während bei der Finanzbuchhaltung eher die Auslagerung der elektronischen Daten aus dem Produktivsystem in ein Archivsystem und die Rückführung der Daten im Vordergrund stehen, dürfte bei den Vor- und Nebensystemen ein Wechsel des Systems selbst wahrscheinlicher sein. Die Problematik bleibt in beiden Fällen die gleiche.

Um die Prüfbarkeit der Daten insbesondere beim unmittelbaren Datenzugriff (Z1) im Falle einer Außenprüfung zu gewährleisten, müssen die ausgelagerten oder die einem früheren System entstammenden Daten vollständig, lesbar und maschinell auswertbar sein. Sowohl das neue System als auch das Archivsystem müssen in qualitativer und quantitativer Hinsicht die gleichen Auswertungen ermöglichen.

Können die neuen Systeme diese Vorgaben nicht leisten, muss auch die ursprüngliche Hard- und Software zwangsläufig über die Dauer der Aufbewahrungsfrist vorgehalten werden.

Maschinelle Auswertbarkeit

Maschinell auswertbar i.S.d. § 147 Abs. 2 Nr. 2 AO sind Daten und sonstige elektronische Unterlagen, wenn sie

- eine mathematisch-technische Auswertung,
- eine Volltextsuche
- und eine Prüfung auch ohne mathematisch-technische Auswertungen ermöglichen.

Eine mathematisch-technische Auswertung ist dann möglich, wenn alle in den elektronischen Unterlagen enthaltenen Informationen mit einem DV-System interpretiert und verarbeitet werden können. Außerdem müssen die Daten ohne zusätzliche Bearbeitungsschritte und ohne Informationsverluste mittels eingesetzter Prüfsoftware gelesen, importiert und verarbeitet werden können.

Eine mathematisch-technische Auswertung ist gerade bei Kassen-/Journaldaten und bei Daten aus einem Warenwirtschaftssystem von besonderer Bedeutung.

Aber auch strukturierte Daten in Tabellenform, die in Textdateien abgelegt sind, müssen diesen Anforderungen entsprechen.

Um den Anforderungen an die maschinelle Auswertbarkeit zu genügen, müssen daneben auch alle notwendigen Strukturinformationen zu diesen Daten wie z.B. die Dateistruktur, die Bezeichnung der Datenfelder, die Feldtypen u.a. sowie alle Verknüpfungen vollständig, unverdichtet und in maschinell auswertbarer Form aufbewahrt werden.

8.2.28 Datenzugriff

Nahezu unverändert wurden die bisherigen Regelungen zum Datenzugriff der Finanzverwaltung in die GoBD übernommen. Neben dem unmittelbaren (Z1) und dem mittelbaren Datenzugriff (Z2) hat die Finanzbehörde das Recht, die mithilfe eines DV-Systems erstellten aufbewahrungspflichtigen Daten auf einem maschinell verwertbaren Datenträger anzufordern (Z3).

Alle drei Datenzugriffsmöglichkeiten sind nach dem Gesetz (§ 147 Abs. 6 AO) gleichberechtigt. Von welcher Möglichkeit des Datenzugriffs im Einzelfall Gebrauch gemacht wird, liegt im pflichtgemäßen Ermessen der Prüfungsdienste. Wie an anderer Stelle beschrieben, kann sogar eine Kumulierung mehrerer Zugriffsmöglichkeiten infrage kommen.

Es kann davon ausgegangen werden, dass sich der Datenzugriff aufgrund der neuen Rechtslage künftig in verstärktem Maße auch auf elektronische Grundaufzeichnungen (z.B. Kassenjournaldaten) aus den Vor- und Nebensystemen erstrecken wird.

Inwieweit der geforderte Zugriff auf alle im DV-System enthaltenen Informationen, Beschreibungen, Auswertungen und Verknüpfungen über die Verfahrensdokumentation praktisch umgesetzt werden kann, um einen vollständigen Systemüberblick zu erhalten, bleibt abzuwarten.

Trennung der Daten

Der Steuerpflichtige hat entsprechende Vorkehrungen zu treffen, dass aufbewahrungspflichtige und nicht aufbewahrungspflichtige Daten so voneinander getrennt werden, dass der Prüfer nur auf die aufzeichnungspflichtigen steuerlich relevanten Daten zugreifen kann.

Nicht aufbewahrungs- und vorlagepflichtig sind z.B. sensible und personenbezogene oder dem Berufsgeheimnis unterliegende Informationen, für die jedoch selbst im Falle einer ungewollten Überlassung kein Verwertungsverbot besteht.

Kosten und Mitwirkungspflicht

Der Steuerpflichtige hat die Finanzbehörde bei der Ausübung ihres Rechts zum Datenzugriff zu unterstützen. Im Rahmen seiner Mitwirkungspflicht (vgl. § 147 Abs. 6 AO und § 200 Abs. 1 AO) muss er alle zur Herstellung des Datenzugriffs entstehenden Kosten übernehmen, wie auch alle anderen Aufwendungen, die die Art seines Betriebs mit sich bringen.

8.2.29 Positivtestate und Zertifizierung

Inwieweit ein Buchführungssystem, Vor- oder Nebensystem oder eine Software die Ordnungskriterien einer Buchführung erfüllt, wird grundsätzlich erst im Rahmen einer Außenprüfung untersucht. Aufgrund der Vielzahl der eingesetzten

Systeme und Softwarelösungen ist die Finanzbehörde nicht in der Lage und nicht befugt, allgemeingültige oder gar verbindliche Aussagen zu den einzelnen DV-Ausstattungen oder deren Kombination zu treffen.

Eine verbindliche Auskunft darf auch im Rahmen einer Betriebsprüfung oder nach deren Abschluss nicht erteilt werden. An Empfehlungen, Zertifikate oder Testate von dritter Seite ist die Finanzbehörde nicht gebunden. Dennoch wird dringend empfohlen, sich bei der Auswahl eines Produkts fachmännisch beraten zu lassen.

Beispiel: Komplettlösung vom Baumarkt !

Ein kleiner Obsthändler beschließt, anstelle seiner offenen Ladenkasse ein modernes elektronisches Registrierkassensystem anzuschaffen. Das preiswerte Angebot eines Baumarkts entspricht genau seinen finanziellen Vorstellungen und Möglichkeiten. Die Kasse ist einfach zu bedienen und erfüllt angeblich alle neuen gesetzlichen Anforderungen (garantiert GDPdU- und GoBD-konform!).
Bei einer späteren Prüfung stellt sich jedoch heraus, dass die Kasse alleine, ohne Einsatz von Zusatzgeräten gar nicht in der Lage ist, die Daten in maschinell auswertbarer und nicht veränderbarer Form über einen längeren Zeitraum vorzuhalten.
Die Verantwortlichkeit liegt ausschließlich beim Steuerpflichtigen. Er kann sich nicht auf die Versprechungen und Garantien des Anbieters berufen. Die Finanzbehörde ist bei ihrer Einschätzung der Buchführung nicht an die Zertifikate des Anbieters, Herstellers oder Aufstellers gebunden.

8.2.30 Grundsatz der Nachvollziehbarkeit und Nachprüfbarkeit

Nach diesem Grundsatz muss sich ein sachverständiger Dritter innerhalb angemessener Zeit einen Überblick über die Geschäftsvorfälle des Unternehmens verschaffen können. Die Regelung fordert gleichzeitig die progressive und die retrograde Prüfbarkeit für die gesamte Dauer der Aufbewahrungsfrist. Das heißt: Die Geschäftsvorfälle müssen sich in ihrer Entstehung und Abwicklung vom Beleg zur Buchung und umgekehrt lückenlos und in jedem Verfahrensschritt verfolgen lassen.

Verfahrensdokumentation

Um dem Grundsatz der Nachvollziehbarkeit und Nachprüfbarkeit gerecht werden zu können, ist eine aussagekräftige und vollständige Verfahrensdokumentation erforderlich, mit der die aktuellen und historischen Verfahrensinhalte für die Dauer der Aufbewahrungsfrist nachgewiesen werden können. Die Beschreibung muss dabei auch den in der Praxis eingesetzten Versionen des DV-Systems entsprechen.

Die Dokumentationspflichten gehören zu den wohl bedeutendsten und mit am meisten diskutierten Ausführungen des BMF-Schreibens. Sie werden ausführlich in Rz 10.1 der GoBD erläutert. Einige der Vorschriften zur Verfahrensdokumentation sind neu, andere wurden teilweise verschärft.

In der Verfahrensdokumentation muss jedes eingesetzte DV-System einzeln beschrieben werden. Daraus müssen die Inhalte, der Aufbau, der Ablauf, sowie die Ergebnisse des DV-Verfahrens vollständig und in sich schlüssig hervorgehen. Um einem sachverständigen Dritten die Nachprüfung in angemessener Zeit zu ermöglichen, ist zudem eine übersichtliche Gliederung erforderlich.

Betriebliche Prozesse

Aufgabe der Verfahrensdokumentation ist die detaillierte Abfassung und Beschreibung aller organisatorischen und technisch gewollten betrieblichen Prozesse von der

- Entstehung einer Information über
- die Indizierung,
- die Verarbeitung,
- die Speicherung,
- das Wiederfinden,
- die maschinelle Auswertbarkeit,
- die Sicherung gegen Verlust und Verfälschung und
- die Reproduktion.

!

Beispiel: Gastwirtschaft mit elektronischer Registrierkasse

- Kunde bestellt ein Bier.
- Kellner weist sich an Kasse aus und boniert.
- Artikel wird in Kassenzeile (Tagesjournal) erfasst (Datum, Ordnungskriterien, Index u. a.).
- Artikel wird der betreffenden Warengruppe sowie dem Bedienerumsatz zugeordnet.
- Rechnung (Zwischenrechnung) wird ausgedruckt, ausgegeben, gespeichert und ggf. aufbewahrt.
- Umsatz fließt in den Finanzbericht ein.
- Abruf über X- oder Z-Bons.
- Abruf über Bediener-, Artikel- oder Warengruppenbericht.
- Speicherung und Aufbewahrung der Berichte.
- Erfassung der Tageserlöse im Kassenbuch.
- Verbuchung in der Finanzbuchhaltung.
- ...

Je nach Kassensystem und innerbetrieblichen Strukturen können sich sowohl technisch als auch organisatorisch unterschiedliche Verfahrensabläufe ergeben. Solange die progressive und retrograde Prüfbarkeit unter den genannten Bedingungen ermöglicht wird, steht es dem Unternehmer frei, in welcher Form er seine Verfahren beschreibt.

Sonstige Organisationsunterlagen
Die Verfahrensdokumentation gehört zu den sonstigen Organisationsunterlagen. Sie besteht regelmäßig aus mehreren Einzelbeschreibungen wie z.B.

- Anwenderdokumentation,
- Beschreibung der technischen Verfahren,
- Beschreibung betriebsinterner Verfahren,
- Bedienungsanleitungen und Benutzerhandbücher,
- Protokolle über bestimmte technische Einstellungen oder Betriebsabläufe,
- Stammdaten-/Stammdatenänderungsprotokolle,
- Urprogrammierung,
- Kassenänderungsprotokolle (Artikel, Preise u.a.),
- Beschreibung des internen Kontrollverfahrens (IKS).

Fehlende Verfahrensdokumentation
Kleinere Unternehmen wissen oft nicht, dass eine Verfahrensdokumentation überhaupt erforderlich ist. Fehlt sie und kann eine Buchführung deshalb nicht progressiv und retrograd geprüft werden, liegt ein formeller Mangel vor, der sogar zur Verwerfung der Buchführung führen kann.

8.2.31 Internes Kontrollsystem

Um die Ordnungsvorschriften des § 146 AO einhalten zu können, muss der Steuerpflichtige Kontrollen einrichten, ausüben und protokollieren. Darüber hinaus muss bei einem Systemwechsel oder bei sonstigen innerbetrieblichen Veränderungen geprüft werden, ob die dokumentierten Abläufe auch den tatsächlichen Verhältnissen entsprechen.

Das interne Kontrollsystem umfasst z.B.

- Zugangs- und Zugriffsberechtigungskontrollen,
- Funktionstrennungen,
- Erfassungskontrollen (u.a. Plausibilitätsprüfungen),
- Abstimmungskontrollen bei der Dateneingabe,
- Verarbeitungskontrollen und
- Schutzmaßnahmen gegen die beabsichtigte und unbeabsichtigte Verfälschung von Programmen, Daten und Dokumenten.

Wie das interne Kontrollsystem konkret ausgestaltet wird, hängt von der Art, dem Umfang und der Struktur der Geschäftstätigkeit sowie von der Organisation und dem eingesetzten DV-System ab.

Nicht unproblematisch dürften die Installationen von Kontrolleinrichtungen und die Durchführung von Plausibilitätsprüfungen im Bereich der eingesetzten Datenverarbeitungssysteme sein, da hierfür regelmäßig detaillierte Spezialkenntnisse erforderlich sind.

Die Beschreibung des internen Kontrollsystems (IKS) ist Bestandteil der Verfahrensdokumentation.

8.2.32 Ergänzende Informationen zur Datenträgerüberlassung

BMF-Schreiben vom 14.11.2014 – Referat IV A 4
Die ergänzenden Informationen zur GoBD beziehen sich ausschließlich auf die zur maschinellen Auswertung der Daten erforderlichen Strukturinformationen, auf die technische Bereitstellungshilfe, auf digitale Schnittstellen für den Bereich der Lohnsteuerprüfung und auf die von der Prüfsoftware IDEA unterstützten Dateiformate.

9 Die Kasse

9.1 Die Geschäftskasse

9.1.1 Die verschiedenen Kassenformen

Unternehmen, die Bargeschäfte tätigen, brauchen eine Geschäftskasse. Das Vorhandensein einer Geschäftskasse ist – ebenso wie die Führung eines Kassenbuchs – eine unerlässliche Voraussetzung für die ordnungsmäßige Kassenführung.

Kasse und Kassenbuch bilden eine Einheit (s. Kapitel 6.2). Das Kassenbuch ist das buchmäßige Abbild der tatsächlichen Kasse. Ein Kassenbuch, das nur buchmäßig geführt wird, verstößt gegen die Buchführungspflichten. Wenn ein Unternehmen Bargeschäfte in nicht nur unerheblichem Umfang tätigt, ist die Kassenführung sogar ein wesentlicher Bestandteil der Buchführung.

Übersicht: Kassenformen

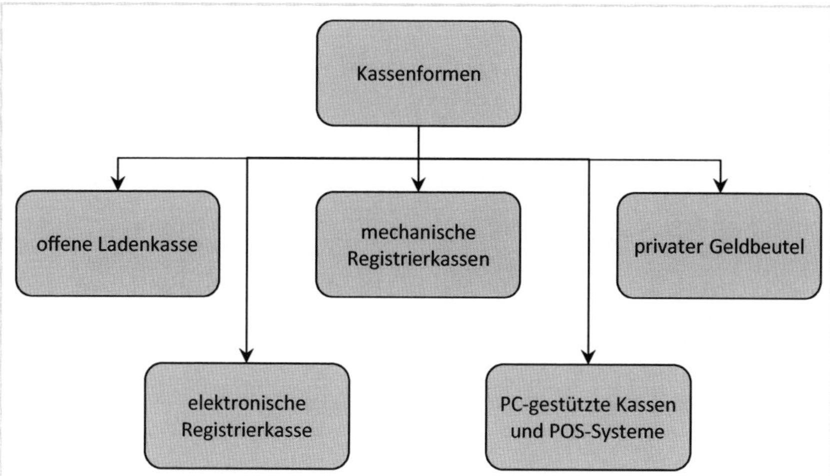

Abb. 12: Kassenformen

Die mechanische Registrierkasse

Rein mechanische Registrierkassen sind heute kaum noch ernsthaft im Einsatz. Solche Modelle besitzen keinen elektronischen Speicher, sind dafür aber mit einem doppelten Rechen- und Druckwerk für Kundenbon und Endloskassenrolle ausgerüstet.

Im Handel werden solche Kassen nur noch als Spielzeugkassen für Kinderkaufläden oder als Dekoration angeboten. Dieser Kassentyp war früher sowohl im Einzelhandel als auch in der Gastronomie weitverbreitet, hat aber im heutigen Geschäftsleben keine praktische Bedeutung mehr. Einzelne Sammlerstücke sind noch auf Floh- und Trödelmärkten oder im Museum zu finden.

Wer an den alten Zeiten hängt und noch eine nostalgische Registrierkasse besitzt, darf sie weiterhin benutzen, längstens jedoch bis zum 31.12.2016.

Ist eine Einzelregistrierung bauartbedingt nicht möglich und ist die Kasse auch nicht (mehr) in der Lage, Belege auszudrucken, könnte sie »**wie eine offene Ladenkasse**« genutzt werden. In diesem Fall wäre sogar ein Einsatz über das Jahr 2017 hinaus denkbar.

Die offene Ladenkasse

Die offene Ladenkasse ist eine einfache Geldkassette und wird auch als Schubladenkasse bezeichnet. Die einzelnen Barbewegungen werden nicht registriert. Die Kasse wird also ohne jegliche technische Unterstützung geführt.

Die elektronische Registrierkasse

Die elektronische Registrierkasse zeichnet die eingetippten Vorgänge einzeln auf, ermittelt Tagessummen und gibt sie in Form von Kassenstreifen aus. Der Handel bietet je nach Verwendungszweck unterschiedliche Registrierkassensysteme an. Während ältere Registrierkassen nur elektronische Bauteile besitzen, sind Registrierkassen der neuesten Generation vollelektronisch ausgestattet.

Die PC-gestützte Kasse

Das Herz einer PC-Kasse besteht aus einem handelsüblichen Rechner. Die Kasse wird mittels einer entsprechenden Kassensoftware bedient. PC-Kassen besitzen eine eigene Festplatte und bieten die Möglichkeit, die Daten dauerhaft zu speichern und zu verwalten. PC-Kassensysteme sind vielfach auch mit Warenwirtschaftssystemen kombiniert. Zu den PC-Kassen gehören auch die sog. POS-Systeme.

Der private Geldbeutel

Das Portemonnaie des Unternehmers ist **keine** Geschäftskasse. Werden kleinere Bargeschäfte über die Geldbörse oder Brieftasche des Unternehmers abgewickelt (Portemonnaiegeschäfte), sind diese Vorgänge im Wege von Privatentnahmen oder Privateinlagen zu erfassen.

Eine Kassenführung ist nicht ordnungsmäßig, wenn betriebliche und private Gelder untrennbar miteinander vermischt werden. Das gilt auch dann, wenn alle Geldbewegungen einzeln in einem Kassenbuch erfasst und dargestellt werden.

Im täglichen Geschäftsleben lässt es sich nicht immer vermeiden, dass Ausgaben, die das Unternehmen betreffen, vom Steuerpflichtigen privat vorgestreckt werden. Das beeinträchtigt die Ordnungsmäßigkeit nicht, solange der Vorgang jederzeit nachvollziehbar ist und zeitnah im Kassenbuch erfasst wird.

Beispiel: Ein alltäglicher Geschäftsvorfall !

Ein Unternehmer betankt das Geschäftsfahrzeug und bezahlt die Summe aus eigener Tasche, weil er vergessen hat, das Geld vorher aus der Betriebskasse zu nehmen. Zwei Tage später entnimmt er das Geld aus der Geschäftskasse und fügt die Tankquittung zu den Kassenbelegen hinzu. Am Ende der Woche werden die gesammelten Ausgabebelege chronologisch ins Kassenbuch eingetragen.

Welche Probleme können sich daraus ergeben?

Es ist dringend darauf zu achten, dass solche Vorgänge exakt dokumentiert werden. Was passiert, wenn z.B. nicht genügend Bargeld in der Kasse ist und das Geld erst dann entnommen wird, wenn es der Bestand zulässt? Aus einem ganz normalen Geschäftsvorfall kann schnell ein Problemfall werden.

Wird die Tankquittung mit dem auf dem Beleg aufgedruckten Datum im Kassenbuch erfasst, entsteht aufgrund des zu geringen Kassenbestands rechnerisch ein Kassenfehlbetrag. Zu diesem Zeitpunkt befand sich tatsächlich zu wenig Geld in der Kasse.

Außenprüfung

Im Rahmen von Außenprüfungen ist es nicht immer einfach, solche Vorgänge im Nachhinein glaubhaft darzustellen. Ein konkreter Nachweis lässt sich nicht mehr führen.

Der Prüfer unterstellt, dass alle Eintragungen korrekt erfasst wurden, und geht somit davon aus, dass die Barausgabe auch zum Belegzeitpunkt getätigt wurde.

Werden mehrere derartiger Fehlbeträge festgestellt oder kommen noch weitere Kassenmängel hinzu, ist die Kassenführung nicht mehr ordnungsmäßig. Der Unternehmer muss sogar mit einer Hinzuschätzung rechnen, selbst wenn er den Einzelfall glaubhaft schildern kann. Die Beweislast trägt der Unternehmer.

Wie kann eine solche Situation vermieden werden?

Richtigerweise hätte der Unternehmer im Beispielsfall den Tankbeleg seiner Buchhaltung vorlegen sollen, die den Betrag als Betriebsausgabe (lfd. Kfz-Kosten) gegen eine Privateinlage verbucht. Die Geschäftskasse wird hiervon nicht berührt. Die später erfolgte Geldentnahme aus der Kasse ist eine private Entnahme, über die der Unternehmer einen Eigenbeleg ausstellt.

Alternativ hätte die Quittung erst zu einem späteren Entnahmezeitpunkt erfasst werden dürfen.

!

Wichtig!

Jedem Unternehmer ist es grundsätzlich freigestellt, für welche Art von Geschäftskasse er sich entscheidet.

9.1.2 Die Geschäftskassen im Einzelnen

9.1.2.1 Die offene Ladenkasse

Abb. 13: Offene Ladenkasse

Die offene Ladenkasse, die auch als Schubladen- oder Thekenkasse bezeichnet wird, ist eine einfache Barkasse, die über keinerlei technische Vorrichtungen und Hilfsmittel verfügt. Sie ist an keine bestimmte Form gebunden.

Formen der offenen Ladenkasse

Der Unternehmer kann jedes beliebige Behältnis, das er für geeignet hält, als Geschäftskasse nutzen:

- Handelsübliche geschlossene Geldkassetten,
- Geschäftsportemonnaies,
- Schubladenkassetten in Ladentheken (vgl. Bild),
- Zigarrenkisten,
- Kartons oder Schuhschachteln,
- Kassen ohne Registrierfunktion.

Ermittlung der Tagesumsätze

Wer eine offene Ladenkasse führt, erfasst i.d.R. keine Einzelumsätze, sondern legt das vereinnahmte Geld einfach in der Kasse ab. Seine Tageseinnahmen ermittelt der Unternehmer, indem er den Geldbestand am Tagesende (Geschäftsschluss) zählt und hiervon den Anfangsbestand (Vortagesbestand) abzieht.

Sind daneben noch geschäftliche Barausgaben angefallen wie z.B. der Kauf von Briefmarken, Zeitschriften o.Ä., muss er diese Ausgaben mit Rechnungen oder Quittungen belegen und zum errechneten Saldobetrag hinzurechnen. Private Geldentnahmen aus der Kasse rechnet er ebenfalls hinzu, private Geldeinlagen in die Kasse zieht er hingegen ab. Da er für diese Vorgänge keine Belege hat, muss er jeweils einen Eigenbeleg fertigen.

Wichtig! !

Privatentnahmen und Privateinlagen dürfen nicht saldiert werden und lediglich als Differenzbetrag auf dem Eigenbeleg erscheinen!

Dokumentation der Tageseinnahmen

Die rechnerische Ermittlung der Tagesumsätze ist in Form von täglichen Kassenberichten vorzunehmen. Zusätzlich können noch sog. Zählprotokolle erstellt werden (s. Kapitel 7.2).

Wer führt eine offene Ladenkasse?

Rechtlich gesehen darf jeder Unternehmer eine offene Ladenkasse führen, solange die Vorschriften der GoB beachtet werden.

Wer nicht von der Einzelaufzeichnungspflicht befreit ist und dennoch keine Registrierkasse anschaffen will, muss seiner Aufzeichnungsverpflichtung auf anderer Weise nachkommen.

Offene Ladenkassen sind vor allem im Einzelhandel, in der Gastronomie oder bei Schaustellern, Imbiss- und Marktständen u.a. zu finden. Diese Betriebe müssen unter dem Gesichtspunkt der Zumutbarkeit keine Einzelaufzeichnungen ihrer Umsätze vornehmen (vgl. BFH vom 12.05.1966 — IV 472/60).

Auch in Betrieben, in denen der Bargeldverkehr nur eine untergeordnete Rolle spielt, ist die offene Ladenkasse weitverbreitet.

!

Beispiel: Kfz-Händler

Ein Kfz-Händler unterhält für seine gelegentlichen Barverkäufe von Ersatzteilen und Zubehör eine offene Ladenkasse. Manchmal kommt es auch vor, dass ein Kunde einen Gebrauchtwagen in bar bezahlt. Seiner Einzelaufzeichnungspflicht kommt der Händler nach, indem er für alle Verkäufe Rechnungen ausstellt.

Bierdeckel als Ursprungsbelege

Im Rahmen einer Außenprüfung richtet der Prüfer sein Augenmerk besonders auf die Grundaufzeichnungen. Ist keine Registrierkasse vorhanden, in die die Bestellungen der Gäste eingetippt und tischweise erfasst werden, ist es vielfach üblich, den Verzehr auf Notizzetteln zu vermerken oder Strichlisten auf Bierdeckeln zu führen.

Nach Begleichung der Zeche kaum noch beachtet, wandern solche Zettel und (wegen der Beschriftung nicht mehr verwendbare) Bierdeckel achtlos in den Papierkorb. Dabei gehören diese Aufzeichnungen — was viele nicht wissen — zu den Grundaufzeichnungen, die vom Unternehmer aufzubewahren sind.

Abb. 14: Bierdeckel als Beleg

Können diese Aufzeichnungen nicht vorgelegt werden, ist die Kassenführung nicht ordnungsmäßig. Nicht aufbewahrte Bierdeckel führen erfahrungsgemäß in der Praxis nicht zu ernst zu nehmenden steuerlichen Folgen. Vermerke auf Bierdeckeln und Notizzetteln sind freiwillig und können bei Prüfungen nur dann verlangt werden, wenn unterstellt werden kann, dass solche Aufzeichnungen geführt wurden.

Kleine Anmerkung:

!

Der schon fast aus der Mode gekommene beschriebene Bierdeckel stellt im Übrigen juristisch gesehen eine Urkunde dar und besitzt auch die Beweiskraft einer solchen. Die Striche auf dem Bierdeckel dokumentieren die Anzahl der getrunkenen Biere und verpflichten den Gast zur Zahlung der Zeche. Keine Beweiskraft hat dagegen der elektronisch gefertigte Registrierkassenausdruck, der alle noch offenen Bestellungen eines Tischs dokumentiert.

Zusätzliche Aufzeichnungen

FG Berlin-Brandenburg vom 17.03.2009 — 6 K 4146/04 B

Werden die Tageseinnahmen bei einer »offenen Kasse« nur in einer Summe festgehalten, hätte der Steuerpflichtige im Streitfall weitere unterstützende Kontrolllisten wie Strichlisten u. Ä. erstellen können, die eine Überprüfung der Kassenführung hätte ermöglichen können.

Die offene Ladenkasse als Nebenkasse

Es gibt auch Unternehmen, die eine offene Ladenkasse zusätzlich zur elektronischen Registrierkasse (Hauptkasse) als Nebenkasse verwenden.

Beispiel: Eisdiele

!

Eine Eisdiele verwendet eine elektronische Registrierkasse als Hauptkasse. Die Registrierkasse wird vom Personal bedient und befindet sich im Gastraum. Daneben wird aus praktischen Gründen noch eine offene Ladenkasse für die Thekenumsätze (Straßenverkauf Eis) geführt. Der Straßenverkauf findet an einem offenen Außenfenster statt. Ein Bonieren jeder verkauften Eiskugel wäre zu umständlich und zu zeitaufwendig. Eine weitere Registrierkasse ist unrentabel.

Am Abend werden die Einnahmen der Ladenkasse gezählt. Das Ergebnis wird anschließend in einer Summe als Einnahme in die Registrierkasse eingetippt. Die im Finanzbericht der Registrierkasse ausgewiesenen Tageseinnahmen (Z-Bon) beinhalten auch die Einnahmen der Nebenkasse.

! **Wichtig!**

Jede Einzelkasse erfordert eine separate Kassenführung, d.h., dass für jede Kasse ein Kassenbuch bzw. ein Kassenbericht zu führen ist. Das gilt auch dann, wenn – wie im Fall der Eisdiele – die Einnahmen der Nebenkasse bei Geschäftsschluss in die Hauptkasse einfließen.

Nebenkassen sind auch bei verschiedenen Einzelhandelsgeschäften zu finden, die neben ihrem Ladengeschäft noch zusätzliche Aktionsflächen im Außenbereich betreiben.

Offene Ladenkasse neben elektronischer Registrierkasse

In der Praxis stellt sich immer wieder die Frage: Darf überhaupt eine offene Ladenkasse geführt werden, wenn gleichzeitig auch eine elektronische Registrierkasse vorhanden ist und eingesetzt wird?

Betreibt ein Unternehmer eine offene Ladenkasse zusätzlich als Nebenkasse und werden Haupt- und Nebenkasse nach den Vorschriften der GoB ordnungsmäßig geführt, bestehen grundsätzlich keine Bedenken. Allerdings muss sich aus den individuellen geschäftlichen Bedürfnissen heraus eine Notwendigkeit ergeben, die nach der kaufmännischen Erfahrung nachvollziehbar ist, wie z.B. eine räumliche Trennung der unterschiedlichen Geschäftsbereiche (s. Beispiel »Eisdiele«).

! **Beispiel: Bewirtungsrechnungen**

Ein Gastwirt führt eine offene Ladenkasse und ermittelt seine Tageseinnahmen mithilfe von Kassenberichten.
In seinen Räumlichkeiten finden immer wieder Geschäftsessen und wöchentliche Stammtische verschiedener Kunden statt. Einige seiner Gäste bestehen auf einem maschinell gefertigten Bewirtungsbeleg, den sie nur in dieser Form in ihrem Unternehmen steuerlich als Betriebsausgabe geltend machen können. Um die Gäste nicht zu verlieren, hat sich der Unternehmer eine gebrauchte Registrierkasse angeschafft, mit der er bei Bedarf die gewünschten Bewirtungsbelege ausstellt.
Obwohl er auch Fremdpersonal beschäftigt, verzichtet er darauf, die Registrierkasse auch zur Ermittlung der Tageseinnahmen einzusetzen und führt wie bisher seine offene Thekenkasse.
Eine Registrierkasse dient auch dazu, das fremde Personal zu kontrollieren.

! **Wichtig!**

Ist eine Registrierkasse vorhanden und wird sie eingesetzt, ist sie auch zur Ermittlung der Tageseinnahmen zu verwenden!

Rechtsprechung

FG Münster vom 07.03.1997 – 2 V 3448/96 E

Im Urteilsfall behauptet der Unternehmer, er führe eine offene Ladenkasse und habe die elektronische Registrierkasse nur eingesetzt, um die von den Kellnern aufgenommenen Bestellungen an das Thekenpersonal weiterzugeben. Die Registrierkasse ist angeblich nicht für kassentypische Abschlüsse benutzt worden.

Nach Auffassung des Senats ist es nicht glaubhaft, dass der Gastwirt trotz des Vorhandenseins einer elektronischen Registrierkasse die für ihn dadurch eröffnete Kontrollmöglichkeit nicht genutzt haben will und dass die Kellner auf die von ihnen vereinnahmten Trinkgelder zugunsten des Unternehmers verzichtet haben sollen. Letzteres wäre der Fall, wenn die Tageseinnahmen durch Auszählen der Kellnerbörsen ermittelt worden wären.

FG Münster vom 31.08.2000 – 14 K 3305/98 G, U, F

Auch in diesem Fall macht der Unternehmer, der eine Eisdiele betreibt, geltend, er habe die Registrierkasse nicht zur Erfassung der Einnahmen, sondern nur für die Abwicklung der Bestellungen verwendet.

Für das Gericht war es nicht glaubhaft, dass die eingesetzte Registrierkasse nicht auch dazu verwendet worden ist, die Einnahmen zu ermitteln. Da u.a. keine Kassenstreifen vorgelegt werden konnten, waren die Besteuerungsgrundlagen zu schätzen.

Vorteile einer offenen Ladenkasse

- Preiswerte Anschaffung,
- stromunabhängig,
- mobil,
- einfache Einnahmenermittlung (wenn keine Einzelaufzeichnungspflicht besteht).

Nachteile einer offenen Ladenkasse

- Keine Personalkontrolle möglich,
- keine Betriebsauswertungen (Warenwirtschaft u. Ä.),
- keine Bewirtungsrechnungen möglich,
- eingeschränkte Nachweismöglichkeiten,
- umständliche Aufbewahrung von Grundaufzeichnungen (z.B. Bierdeckel),
- aufwendige Einnahmenermittlung (bei Einzelaufzeichnungen).

Darf eine offene Ladenkasse auch nach dem 31.12.2016 (neue Rechtslage) verwendet werden?
Für viele kleine und kleinste Betriebe ist diese Frage von existenzieller Bedeutung.

! **Beispiel: Kneipe**

Der Betreiber einer kleinen Gaststube erwirtschaftet nur sehr geringe Umsätze. Ein ungünstiger Standort und fehlende Laufkundschaft sind dafür verantwortlich, dass seine Tageseinnahmen gerade noch die Pachtaufwendungen und seine privaten Lebenshaltungskosten abdecken. Wenn In den Sommermonaten der nahe gelegene Biergarten lockt, bleibt sogar die Stammkundschaft aus.
Eine elektronische Registrierkasse kann er sich nicht leisten. Sie würde mehr kosten, als er in einem Monat umsetzen könnte.

! **Wichtig!**

In Deutschlang gibt es keine Registrierkassenpflicht!
Eine offene Ladenkasse darf auch nach dem 31.12.2016 (neue Rechtslage) uneingeschränkt verwendet werden!

9.1.2.2 Die elektronische Registrierkasse

Unternehmer, die Bargeschäfte in nicht unerheblichem Umfang tätigen, müssen eine Kasse führen. Ob Registrierkasse, PC-gestützte Kasse oder offene Ladenkasse liegt im Ermessen des Steuerpflichtigen und richtet sich nach seinen betrieblichen Einsatzzwecken. Je nach Art und Umfang eines Unternehmens führt heute der Weg an einer elektronischen Registrierkasse nicht mehr vorbei.

Gründe für die Anschaffung einer Registrierkasse
Entscheidet sich der Unternehmer für die Anschaffung einer elektronischen Registrierkasse, tut er das meist nicht, um den steuerlichen Anforderungen gerecht zu werden. Registrierkassen oder PC-Kassen werden heute vor allem aus betriebswirtschaftlichen Überlegungen eingesetzt. In manchen Branchen ist das verwendete Kassenprogramm zusätzlich noch mit einem Warenwirtschaftssystem gekoppelt (z.B. bei Apotheken). Gerade bei größeren Betrieben ist ein solches ERP-System, das neben den gewünschten betriebswirtschaftlichen Auswertungen und einer permanenten Inventur, Ladenhüter enttarnt und bei gängigen Artikeln sogar Bevorratungsvorschläge unterbreitet, sinnvoll.

Die »gefühlte Registrierkassenpflicht«
Bei bargeldintensiven Unternehmen, wie z.B. Gastronomiebetrieben, Lebensmittelhändlern und sonstigen Einzelhändlern, die regelmäßig Fremdpersonal be-

schäftigen, dienen Registrierkassen vor allem der Kontrolle und Überwachung des Personals.

Besitzt ein Gastwirt keine elektronische Registrierkasse, kann er seit dem 01.01.1995 keine Bewirtungsbelege mehr ausstellen, die bei seinen Gästen steuerlich als Betriebsausgaben abzugsfähig sind. Um seine Kundschaft nicht zu verlieren, besteht für den Gastwirt zumindest eine »gefühlte« Registrierkassenpflicht.

Die weiteren Vorteile einer Registrierkasse sind der einfache Tagesabschluss per Knopfdruck (Z-Abfrage) und der enorme Zeitgewinn im Vergleich zu einer Kassenführung mit handschriftlichen Aufzeichnungen.

Nachteile einer elektronischen Registrierkasse

Die Anschaffungs-, Reparatur- und Wartungskosten können je nach Kassentyp empfindlich zu Buche schlagen. Bei den sog. Wiegekassen und Taxametern kommen noch regelmäßige Eichkosten hinzu.

Buchführungssystem: Registrierkasse

Da mit Registrierkassen Betriebseinnahmen aufgezeichnet werden, sind sie gem. Rz 20 der GoBD als vorgelagerte Buchführungssysteme Bestandteile des betrieblichen DV-Systems. Gleiches gilt auch für die PC-gestützten Kassen.

Unterschiedliche Bauarten

Elektronische Registrierkassen lassen sich je nach Bauart und Leistung grob in zwei Gruppen aufteilen. Man unterscheidet dabei sog. proprietäre, d.h. in sich geschlossene Systeme und offene Systeme. Daneben ist eine große Anzahl von elektronischen Kassen unterschiedlicher Hersteller auf dem Markt zu finden, die sowohl Merkmale des einen als auch Merkmale des anderen Kassentyps aufweisen. Um eine genaue Zuordnung vornehmen zu können, ist bei solchen »Mischformen« immer im Einzelnen zu prüfen, was eine Kasse tatsächlich leisten kann.

Geschlossene Systeme sind meist Kassen der älteren Generation. Datenvorhaltung und Datenübertragungen nach außen sind bei diesen Kassentypen grundsätzlich nicht vorgesehen. Können proprietäre Kassen technisch nicht nachgerüstet werden, sind ihre Einsatzmöglichkeiten aus gesetzlichen Gründen zeitlich begrenzt. Sie dürfen längstens noch bis Ende 2016 verwendet werden.

9.1.2.3 Die proprietäre Registrierkasse (nicht GoBD-konform)

Abb. 15: Proprietäre Registrierkasse

Die auf dem Bild dargestellte Kasse ist ein Beispiel für eine elektronische Registrierkasse mit geschlossenem System. Solche Kassen waren weitverbreitet und wurden hauptsächlich im Gastronomiebereich eingesetzt. Teilweise sind sie auch heute noch im Einsatz. Sie sind programmierbar und können individuell auf die unterschiedlichsten betrieblichen Belange eingerichtet werden.

Da sie nicht mehr den gesetzlichen Anforderungen der GoBD vom 14.11.2014 entsprechen und technisch nicht nachgerüstet werden können, gehören sie zu den **nicht GoBD-konformen** Kassensystemen.

Eigenschaften der proprietären Kasse

Unter dem Begriff »proprietär« versteht man »in sich geschlossen«. Proprietäre Kassen nennt man elektronische Registrierkassen, deren System es nicht erlaubt, Daten nach außen zu transferieren. Das bedeutet, dass keine Schnittstelle vorhanden ist, die es erlaubt, die Daten auf einen externen Rechner oder eine externe Festplatte zu überspielen. Erfasste Daten werden ausschließlich im eigenen System verarbeitet und aufbereitet. Typisch für diese Systeme ist ihre Ausstattung mit einer »hauseigenen« nicht standardisierten Software.

Aufgrund ihrer geringen und zeitlich begrenzten Speicherkapazität sind solche Kassen nicht in der Lage, Daten über einen längeren Zeitraum vorzuhalten. Sie besitzen meist nur einen Summenspeicher.

Die Informationen können lediglich über eine Druckeinheit ausgegeben werden. Die Kasse kann zwei Papierrollen aufnehmen und verfügt über einen internen Bon- und einen Papierjournaldrucker.

Die Ausstattung proprietärer Kassen ist unterschiedlich. Viele können Daten nur bis zum Abruf des Finanzberichts vorhalten. Einige Typen besitzen ein begrenztes elektronisches Journal zur vorübergehenden Speicherung von Daten und erlauben einen nachträglichen Journaldruck. Durch die Vorhaltung der Daten im System kann auf die zweite Papierrolle einschließlich der Druckeinheit verzichtet werden. Der spätere Ausdruck des Journals erfolgt dann über den Bondrucker.

Andere proprietäre Kassen sind in der Lage, Journaldaten mittels einer speziellen Übertragungssoftware auf ein angeschlossenes System zu exportieren. Meist werden diese Daten jedoch in einem systemeigenen Hausformat übertragen, das nur mithilfe der entsprechenden Software gelesen werden kann. Maschinell auswertbar i.S.d. GoBD sind solche Daten meist nicht.

Programmierung

Die Programmierung proprietärer Kassen erfolgt entweder direkt an der Kasse oder über einen angeschlossenen PC. Die Kassen können zwar keine Daten exportieren, verfügen jedoch über eine Schnittstelle, mit der Programmeinstellungen über einen PC vorgenommen werden können. Mit einer speziellen auf dem Rechner installierten Software lassen sich meist ohne detaillierte EDV-Kenntnisse alle gewünschten Einstellungen relativ einfach vornehmen, so z.B.:

- Artikelbezeichnungen,
- Warengruppen,
- Preise,
- Tastenbelegung,
- Bedienernamen/-nummern,
- Bedienerkompetenzen,
- Schlüsselzuweisung,
- Layout und Inhalte des Kassenbons,
- Layout und Inhalte von Zwischenrechnungen,
- Inhalte der Tagesberichte (Finanz-, Kellner-, Artikelberichte),
- Layout von Bewirtungs- und Gefälligkeitsrechnungen.

Die Grundeinstellungen und Programmänderungen nimmt i.d.R. der Kassenaufsteller nach den Vorgaben des Unternehmers vor. Der Unternehmer kann Änderungen aber auch selbst durchführen. Jede Preisänderung und jeder Bedienerwechsel erfordert eine Programmänderung.

! **Beispiel: Funktionsweise im Restaurant**

Alle eingetippten Einzelumsätze (Bestellungen) der Kellner werden im System erfasst und je Bestellung nach Getränken und Speisen (Desserts) sortiert. Die Artikel werden nach Abschluss der Bestellung auf eine Papierrolle geschrieben und über den Drucker ausgegeben. Je nach Programmeinstellung werden die Bons dabei so geschnitten, dass sowohl ein Getränkebon für die Theke als auch ein Essensbon für die Küche vorliegt.
Diese Bons dienen nur der Abwicklung der Bestellung und können anschließend vernichtet werden, da alle bonierten Einzeldaten gleichzeitig noch auf die zweite Papierrolle gedruckt werden. Letztere verbleibt so lange in der Kasse, bis sie vollgeschrieben ist. Die papiernen Kassenrollen müssen grundsätzlich aufbewahrt werden.

Ermittlung der Tageseinnahmen (Z-Bon)

Nach Geschäftsschluss ruft der Unternehmer seine Tagesendsumme ab. Alle Einzeldaten werden in einem Finanzbericht in aufsummierter Form dargestellt und über den Drucker als Kassenstreifen ausgegeben (Z-Bon).

Gleichzeitig werden alle bis dahin im System vorgehaltenen Journaldaten gelöscht. Das Löschen der Daten ist bei proprietären Kassen bauartbedingt. Der Unternehmer hat keine Möglichkeiten, die Löschung zu verhindern oder die Journaldaten vorher extern zu sichern. Sie stehen nur noch in Papierform (Kassenrolle) zur Verfügung.

Abrechnung mit dem Bedienpersonal

Neben der Ausgabe des Z-Bons können auch weitere Berichte abgerufen werden. Der Kellnerbericht dient der Abrechnung mit dem Bedienpersonal. Er enthält alle aufsummierten Umsätze getrennt nach den eingesetzten Kellnern.

Neben dem Kellnerbericht gibt es auch den Warengruppen- oder Artikelbericht. Einmal abgerufene Berichte werden nicht mehr im System vorgehalten und müssen in Papierform aufbewahrt werden.

Gesetzliche Vorgaben

Die neuen gesetzlichen Regelungen sind umfassend im BMF-Schreiben vom 26.11.2010 und in der GoBD vom 14.11.2014 erläutert. Danach müssen alle steuerlich relevanten Daten aufbewahrt und in maschinell auswertbarer Form vorgelegt werden können.

Die Kassenjournaldaten sind unstrittig als steuerlich relevante Daten i.S.d. genannten Regelungen anzusehen. Kassen, die diese Vorgaben nicht erfüllen und technisch oder per Software nicht nachgerüstet werden können, dürfen unter bestimmten Voraussetzungen noch bis zum 31.12.2016 verwendet werden (vgl. hierzu BMF-Schreiben vom 09.01.1996 — IV A 8 - S 0310 5/95).

Technische Aufrüstung

Kassenhersteller bieten für eine ganze Reihe ihrer Kassentypen individuelle Nachrüstsätze in Form von technischer Umrüstung oder per Software-Update an. Kann eine Kasse so umgerüstet werden, dass alle gesetzlichen Voraussetzungen erfüllt werden, darf sie auch nach dem 31.12.2016 weiterhin eingesetzt werden. Eine Umrüstung wird nicht für alle Kassen angeboten, sondern nur, wenn sie technisch möglich und wirtschaftlich vertretbar ist. Der Kunde erhält regelmäßig ein Zertifikat, die ihm die GoBD-konforme Weiterverwendung garantiert.

Listen aller aufrüstbaren Kassen sind im Internet, beim Kassenaufsteller oder direkt vom jeweiligen Hersteller zu beziehen.

Wichtig! !

Unternehmer, die eine proprietäre Kasse besitzen, müssen diese umgehend (seit Januar 2011) nachrüsten. Erfüllt die Kasse nach der Umrüstung die gesetzlichen Anforderungen, darf sie auch nach dem 31.12.2016 ohne Einschränkungen weiter betrieben werden.

Das BMF-Schreiben vom 26.11.2010 verlangt eine sofortige Umrüstung. Ein Zeitraum, in dem die technische Anpassung vorzunehmen ist, wird nicht genannt. Es ist davon auszugehen, dass die Anpassung mit Beginn des Jahres 2011 vorgenommen werden sollte.

Werden technisch aufrüstbare Kassen nicht nachgerüstet, dürfen sie — streng genommen ab sofort — nicht mehr eingesetzt werden. Die im BMF-Schreiben vom 26.11.2010 genannte Übergangsfrist bis zum 31.12.2016 gilt nur für Kassen, bei denen eine Nachrüstung nicht möglich ist!

Jeder Unternehmer, der eine solche Kasse einsetzt, sollte sich deshalb umgehend mit seinem Kassenaufsteller oder dem Kassenhersteller in Verbindung setzen und die Umrüstung veranlassen. Tut er das nicht, riskiert er im Falle einer Betriebsprüfung, dass der Prüfer die Ordnungsmäßigkeit der Buchführung infrage stellt.

In den meisten Prüfungsfällen wurden die rechtlichen Vorgaben jedoch nicht konsequent durchgesetzt. Der Unternehmer wurde zur Umrüstung seiner Kasse aufgefordert, soweit das technisch möglich ist. Weiterreichende steuerliche Konsequenzen waren bei einer ansonsten ordnungsmäßigen Kassenführung nicht zu befürchten.

! **Beispiel: Verzicht auf Umrüstung**

Ein Restaurantbetreiber will sich aufgrund der neuen Rechtslage im Jahr 2017 eine moderne gesetzeskonforme Registrierkasse anschaffen. Eine Nachrüstung der vorhandenen Kasse wäre laut Aussage seines Kassenaufstellers technisch zwar möglich, macht aber für ihn wenig Sinn, weil sie ohnehin nicht mehr den betrieblichen Anforderungen genügt. Außerdem glaubt er, die Altkasse noch bis Ende 2016 weiter verwenden zu dürfen.
Verlangt ein Außenprüfer die Kassenjournaldaten für die Zeiträume 2011–2016, kann er sie nicht vorlegen, weil sie aufgrund der bauartbedingten Löschung nicht mehr im System vorhanden sind.

! **Wichtig!**

Unternehmer, die eine proprietäre nicht nachrüstbare Kasse besitzen, dürfen sie nur noch bis zum 31.12.2016 verwenden. Wer eine solche Kasse benutzt, sollte sich vom Anbieter bestätigen lassen, dass sie nicht nachrüstbar ist. Aufgrund ständiger technischer Neuerungen empfiehlt es sich, in regelmäßigen Abständen beim Hersteller nachzufragen. Ab dem 01.01.2017 dürfen diese Kassen nicht mehr eingesetzt werden!

9.1.2.4 Die GoBD-konforme elektronische Registrierkasse

Abb. 16: GoBD-konforme elektronische Registrierkasse

Alle elektronischen Kassensysteme müssen ab dem 01.01.2017 die neuen gesetzlichen Vorschriften für Registrierkassen erfüllen. Altkassen, die den Vorgaben der GoBD vom 14.11.2014 nicht genügen, dürfen danach nicht mehr weiter verwendet werden.

Die wichtigste Anforderung an die moderne elektronische Registrierkasse ist die Datenvorhaltung. Das bedeutet, dass neben den ermittelten Tagessummen auch alle Einzeldaten (Journaldaten) im System manipulationssicher gespeichert und in maschinell auswertbarer Form ausgegeben werden können.

Eine ausschließliche Aufbewahrung von Daten in gedruckter Form ist unzulässig!

Was ist unter »Journaldaten« zu verstehen?

Beispiel: Gastronomiebetrieb

!

Jede Bestellung eines Gasts, die ein Kellner in die Kasse eintippt, wird im Journal als Datensatz erfasst. Will der Gast bezahlen, ruft der Kellner die Rechnung in der Kasse ab. Er erhält einen Ausdruck, auf dem alle einzelnen Getränke und Speisen des Gasts (oder des Tischs) zusammengestellt und aufsummiert sind.
Nicht der Gesamtumsatz eines Gasts, sondern alle Einzelpositionen (jedes bonierte Bier!) müssen im Speicher als Journaldaten abgelegt werden. Die von der Kasse ermittelte Tagesendsumme muss sich bei einer Überprüfung aus den Journaldaten reproduzieren lassen.
Eine durch Abruf des Tagessummenbons verursachte automatische Löschung der Journaldaten ist nicht mehr zulässig. Verfügt die Kasse selbst über keine ausreichenden Speicherkapazitäten, muss das System die Sicherung aller Daten auf andere Weise ermöglichen.

Finanz-, Bediener-, Artikel- und Warengruppenberichte

Alle erstellten Berichte müssen, unabhängig davon, ob sie abgerufen und ausgedruckt worden sind, auch in digitaler Form aufbewahrt werden.

Weitere Anforderungen an die Kasse

Was eine elektronische Registrierkasse noch leisten muss, ergibt sich im Einzelnen aus den Regelungen der GoBD vom 14.11.2014 und den im BMF-Schreiben vom 26.11.2010 aufgeführten Sondervorschriften für elektronische Registrierkassen.

9.1.2.5 PC-gestützte Kassen und POS-Systeme

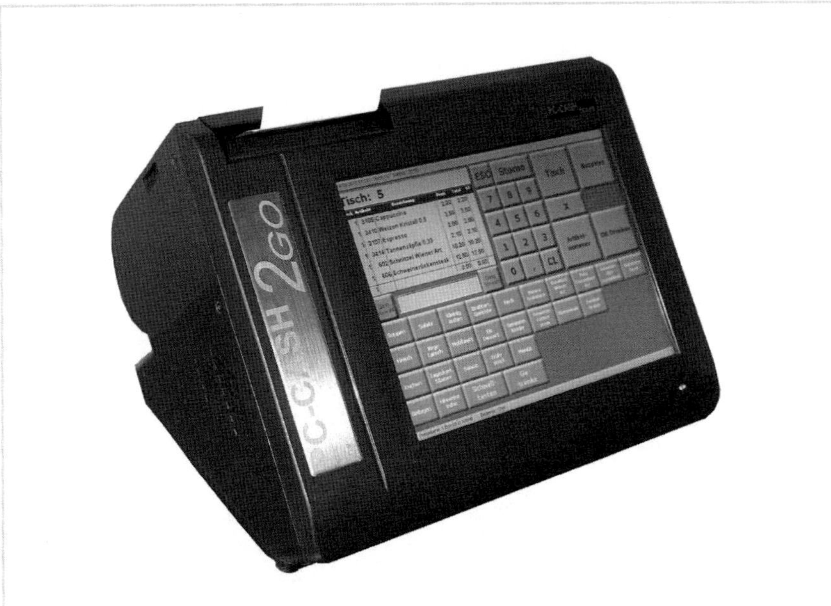

Abb. 17: PC-Kasse

PC-gestützte Kassen oder PC-Kassen sind elektronische Kassensysteme, die mit einer eigenen Festplatte und einem eigenen Betriebssystem wie Windows, Linux oder Apple ausgestattet sind. Auf diesen Computerkassen ist eine spezielle Kassensoftware installiert. Mit der Software kann der Unternehmer alle für sein Unternehmen erforderlichen Programmeinstellungen vornehmen.

Optisch lassen sich PC-Kassen oft nicht von den elektronischen Registrierkassen unterscheiden.

Die Oberfläche ist variabel und lässt sich den örtlichen Gegebenheiten anpassen oder nach den individuellen Wünschen des Bedienpersonals gestalten. Nur noch selten ist eine externe Tastatur zu bedienen, meist besitzen PC-Kassen einen Touchscreen. Die Ausdrucke der Bons, des Journals und der Rechnungen (Bewirtungsbelege) erfolgen über einen angeschlossenen Drucker.

Je nach Bedarf können weitere Zusatzgeräte, wie Kundendisplays, externe Geldschubladen, Barcode-Scanner, Kartenlesegeräte, Wiegeeinrichtungen und sogar Zeiterfassungsgeräte angeschlossen werden.

Sind in einem Betrieb mehrere PC-Kassen vorhanden, können sie auf Wunsch mit »offenen Schnittstellen« ausgestattet werden, die es ihnen ermöglichen per Internet, Bluetooth oder WLAN miteinander zu kommunizieren und Daten auszutauschen. Über solche Schnittstellen sind auch kostengünstige Fernwartungen möglich. Allerdings bergen sie auch ein Sicherheitsrisiko und können dadurch die Ordnungsmäßigkeit der Buchführung beeinträchtigen.

Funktionsweise
Alle erfassten Daten werden auf der Festplatte des Rechners abgelegt und sind frei editierbar. Eine automatische Datenlöschung nach Abruf eines Finanz-, Kellner- oder Artikelberichts wie bei herkömmlichen Registrierkassen erfolgt nicht. Die meisten PC-Kassen besitzen keine speziellen Speicher für Finanz-, Kellner- oder Artikelberichtsdaten. Die Journaldaten liegen, einem Datenbanksystem vergleichbar, auf der Festplatte und können beliebig sortiert, gefiltert und extrahiert werden. Je nach Programmierung werden die einzelnen Abfragen (z.B. X- oder Z-Abruf) aus den Inhalten des jeweiligen Datenarchivs zusammengestellt.

Tagesberichte, die alle Kassenvorgänge registrieren, werden in gesonderten Berichtsarchiven gespeichert. Dazu gehören auch alle vorgenommenen Einstellungs- und Programmänderungen.

Gesetzliche Anforderungen
Die gesetzlichen Anforderungen an eine PC-Kasse sind grundsätzlich die gleichen wie für elektronische Registrierkassen.

Keine Sonderregelungen für PC-Kassen
Die bisher speziell für elektronische Registrierkassen anzuwendenden Sonderregelungen gelten nicht für PC-Kassen. In den beiden BMF-Schreiben vom 09.01.1996 und 26.11.2010 sind Vereinfachungs- und Übergangsregelungen enthalten, die explizit auf die Besonderheiten von elektronischen Registrierkassen, die nicht auf Computerbasis arbeiten, abgestellt sind.

§ 147 Abs. 6 AO
Für die Daten einer PC-Kasse gelten die Vorschriften der AO zum Datenzugriff uneingeschränkt. Soweit es sich bei den Kassenunterlagen um steuerlich relevante Daten handelt, sind sie aufzubewahren und nach der Vorschrift des § 147 Abs. 6 AO auf einem maschinell verwertbaren Datenträger zur Verfügung zu stellen.

Die Daten der Vor- und Nebensysteme, zu denen auch die Kassendaten zählen, sind Bestandteile der EDV-Buchführung. Für sie gelten die gleichen gesetzlichen Vorschriften wie für die Daten der Finanzbuchhaltung.

Die geänderte Vorschrift des § 147 Abs. 6 AO ist zum 01.01.2002 in Kraft getreten und gilt für Fibu- und PC-Kassendaten gleichermaßen.

POS-Systeme und andere Systeme

Unter POS-Systemen sind Zahlungsverfahren oder Verkaufsstellen zu verstehen, bei denen der Kunde bargeldlos mit Scheckkarte und PIN bezahlen kann (Electronic Cash). POS steht für Point of Sale, dem Ort des Verkaufs. Die elektronische Kasse besteht aus einem EC-Terminal und verfügt, vergleichbar mit einem Bargeldautomaten, über einen Kartenschlitz und eine Tastatur.

Neben den POS- und EPOS-Systemen (Electronic Point of Sale) werden derzeit eine Reihe weiterer Kassensysteme angeboten. Je nach Einsatzgebiet, betrieblichen Notwendigkeiten, aber auch persönlichem Geschmack sind mobile Funk- und Tabletkassen oder iPad-Kassensysteme auf dem Vormarsch. Viele sind in der Lage, aktuelle Umsatz- oder Statistikdaten direkt auf das Smartphone, das Tablet oder den PC des Unternehmers zu übertragen.

Ebenfalls auf dem Vormarsch sind Self-Scanning- oder Self-Checkout-Systeme, bei denen der Kunde seine Waren selbst registriert und bargeldlos bezahlt und sog. Backoffice-Systeme, die für die Verarbeitung unterschiedlichster Transaktionen angeboten werden.

Einige Hersteller unterhalten zentrale Server und bieten ihren Kunden optional sogar eine zusätzliche Datenspeicherung in einer eigens zur Verfügung gestellten metaphorischen »Datenwolke« (Cloud) an.

Auf dem Markt sind auch mobile Kassensysteme zu finden, die eher an ein Notebook erinnern, als an eine Registrierkasse. Sie werden vom Anbieter als proprietäre Systeme bezeichnet — nicht zu verwechseln mit den proprietären Registrierkassen älterer Bauart. Hierbei handelt es sich um flexible und platzsparende Geräte, die unabhängig von einem PC eingesetzt werden. Dass diese Systeme »in sich geschlossen« sind, bedeutet jedoch nicht, dass sie über keine Schnittstellen zur Datenübertragung nach außen verfügen, wie das für die Altkassen typisch war.

Bei allen diesen lokalen oder mobilen Kassensystemen handelt es sich um PC-Kassen. Nahezu alle auf dem Markt befindlichen Geräte dürften inzwischen den Anforderungen der GoBS und der GoBD genügen. Sie sind in der Lage, die Daten dauerhaft zu speichern und in maschinell auswertbarer Form auszugeben.

Orderman, Handheld und Co.
Immer öfter entscheiden sich Restaurantbesitzer für die Anschaffung eines mobilen Funkkassensystems. Ein Funkhandy, mit dem Bestellungen direkt vom Tisch an die Theke oder die Küche übermittelt werden, erspart dem Personal lange Wege, vor allem dann, wenn zusätzlich noch ein Biergarten betrieben wird. Nicht immer kann die Hauptkasse im Gastraum so zentral platziert werden, dass sich die Laufwege des Bedienpersonals und die Servicevorgänge in einem vertretbaren Rahmen halten.

Solche Funkterminals, auch als Ordermans oder Handhelds bezeichnet, sind keine eigenständigen Kassen, sondern Teil eines PC-Kassensystems. Die einzelnen Komponenten können je nach Bedarf beliebig zu einem Kassenverbund, bestehend aus Haupt-, Nebenkasse und Peripheriegeräten, zusammengebastelt werden.

Die Mobilgeräte dienen nicht nur den Bestellvorgängen — der Kellner kann per Funk auch die Rechnung abrufen und den Ausdruck an der Druckeinrichtung der Hauptkasse anfordern. Einige können sogar das Bedienpersonal durch Signale darauf hinweisen, wenn von einem Tisch schon seit längerer Zeit keine Bestellung mehr erfolgt ist.

9.1.2.6 Mischformen

Im Handel werden viele unterschiedlichen Kassentypen angeboten. PC-Kassen und elektronische Registrierkassen lassen sich je nach Leistung in verschiedenste Untergruppen aufteilen. Für einen Laien ist die Kassenlandschaft kaum zu überblicken. Es gibt Kassen, die speziell von einzelnen Branchen bevorzugt werden, andere lassen sich mittels Software an alle individuellen Bedürfnissen anpassen. Was eine Kasse tatsächlich leisten kann, sieht man ihr nicht an.

Auch wenn davon ausgegangen werden kann, dass alle derzeit angebotenen Neukassen den künftigen gesetzlichen Anforderungen genügen, sollte unbedingt der Rat des Fachmanns eingeholt werden. Nachgerüstete Gebrauchtkassen können eine preiswerte Alternative zur Neuanschaffung darstellen. Sind solche aufgerüsteten Altsysteme GoBD-konform, können sie uneingeschränkt über das Jahr 2017 hinaus eingesetzt werden. Die neue Rechtslage ab 2017 kennt keine Sonderregelungen mehr, entscheidend ist, dass alle Anforderungen, die der Gesetzgeber an die digitalen Kassendaten stellt, erfüllt und eingehalten werden.

9.2 Funktionen und Ausstattung von Kassen

Im nachfolgenden Abschnitt werden die verschiedenen Funktionen und Ausstattungsmerkmale von elektronischen Registrierkassen und PC-Kassen beschrieben. Die Funktionsweise und die optische Erscheinung sind je nach Kasse und Kassentyp teilweise unterschiedlich.

9.2.1 Druckeinrichtung

Registrierkassen besitzen eine eigene Druckvorrichtung oder können an einen externen Bondrucker angeschlossen werden.

Die Bons dienen lediglich dem Bestellvorgang und werden anschließend vernichtet. Alle eingetippten Umsätze werden digital im System erfasst. Eine zusätzliche Papierrolle, auf denen bei den älteren Kassen alle Einzeldaten festgehalten wurden, ist nicht mehr erforderlich.

Über diese Drucker können aber auch Kundenrechnungen, Zwischenrechnungen oder Bewirtungsrechnungen ausgegeben werden. Jeder Drucker besitzt eine eigene Schneidevorrichtung, mit dem der Ausgabebeleg von der eingelegten Papierrolle getrennt wird. Um zu vermeiden, dass der Bon bei Wind oder Durchzug unkontrolliert davonweht, wird er nicht ganz abgetrennt. Vorgeschnitten nach Getränken (Theke) und Speisen (Küche) entnimmt der Kellner den Bon. Übrig bleibt eine für jeden Drucker individuelle »Schneidenase« bzw. als Gegenstück eine Abrisskante.

Viele Drucker arbeiten mit Thermopapier. Dabei ist zu beachten, dass Thermopapier ausbleicht und der Beleg nach einiger Zeit nicht mehr lesbar ist.

9.2.2 Die verschiedenen Betriebszustände

Damit nicht jeder Anwender alle Funktionen einer Kasse bedienen kann, werden den einzelnen Personen unterschiedliche Berechtigungen zugewiesen. So soll verhindert werden, dass »normale« Bediener in Kassenfunktionen eingreifen, zu denen sie nicht berechtigt sind.

Der Abruf der Tagessumme, betriebsinterne Statistik- und Umsatzdaten u. Ä. gehören ausschließlich in den Kompetenzbereich des Chefs. Ein Kassierer soll auch nicht die Daten seiner Kollegen abrufen, eigene Umsätze nachträglich wieder stornieren oder gar Änderungen auf der Programmierebene vornehmen können.

Vertippt sich eine Kassiererin im Supermarkt, muss sich die »Oberkassiererin« mit ihrem eigenen Berechtigungsschlüssel an der Kasse ausweisen und die Stornierung durchführen.

Beispiel: Hierarchieebenen und Zugangsberechtigungen einer Kasse !

- Registrierbetrieb Modus 1
- Registrierbetrieb Modus 2
- Modus Stornos und Retouren
- Berichtsbetrieb Modus 1
- Berichtsbetrieb Modus 2
- Programmierbetrieb

Betriebs-modus-schalter	Modus-bezeichnung	Beschreibung
OFF	Bereitschaft	In dieser Position kann jeder beliebige Betriebsmodus-schlüssel in den Betriebsmodusschalter eingesteckt und abgezogen werden.
REG1	Register 1	Diese Position dient für normale Verkaufstransaktionen. In dieser Position kann jeder beliebige Betriebsmodus-schlüssel in den Betriebsmodusschalter eingesteckt und abgezogen werden.
REG2	Register 2	Diese Position dient für spezielle Operationen. Da für das Umschalten auf REG2 ein spezieller Schlüssel erforderlich ist, können Funktionen wie Diskonts, Kreditverkäufe, Anschreibverkäufe, Scheckzahlungen und Auszahlungen über das Programm in der Position REG1 verboten und nur in der Position REG2 erlaubt werden.
RF	Rückzahlungs- oder Register-Minusmodus	Diese Position dient für die Verarbeitung von Rückgaben. Wenn der Betriebsmodusschalter der Registrierkasse auf Position RF gestellt ist, können Sie den Rückzahlungsmodus oder den Register-Minusmodus aufrufen.
X1	Auslesen der täglichen Verkäufe	Diese Position wird verwendet, um tägliche Berichte zu erhalten, ohne alle Summendaten zurückzusetzen (zu löschen).
Z1	Rückstellen der täglichen Verkäufe	Diese Position wird verwendet, um tägliche Berichte zu erhalten, wobei gleichzeitig alle Summendaten zurückgesetzt (gelöscht) werden.
X2/Z2	Auslesen/ Rückstellen der periodischen Verkäufe	Diese Position wird verwendet, um die periodischen Verkaufsberichte zu erhalten, ohne die Summendaten zurückzustellen bzw. gleichzeitig alle Summendaten zurückzustellen.
PMG	Programm	Diese Position dient für das Programmieren der Funktionen und voreingestellten Daten wie Einheitspreise und Steuersätze. Dient auch für das Lesen der Programmdaten.

Wer darf was?

Wer welche Funktionen an einer Kasse ausüben darf, bestimmt der Unternehmer. Die Berechtigungen sind in der Bedienerverwaltung der Software hinterlegt. Ein Nutzer weist sich zunächst an der Kasse aus und erhält daraufhin Zutritt zu den Kassenfunktionen, für die er berechtigt ist. Alle anderen Funktionen sind für ihn gesperrt.

! **Beispiel: Auszug aus der Bedienerverwaltung**

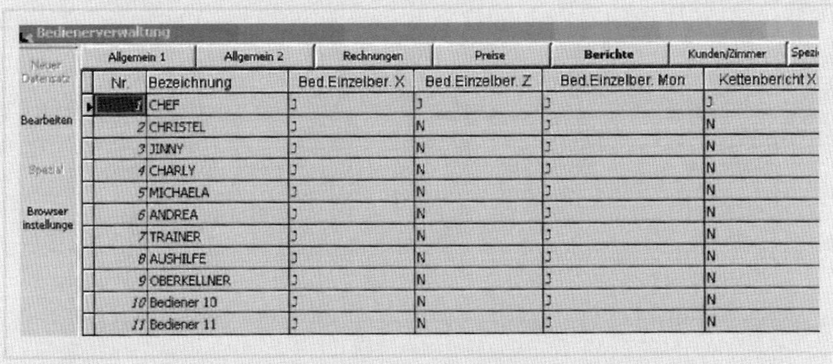

Nr.	Bezeichnung	Bed.Einzelber. X	Bed.Einzelber. Z	Bed.Einzelber. Mon	Kettenbericht X
[redacted]	CHEF	J	J	J	J
2	CHRISTEL	J	N	J	N
3	JINNY	J	N	J	N
4	CHARLY	J	N	J	N
5	MICHAELA	J	N	J	N
6	ANDREA	J	N	J	N
7	TRAINER	J	N	J	N
8	AUSHILFE	J	N	J	N
9	OBERKELLNER	J	N	J	N
10	Bediener 10	J	N	J	N
11	Bediener 11	J	N	J	N

In diesem Beispiel werden die jeweiligen Berechtigungen (hier: Berichtsabrufe) mit »J« für Ja und »N« für Nein vergeben. Die Bedienerverwaltung ist Teil der Programmierung. Änderungen kann nur derjenige vornehmen, der für den Zugang zur obersten Ebene berechtigt ist.

Bedienerschlüssel

Damit die Kasse weiß, wer sie gerade bedienen will und welche Funktionen für ihn freigeschaltet werden sollen, muss sich die Person zunächst ausweisen. Das geschieht je nach Kassentyp auf unterschiedliche Weise.

Was in vergangenen Tagen ein normaler Kassenschlüssel war, kann heute auch ganz anders aussehen:

- Bartschlüssel,
- Dallas-Schlüssel,
- iButton,
- Kellox Key,
- Kellnerstifte,
- Kellnerschlösser,
- Magnetschlüssel,
- Chipkarten,
- biometrische Fingerabdrücke,
- Gesichtserkennung
- usw.

Bei den älteren Kassen sorgten meist unterschiedlich geformte Bartschlüssel für den Zugang zum jeweiligen Betriebszustand der Kasse. Der Operator-Schlüssel (OP) ließ sich nur bis zum normalen Registriermodus drehen, der Masterschlüssel (M) schaltete Oberkellnerfunktionen frei, während sich der Owner- oder Managerschlüssel (OW) in alle Positionen drehen ließ. Einige Kassensysteme erfordern für Systemeinstellungen zusätzlich einen gesonderten Programmierschlüssel.

Abb. 18: Bartschlüssel

Als Dallas-Schlüssel, iButton oder Kellox Key werden Schlüsselformen bezeichnet, die auf Magnetbasis arbeiten oder mit Mikrochips ausgestattet sind. Sie sind stets mit einer individuellen Codierung versehen, in allen Farben erhältlich und dienen ausschließlich dem Zweck, den Bediener zu identifizieren.

Abb. 19: Magnetschlüssel – Beispiel 1

Abb. 20: Magnetschlüssel — Beispiel 2

Inzwischen sind sogar Systeme zu haben, die die einzelnen Bediener mittels Fingerabdruck oder sogar per Gesichtserkennung voneinander unterscheiden können.

9.2.3 Trainingsspeicher

Nahezu jede elektronische Registrierkasse verfügt über einen integrierten Trainingsspeicher. Dieser bietet die Möglichkeit, neues Personal direkt an der Kasse zu schulen, ohne dass die dabei erfolgten Bonierungen am Ende des Geschäftstages als Betriebseinnahmen im Finanzbericht ausgewiesen werden. Mithilfe des Trainingskellners können aber auch komplizierte Vorgänge wie z.B. das »Separieren« oder die Übernahme und Übergabe von Tischen auf andere Kellner und besondere Abrechnungsvorgänge geübt werden.

Diese für die Praxis unerlässliche und sinnvolle Kassenfunktion birgt jedoch ein hohes Risiko. Die gewollte oder ungewollte Erfassung von echten Geschäftsvorfällen über den Trainingsspeicher führt unmittelbar zu einer Verminderung der Betriebseinnahmen und damit zu einer Steuerverkürzung.

Werden die Umsätze über einen eigens im System eingerichteten Trainingskellner erfasst, werden die eingetippten Geschäftsvorfälle auf dem Trainingsspeicher gesammelt und im Bedienerbericht entsprechend als Trainerumsätze ausgewiesen. Es ist jedoch auch möglich, über die Bedienerverwaltung dem aktiven Bedienpersonal nur zeitweise die Trainerfunktion zuzuweisen. In solchen Fällen werden sowohl im Finanzbericht als auch im jeweiligen Bedienerbericht nur die Umsätze dargestellt, die nicht während der Trainerfunktion eingetippt wurden. Die Trainerbonierungen werden gesondert im Trainingsspeicher abgelegt.

Sind die Trainerumsätze jedoch auch im Bedienerbericht enthalten, könnte der Unternehmer bei Geschäftsschluss mit seinen Angestellten die von ihnen eingetippten Umsätze in voller Höhe abrechnen, obwohl ein Teil von ihnen gar nicht in den Finanzspeicher eingegangen ist. Nicht immer kann ein Kellner eine solche steuerschädliche Systemeinstellung optisch im Bericht nachvollziehen.

Trainingsumsätze sind in der Praxis üblich, werden aber im Rahmen von Außenprüfungen genau unter die Lupe genommen. Sie sind auf dem Tagesendsummenbon und im Bedienerbericht auszuweisen. Die Unterdrückung der Trainingsumsätze im System ist unzulässig.

Sehr hohe Übungsumsätze können dabei ebenso Anlass zu einer näheren Überprüfung geben wie Registrierkassen, an denen angeblich nie trainiert wurde. Die Eintragungen im Trainingsspeicher werden bei Betriebsprüfungen mit den Arbeitszeiten des Personals abgeglichen. Stellt der Prüfer z.B. vermehrte Trainingsumsätze an Tagen fest, an denen Auszubildende die Berufsschule besuchten, liegt der Verdacht einer Einnahmenverkürzung nahe. Der Unternehmer muss mit unangenehmen Fragen rechnen und gerät schnell in Erklärungsnot.

Da die Vorgänge mitunter Jahre zurückliegen, wären zusätzliche Aufzeichnungen, die die legale Nutzung des Trainingsspeichers jeweils dokumentieren, hilfreich. Werden in diesem Zusammenhang Gründe für die Übungsbonierungen wie die Überprüfung von Programmier- oder Systemänderungen aufgeführt, kann ein anfänglicher Verdacht schnell zerstreut werden.

Auffällig sind auch Bedienerumsätze, die nicht erklärbare zeitliche Lücken im Verlauf eines Geschäftstages ausweisen. Werden Angestellte nicht durchgehend, sondern — unabhängig von den Öffnungszeiten des Betriebs — nur zeitweise beschäftigt, sollten hierüber detaillierte Aufzeichnungen geführt werden.

Wichtig! !

Der Trainingsspeicher darf nicht gelöscht werden!

Werden keine Trainerumsätze gebucht, ist der Trainingsspeicher ggf. mit **0,00 EUR** auszuweisen.

Wichtig! !

Das echte Bonieren im Trainingsmodus ist nicht erlaubt!

9.2.4 Berichte und Abfragen

Finanzberichte

Der bedeutendste abrufbare Bericht einer Registrierkasse ist zweifellos der Finanzbericht. Er kann in Form eines täglichen oder monatlichen Zwischenberichts oder als Tagesendsummenbon (Z-Bon) zum Abschluss eines Geschäftstages angefordert und ausgedruckt werden. Die Abrufe der jeweiligen Finanzberichte können lediglich zu Informationszwecken erfolgen und sind beliebig oft wiederholbar, sie können aber auch systembedingt folgenschwere Reaktionen im Innenleben einer Registrierkasse wie z.B. das unwiderrufliche automatische Löschen ganzer Datenbestände auslösen.

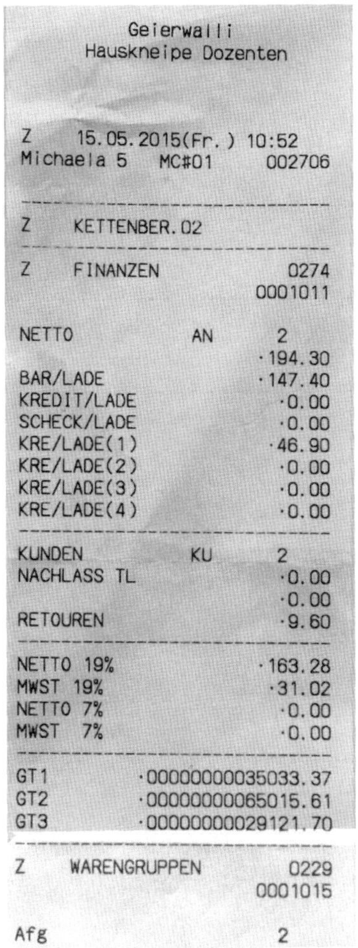

Geierwalli
Hauskneipe Dozenten

Z 15.05.2015(Fr.) 10:52
Michaela 5 MC#01 002706

Z KETTENBER.02

Z FINANZEN 0274
0001011

NETTO AN 2
·194.30
BAR/LADE ·147.40
KREDIT/LADE ·0.00
SCHECK/LADE ·0.00
KRE/LADE(1) ·46.90
KRE/LADE(2) ·0.00
KRE/LADE(3) ·0.00
KRE/LADE(4) ·0.00

KUNDEN KU 2
NACHLASS TL ·0.00
·0.00
RETOUREN ·9.60

NETTO 19% ·163.28
MWST 19% ·31.02
NETTO 7% ·0.00
MWST 7% ·0.00

GT1 ·0000000035033.37
GT2 ·0000000065015.61
GT3 ·0000000029121.70

Z WARENGRUPPEN 0229
0001015

Afg 2

Abb. 21: Finanzbericht (Z-Bon) als Teil eines Kettenberichts

Je nach Programmierung der Kasse können unmittelbar im Anschluss an den Finanzbericht der Warengruppen-, der Artikel- und der Bedienerbericht u.a. ausgedruckt werden. Man spricht dann von einem Kettenbericht.

Der Tagesendsummenbon (Z-Bon) stellt eine für die Besteuerung bedeutsame Unterlage dar. Die auf dem Z-Bon ausgewiesenen Tagesumsätze werden in das Kassenbuch übertragen. Der Z-Bon dient als Buchungsbeleg und ist geordnet aufzubewahren. Auch wenn die Daten im Kassenspeicher vorgehalten werden und die Tagessummen somit jederzeit reproduziert werden könnten, dürfen Z-Bons nicht vernichtet werden.

Nach der neuen Rechtslage dürfen keine Registrierkassen mehr eingesetzt werden, bei denen bauartbedingt eine automatische Löschung der Journaldaten erfolgt, sobald ein Z-Bon abgerufen wird (BMF-Schreiben vom 26.11.2010 — IV A 4 — S 0316/08/10004-07).

Zweifelsfrage: Papier-Z-Bon

Muss ein papierner Z-Bon weiterhin alle nach der alten Rechtslage erforderlichen Inhalte aufweisen, auch wenn die digitalen Journaldaten gleichzeitig im System abgelegt sind (BMF-Schreiben vom 09.01.1996 — IV A 8 — S 0310 5/95)?

Eine eindeutige Antwort ergibt sich weder aus dem BMF-Schreiben vom 26.11.2010 noch aus der GoBD vom 14.11.2014. Es ist jedoch davon auszugehen, dass unvollständige Z-Bons i.S.d. alten Rechtslage auch künftig zu einem formellen Mangel in der Kassenführung führen. Welche Angaben ein Z-Bon zwingend enthalten muss, wurde im BMF-Schreiben vom 09.01.1996 beschrieben.

X-Abrufe

X-Bons besitzen lediglich Informationscharakter. Sie haben keine Aussagekraft und können beliebig oft erstellt werden. Ein X-Abruf dient dem Unternehmer dazu, Zwischenstände abzufragen. Die Journaldaten bleiben unberührt. Ausgedruckte X-Bons sind nicht aufbewahrungspflichtig. Sie können bei einer Außenprüfung keinen Z-Bon ersetzen, weil durch sie keine Nullstellung des Zählers erfolgt, und jederzeit weitere Umsätze hinzugebucht werden können.

X 1	▪ Zwischenabruf des Umsatzes während des Tages (Umsatzkontrolle) ▪ Abfrage der Umsätze der einzelnen Arbeitnehmer	▪ Keine Löschung des Speichers ▪ Keine Nullstellung des Zählers ▪ Weitere Buchungen möglich ▪ Beliebig oft durchführbar
X 2	▪ Zwischenabruf der Umsätze für bestimmte Perioden (z.B. Monats- oder Jahreswerte)	▪ Keine Löschung des Speichers ▪ Keine Nullstellung des Zählers
Z 1	▪ Tagesendsumme nach Geschäftsschluss ▪ Finanzbericht bei Kassenschluss	▪ Löschung des Tagesspeichers (Journaldaten) ▪ Z-Bon erhält fortlaufende Nummer (Erhöhung des Nullstellungszählers)
Z 2	▪ Abruf der Umsätze für bestimmte Perioden (z.B. Monats- oder Jahreswerte)	▪ Löschung des Periodenspeichers ▪ Auch der Z2-Bon erhält eine fortlaufende Nummer

Abb. 22: Übersicht — X- und Z-Abfragen

Bedienerberichte

Nach Abschluss des Geschäftstages können bei elektronischen Registrierkassen die einzelnen Bediener- oder Kellnerberichte abgefragt und ausgedruckt werden. Bei PC-Kassen werden die Bedienerumsätze vom System abgerufen und auf dem Bildschirm angezeigt. Neben den Tagesumsätzen können auch die Stundenumsätze der einzelnen Mitarbeiter angezeigt werden.

```
BRUTTO                       722
                       ·7,566.25
NETTO               AN        11
                       ·7,280.20
BAR/LADE               ·7,308.80
KRE/LADE(1)               -28.60

Michaela 5  ...................1
BRUTTO                       131
                         ·123.65
NETTO               AN         4
                          ·85.20
BAR/LADE                 -127.75
KRE/LADE(1)              ·212.95

Andrea      ...................1
BRUTTO                         9
                          ·23.00
NETTO               AN         3
                          ·18.15
BAR/LADE                  ·18.15

Trainer     ...................1
BRUTTO                       724
                       ·8,423.38
NETTO               AN        20
                       ·8,307.53
BAR/LADE               ·8,308.01

Aushilfe    ...................1
BRUTTO                         5
                          ·14.30
NETTO               AN         1
                          ·14.30
KRE/LADE(1)               ·14.30

Oberkellner ...................1
BRUTTO                         7
                          ·25.40
NETTO               AN         2
                          ·25.40
BAR/LADE                  ·25.40

BED. 10     ...................1
BRUTTO                        13
                          ·38.60
NETTO               AN         1
                          ·19.10
BAR/LADE                  ·19.10
```

Abb. 23: Auszug aus einem Bedienerbericht mit Darstellung des Trainingskellners

Bedienerberichte sind die Grundlage für die tägliche Abrechnung des Unternehmers mit seinem Personal. Die darin ausgewiesene Tagessumme stellt den vom Kellner vereinnahmten Tagesumsatz dar. Das Geld befindet sich im Kellnerportemonnaie und wird an den Unternehmer weitergegeben. Trinkgeld und Wechselgeld verbleiben beim Kellner.

Artikel- und Warengruppenberichte
In den Artikelberichten werden alle verkauften Waren mengenmäßig dargestellt. Artikelberichte können im Rahmen von Betriebsprüfungen als Grundlage für eine Umsatzverprobung herangezogen werden.

Werden die Artikel nach bestimmten Gruppen zusammengefasst, kann der Unternehmer auf Wunsch einen Warengruppenbericht erstellen lassen, z.B. prozentualer Anteil der Getränke und Speisen. Warengruppenberichte haben vor allem betriebswirtschaftliche Bedeutung.

Tischberichte
Nach Tischnummern zusammengestellte Artikel oder Umsätze können je nach Kasse in Form von Tischberichten ausgegeben werden.

Zeitlisten- oder Stundenberichte
Für chronologische Auswertungen der Umsätze auf verschiedenen je nach Bedarf individuell einstellbaren Zeitebenen können sog. Zeitlisten- oder Stundenberichte erstellt werden (Umsätze je Stunde oder Umsätze beliebiger Perioden).

Kettenbericht
Werden beim Abruf des Tagesendsummenbons neben dem Finanzbericht zusätzlich weitere Einzelberichte wie die Bediener-, Artikel- und Warengruppenberichte abgerufen und ausgedruckt, erhält man einen sog. Kettenbericht. Die Ausgabe eines täglichen Kettenberichts kann im System programmiert werden.

Abgerufene und ausgedruckte Berichte gehören zu den aufbewahrungspflichtigen Unterlagen. Es ist unzulässig, die Z-Bons nach dem Finanzbericht zu schneiden und die folgenden Berichtsausdrucke anschließend zu vernichten.

Betriebsprüfung
Über die Artikel- und Bedienerberichte können Rückschlüsse auf die Höhe der gebuchten Tagessummen gezogen werden.

Im Falle einer Verprobung ist darauf zu achten, dass in den Bedienerberichten auch Trainerumsätze enthalten sind. Diese steuerlich nicht relevanten Testbonierungen dienen lediglich Übungszwecken und fließen richtigerweise weder in den Finanzbericht noch in die GrandTotal-Summe ein. Unverhältnismäßig hohe Trainingsumsätze können jedoch auch auf mögliche Manipulationen der Bareinnahmen hindeuten.

GrandTotal-Speicher

Der GrandTotal-Speicher (GT-Speicher) hat die Aufgabe, alle in die Kasse eingetippten Umsätze zu erfassen und summarisch festzuhalten. Er wird auch als der Tachometer einer Registrierkasse bezeichnet. Entgegen dem Tagessummenspeicher erfolgt systembedingt keine automatische Nullstellung. Ist ein GT-Speicher vorhanden, werden die Umsätze meist als Netto- (GT 3), Brutto- (GT 1) und Absolutwert (GT 2) fortgeschrieben und am Ende des Finanzberichts (Z-Bon) dargestellt (s. Abb. 24). In einigen Systemen wird der GT-Speicher auch »Ewigspeicher« genannt, z.B. bei Geldgewinnspielgeräten.

NETTO 7%	·0.00
MWST 7%	·0.00
GT1	·0000000035033.37
GT2	·0000000065015.61
GT3	·0000000029121.70
Z WARENGRUPPEN	0229

Abb. 24: Der GT-Speicher-Ausdruck auf dem Z-Bon

Nullstellung des GT-Zählers

Der GT- oder Ewigspeicher erfasst die Umsätze seit Erstinbetriebnahme oder Systemrückstellung einer Kasse. Eine Nullstellung darf nur in Ausnahmefällen erfolgen. Beim Erwerb einer Gebrauchtkasse wird der Kassenaufsteller die Altdaten löschen und den Zähler des GT-Speichers zulässigerweise auf null setzen.

Wird die Kasse jedoch von einem anderen Unternehmen gebraucht erworben, erfolgt mangels Systemkenntnissen meist keine Rückstellung des GT-Speichers. Um auszuschließen, dass bei der Auswertung des GT-Speichers im Rahmen einer Kassenprüfung die Umsätze des Vorbesitzers dem Erwerber angelastet werden, sollte sich der Erwerber unbedingt alle Systemeinstellungen und Systemänderungen im Erwerbszeitpunkt protokollieren und aushändigen lassen.

Prüfungsansätze mittels GT-Speicher

Ist ein GT-Speicher im System vorhanden, kann er, soweit seine Funktion nicht deaktiviert wurde, im Rahmen einer Betriebsprüfung wertvolle Hinweise bei der Überprüfung der Bareinnahmen eines Betriebs liefern. Die Unterdrückung und damit bewusste Ausschaltung des GT-Speichers macht jeden Betriebsprüfer misstrauisch und wird ihn zu weiteren Prüfungsschritten veranlassen.

Überprüfung: Vollständigkeit der Einnahmen

Der GT-Speicher arbeitet periodenübergreifend. Eine Zuordnung der Umsätze auf die einzelnen Wirtschaftsjahre ist nachträglich nicht mehr möglich. Mithilfe des GT-Zählers können aber die Gesamtsummen der bonierten Umsätze seit Inbetriebnahme oder Systemrückstellung festgestellt und mit den steuerlich erklärten Umsätzen des entsprechenden Zeitraums abgeglichen werden.

Sind die Besteuerungsgrundlagen im Wege der Schätzung zu ermitteln, kann der GT-Speicher Anhaltspunkte liefern, eine der Höhe nach unzutreffende Einnahmenhinzuschätzung zu verhindern, selbst wenn eine exakte periodengerechte Aufteilung der Umsätze auf die Prüfungsjahre nicht mehr erreicht werden kann.

Überprüfung: Stornos und Retouren

Neben dem Netto- und Bruttoumsatz weist der GT-Speicher auch eine Totalsumme aus. Die Totalsumme liefert den höchsten Zahlenwert. Bei der Ermittlung der Totalsumme werden alle Werte ohne Berücksichtigung ihres Vorzeichens aufsummiert. Stornos, die den Barumsatz vermindert haben, werden dabei mit ihrem positiven Absolutwert wieder den Bruttoumsätzen hinzugerechnet.

Die Differenz zwischen Totalsumme (Absolutwert) und Bruttobetrag zeigt die Höhe der insgesamt bonierten Minuswerte (Stornos) an. Sind solche Angaben auf dem Beleg ausgedruckt, kann ein Prüfer nachträglich noch die Höhe aller Stornierungen insgesamt feststellen. So ist er ggf. in der Lage, eine sachgerechte Einschätzung der Höhe nach vorzunehmen, selbst dann, wenn der Ausweis von Tagesstornos auf dem Z-Bon unterdrückt wurde. Dabei wird er sowohl auffallend hohe als auch nur geringfügige bzw. gar keine Stornobeträge kritisch hinterfragen.

Muss der GT-Speicher aktiviert werden?

Nicht jede elektronische Registrierkasse oder PC-gestützte Kasse verfügt über einen GT-Speicher. Ist ein GT-Speicher vorhanden, kann er in den Systemeinstellungen jederzeit deaktiviert werden.

Es gibt weder eine Vorschrift, nach der ein GT-Speicher im System vorhanden sein muss, noch eine Vorschrift, nach der die Deaktivierung eines vorhandenen GT-Speichers ausdrücklich verboten ist.

In beiden zur Aufzeichnung und Aufbewahrung von Kassenunterlagen ergangenen BMF-Schreiben wird der Grand-total-Speicher nicht besonders beschrieben (BMF-Schreiben vom 09.01.1996 — IV A 8 — S 0310-5/95 und vom 26.11.2010 — IV A 4 — S 0316/08/10004-07).

Rechtsprechung zum GT-Speicher

FG München vom 17.05.2011 – 13 V 357/11
Im Urteilsfall konnten die Gesamtumsätze zweier Prüfungsjahre nicht mithilfe des GT-Speichers aus der Registrierkasse ausgelesen werden. Das führte u.a. zu schwerwiegenden formellen Mängeln in der Kassenführung und zur Berechtigung einer Hinzuschätzung dem Grunde nach.

FG Niedersachsen vom 01.08.2012 – 4 K 239/11
Nach dem Urteil des niedersächsischen FG wird die Nullstellung des GT-Speichers als schwerwiegender Mangel in der Kassenführung angesehen, da ein Abgleich mit den erklärten Erlösen nicht mehr stattfinden kann.

FG Berlin-Brandenburg vom 31.01.2013 – 14 V 14316/11
Die gleiche Auffassung vertritt das FG Berlin-Brandenburg. Mit Beschluss vom 31.02.2013 ist der Senat der Auffassung, mangelnde Nachvollziehbarkeit mittels GT-Speicher führe neben weiteren Mängeln zur Verwerfung der Ordnungsmäßigkeit der Kassenführung. Beachtenswert ist, dass im Urteilsfall der GT-Speicher nicht auf null gesetzt, sondern lediglich seine Funktion deaktiviert wurde.

Übersicht: Berichte und Abfragen

- X1-Abruf,
- X2-Abruf,
- Z1-Abruf,
- Z2-Abruf,
- Grand-total-Speicher-Abfrage,
- Artikelbericht,
- Warengruppenbericht,
- Transaktionsbericht,
- Bediener- oder Kellnerbericht,
- Speicher Trainingskellner,
- Tischbericht,
- Stundenbericht,
- Zeitzonenbericht,
- Kettenbericht,
- Renner- und Pennerlisten.

9.2.5 Stornos

Ein weiteres wichtiges Kriterium zur Beurteilung der Vollständigkeit der Erlöse und der Ordnungsmäßigkeit der Kassenführung ist der zwingende Ausweis von Stornos auf dem Z-Bon. Der Auslieferungszustand einer elektronischen Kasse sieht diesen Ausweis grundsätzlich vor.

Unterdrückte Stornos
Liegt ein Z-Bon ohne Stornoausweis vor, unterstellt der Prüfer, dass der Ausweis von Stornos im System bewusst unterdrückt wurde. Die Argumentation des Unternehmers, es gäbe keine Stornos, weil er nur erfahrenes Personal beschäftige, wird der Prüfer mit dem Hinweis auf die allgemeine Lebenserfahrung nicht gelten lassen.

In diesem Fall geht er von der berechtigten Annahme aus, dass der Steuerpflichtige Einnahmebuchungen über das normale Maß hinaus nachträglich wieder rückgängig gemacht hat. Die Unterdrückung von Stornos hat zwangsläufig steuerliche Hinzuschätzungen zur Folge, da dieser — dem Grunde nach formelle — Mangel so gewichtig ist, dass auch die sachliche Richtigkeit der Kassenführung infrage gestellt werden muss.

Waren innerhalb einer Abrechnungsperiode keine Stornos oder Retouren erforderlich, muss der Z-Bon bei korrekter Systemeinstellung den Stornoausweis **0,00 EUR** enthalten.

! **Wichtig!**

Im System unterdrückte Stornos führen zu einem schwerwiegenden materiellen Mangel in der Kassenführung und haben grundsätzlich die Verwerfung der Buchführung zur Folge!

Fehlende Stornobuchungen
Niedersächsisches FG vom 02.09.2004 – 10 V 52/04
Es widerspricht der Lebenserfahrung und ist nicht glaubhaft, dass in einem Lokal über einen ganzen Tag oder Monat die Eingaben in das Kassensystem ohne Fehler erfolgen und keine Stornobuchungen erforderlich werden.

9.2.6 Renner- und Pennerlisten

Viele Registrierkassen und PC-gestützte Kassen können zum Zwecke betriebswirtschaftlicher Auswertungen sog. Renner- und Pennerlisten erstellen. Sie ermöglichen es dem Unternehmer, sich einen schnellen Überblick über die besonders gut und die besonders schlecht verkauften, verlustbringenden Artikel seines Sortiments zu verschaffen.

9.2.7 Die »Bäckertaste«

Als »Bäckertaste« wird scherzhaft eine Taste der Registrierkasse bezeichnet, die einen bereits eingetippten Umsatz nachträglich als Umsatz zum ermäßigten Umsatzsteuersatz deklariert. Diese Funktion kann jeder beliebigen Taste zugewiesen werden. Die Programmierung einer solchen Bäckertaste dient in der Praxis der schnellen Zuordnung der Umsätze und der Trennung der Entgelte. Die Einstellungen sind zu protokollieren.

Allerdings kann eine Bäckertaste auch missbräuchlich eingesetzt werden, indem ein zunächst richtigerweise dem Regelsteuersatz unterliegender Umsatz nachträglich in einen ermäßigt zu besteuernden Umsatz umgewandelt wird.

Beispiel: Imbissstand !

Der Kunde verzehrt an Ort und Stelle, verzichtet aber nach der Bezahlung auf einen Beleg (Rechnung). Per Tastendruck kann der bereits bonierte Umsatz zum Regelsteuersatz nachträglich als ermäßigt zu besteuernder Straßenverkauf behandelt werden.
Einer derartigen Programmierung einer Taste steht rechtlich grundsätzlich nichts entgegen, solange hierüber Aufzeichnungen oder Protokolle geführt und diese aufbewahrt werden. Ähnliche Funktionen können auch Tasten erfüllen, die z.B. die im System eingegebenen Verkaufspreise verschiedener Artikel prozentual vermindern (z.B. Personalrabatte).
Die so geminderten Umsätze müssen jeweils nachprüfbar sein. Eine unprotokollierte und nicht mehr nachvollziehbare Kürzung des Umsatzes ist unzulässig, führt zu einem schweren Buch- bzw. Kassenführungsmangel und kann sogar die Verwerfung der Kassenführung zur Folge haben.

9.2.8 Ausfall der Kasse – Datenverlust

Sollte die Kasse einmal ausfallen oder defekt sein und dies möglicherweise zu einem Datenverlust führen, sollten unbedingt handschriftliche Aufzeichnungen geführt werden, die den Bestand der Kasse am Tagesanfang und beim Eintritt des Ereignisses dokumentiert.

Steht keine Ersatzkasse zur Verfügung, bleibt während des laufenden Geschäftsbetriebs keine andere Alternative, als zur »offenen Ladenkasse« überzugehen. Die Einnahmen sind dann durch Zählen des Tagesendbestands abzüglich des Anfangsbestands unter Berücksichtigung von Entnahmen und Einlagen zu ermitteln und mittels Kassenberichten zu protokollieren.

Nachweise über den Ausfall der Kasse wie die Reparaturrechnung, die Leistung des Kassenaufstellers, einen Stromausfall o. Ä. sollten unbedingt vorliegen. Für die Beurteilung der Ordnungsmäßigkeit sind Nachweise zwingend erforderlich, denn auch bei einem unverschuldeten Datenverlust haftet grundsätzlich der Unternehmer. Ungenauigkeiten bei einer Prüfung, die sich aufgrund fehlender Nachweise ergeben können, muss der Unternehmer in Kauf nehmen.

10 Betriebsprüfung

10.1 Die zeitgemäße digitale Betriebsprüfung

Mit der praktischen Umsetzung des digitalen Datenzugriffs gem. § 147 Abs. 6 AO verspricht sich die Finanzverwaltung gleichzeitig schnellere und effektivere Betriebsprüfungen. Um die neuen Zielvorgaben einhalten zu können, ist der Prüfer auf den Einsatz moderner Prüftechniken angewiesen. Die digitale Betriebsprüfung erfordert neben der Beherrschung des klassischen Handwerks zusätzlich ein hohes Maß an EDV-Wissen sowie Detailkenntnisse über den Ablauf und die Wirkungsweise der eingesetzten Software und Makros. Das gilt insbesondere für die Datenauswertung mit indirekten Prüfmethoden wie digitale Zahlen- und Ziffernanalysen, Zeitreihenvergleiche usw. Nur wenn der Anwender über ein ausreichendes Hintergrundwissen zur Arbeitsweise einer solchen Analyse verfügt, ist zu erwarten, dass er einen Prüfungsfall zutreffend und gerecht einschätzt.

Vor- und Nachteile der digitalen Betriebsprüfung

»Was des einen Vorteil – ist des anderen Nachteil«. Diese Aussage ist nicht unbedingt zutreffend. Die digitale Betriebsprüfung kann durchaus Vorteile für beide Seiten bieten, vorausgesetzt, die vorgelegten Daten wurden nicht nachträglich steuerschädlich verändert.

Digitale Analysewerkzeuge dienen dem Prüfer dazu, die Daten eines Unternehmens in relativ kurzer Zeit auf steuerlich relevante Besonderheiten hin zu durchforsten. Nach der Aufbereitung der Daten sollte er in der Lage sein, sich ein treffendes Bild u.a. über die Steuerehrlichkeit des Unternehmens zu machen. Von den Ergebnissen seiner Recherchen hängt ab, wie tief er in den Prüfungsfall einsteigen muss. Die Vorgaben der Finanzverwaltung, Risikomanagement und Rationalisierungsmaßnahmen zwingen ihn schon im Frühstadium der Prüfung, eine solche Einschätzung vorzunehmen.

Die hohe Qualität der Analysewerkzeuge ist unbestritten und von großer Bedeutung. Denn nur so besitzt der Prüfer ausreichend Sicherheit, sich im Falle unauffälliger Testergebnisse, für die »schnelle Prüfungsvariante« entscheiden zu können. Neben den branchenüblichen Mussprüffeldern erstreckt sich eine Betriebsprüfung dann lediglich noch auf Besonderheiten des Einzelfalls und der Überprüfung formeller Ordnungskriterien. Auf eine zeitintensive klassische Einnahmenprüfung kann in derartigen Fällen komplett verzichtet werden. Dieser Bereich gilt dann als geprüft.

Auch für den Steuerpflichtigen ist ein solcher Prüfungsverlauf von Vorteil. Sind die vorgelegten Daten insgesamt unauffällig, wird sich ein Prüfer nicht mit zeitraubenden Detailüberprüfungen im Belegbereich aufhalten und die Prüfung schneller beenden. Unauffällige Analyseergebnisse erlauben ihm diese Vorgehensweise.

Durch den Einsatz des hochwertigen digitalen Analyseinstrumentariums ist zwangsläufig auch von einer bisher ungewohnten Prüfungstiefe auszugehen.

Die Befürchtungen vieler Unternehmer, dass dadurch auch bei einem ehrlichen Steuerbürger so gut wie immer geringfügige Feststellungen zutage gefördert werden, haben sich in der Praxis nicht bestätigt.

Daran hätte der Betriebsprüfer kein auch Interesse. Für ihn wäre dies mit erheblicher Mehrarbeit verbunden. Der Umfang und die Höhe einer Steuerverkürzung lassen sich nämlich bei der Anwendung indirekter Prüfanalysen nicht beziffern. Kleinere Abweichungen können viele Ursachen haben, liegen innerhalb einer Toleranzgrenze und werden im Regelfall nicht aufgegriffen. Nur durch aufwendige Nachkalkulationen und Verprobungen wäre ansonsten die Höhe eines verlässlichen Hinzuschätzungsbetrags zu ermitteln. Eine solche Vorgehensweise ist uneffektiv und vom Gesetzgeber nicht gewünscht.

Werden jedoch klare Auffälligkeiten festgestellt, zwingen gerade diese hohen Qualitätsansprüche den Prüfer zu weiteren Prüfungshandlungen. Mithilfe indirekter Prüfmethoden festgestellte gravierende Abweichungen vom erwarteten unbedenklichen Untersuchungsergebnis, die sich nicht aufklären lassen, berechtigen vielfach zur Annahme einer steuerschädlichen Datenmanipulation.

Der verführerische Klick aufs »Knöpfchen« kann aber auch schnell zu einem Nachteil für alle Beteiligten werden. Zieht der Prüfer falsche Schlüsse aus den Analyseergebnissen oder ist die zugrunde gelegte Datenmenge für einen Test nicht geeignet, können fehlendes Know-how und lückenhaftes Hintergrundwissen fatale Auswirkungen haben. Dem Grunde oder der Höhe nach unberechtigte steuerliche Hinzuschätzungen bis hin zur strafrechtlichen Würdigung der Sachverhalte wären mögliche Folgen.

10.2 Die Kassenprüfung aus Sicht des Unternehmers

In den letzten Jahren hat das Thema »Kasse« im Rahmen von Außenprüfungen offensichtlich einen zunehmend höheren Stellenwert eingenommen. Zumindest bei Prüfungsfällen ganz bestimmter bargeldintensiver Betriebe war dieser Trend unübersehbar.

Auf einmal sollen Unterlagen und Daten vorgelegt werden, nach denen bisher kein Vorprüfer je gefragt hat. Die Ordnungsmäßigkeit der Kassenführung wird plötzlich infrage gestellt, obwohl man als Unternehmer davon überzeugt ist, eine korrekte Kasse zu führen. Schließlich wurde die Kasse bisher ja dem Grunde nach nie ernsthaft beanstandet.

Von Verwerfung der Kassenführung, die bei bargeldintensiven Betrieben mit der Verwerfung der gesamten Buchführung gleichzusetzen ist, ist plötzlich die Rede. Es drohen steuerliche Hinzuschätzungen. Die Richtigkeitsvermutung des § 158 AO wird bedeutungslos und die Beweislast kehrt sich um. Im Extremfall bedeutet das, dass der Unternehmer und sein Steuerberater jetzt nachweisen müssen, dass die Schätzungen des Prüfers dem Grunde nach unberechtigt oder der Höhe nach unangemessen sind.

Wie aber soll dieser Nachweis erbracht werden, wenn einer Kassenführung aus formellen oder materiellen Gründen die Beweiskraft abgesprochen wurde? !

Die Fragestellung macht deutlich, wie aussichtslos sich ein Rechtsstreit für einen Unternehmer im ungünstigsten Fall gestalten kann. Gleichzeitig ist diese Frage aber auch als Fingerzeig zu verstehen. Eine schlampige Kassenführung kann unvorhersehbare Folgen für das Unternehmen nach sich ziehen. Festgestellte formelle Mängel können so gewichtig sein, dass auch die sachliche Richtigkeit einer Kassenführung infrage gestellt werden muss. Die Verwerfung der Buchführung ist die rechtlich logische Folge. Der Unternehmer wird sich je nach Konstellation des Einzelfalls vergebens darauf berufen, er habe doch alle seine Bareinnahmen zutreffend aufgezeichnet. Ungenauigkeiten bei einer Einnahmenschätzung gehen im Zweifel immer zu seinen Lasten.

Wichtig! !

Die finanziellen Auswirkungen von *vermeidbaren* Mängeln und Fehlern können erheblich, vielleicht sogar existenzbedrohend sein.

10.3 Der Betriebsprüfer, der scharfe Gesetzesdiener

Sind die Betriebs- und Außenprüfer der Finanzverwaltung auf einmal viel schärfer und kleinlicher als früher?

Aus Sicht eines prüfungserfahrenen Unternehmers könnte dieser Eindruck tatsächlich entstehen. Anstelle der klassischen Belegprüfung stürzt sich der »moderne« Prüfer auf jegliche Daten, die er bekommen kann. Ob Fibu-, Anlage-, Inventur- oder Kassendaten, für die sich bisher niemand interessierte — alles ist steuerlich relevant. Mithilfe seines digitalen Zauberkastens jongliert er tagelang mit den Unternehmensdaten. Sie werden extrahiert, miteinander verbunden, einander in einer Zeitreihe gegenübergestellt, schlüssig abgeglichen und sogar nach mathematisch-statistischen Kriterien auf ihren Wahrheitsgehalt hin untersucht. So, als wolle der Prüfer sagen: »Die steuerliche Wahrheit liegt nur in den Daten, Papier ist geduldig«.

Die Ursachen für diese Entwicklung liegen nicht in der Person des Betriebsprüfers begründet. Es sind die politischen Vorgaben, die sich verändert haben. Die Verschärfungen im Bereich der Kassenführung sind zum einen auf die vielfältigen technischen Manipulationsmöglichkeiten, die ein modernes Registrierkassensystem zulässt, und zum anderen auf die Feststellungen und Forderungen des Bundesrechnungshofs (BRH) in seinem Jahresbericht 2003 zurückzuführen.

Die zwar ursprünglich vom Bundeswirtschaftsministerium bezuschusste und in Auftrag gegebene Entwicklung einer Fiskalspeicherlösung (INSIKA) sollte das Problem lösen, war und ist bis heute jedoch politisch heftig umstritten. Eine grundsätzliche Verpflichtung zur Führung einer Registrierkasse oder ein Belegzwang im Bargeldbereich wurde von der Bundesregierung nie ernsthaft ins Auge gefasst.

Stattdessen argumentierte der Gesetzgeber, die bereits bestehenden gesetzlichen Vorschriften seien ausreichend, um die zunehmenden Steuerverkürzungen im Bereich der Bareinnahmen einzudämmen. Er forderte eine konsequentere Umsetzung dieser Rechtsvorschriften. Gleichzeitig wurden die Anforderungen an die Aufbewahrung von Unterlagen bei Bargeschäften mit dem BMF-Schreiben vom 26.11.2010 präzisiert und der technischen Entwicklung der Registrierkassen bzgl. digitaler Unterlagen angepasst.

Leider wurde versäumt, den Außendiensten auch die für die zusätzliche Prüfung der Kassendaten erforderliche Mehrzeit bei den Betriebsprüfungen einzuräumen. Sollen neben der Finanzbuchhaltung auch die Daten der Vor- oder Nebensysteme mit in die Prüfung einbezogen werden, dauert eine Prüfung erfahrungsgemäß gut doppelt so lange. Nicht nur in Baden-Württemberg stellt sich für den Betriebsprüfer bei jeder Prüfung erneut die Frage, ob er aufgrund von aufwendigen Detailprüfungen im Bereich der DV-Vorsysteme seine persönlichen Statistikwerte gefährden oder gar aufs Spiel setzen soll.

Erfahrungen in der Praxis

In der Praxis hat sich leider gezeigt, dass infolge der vom Gesetzgeber in diesem BMF-Schreiben genannten Übergangsfrist (für nicht nachrüstbare Kassensysteme bis zum 31.12.2016), zahlreiche Unternehmer und Steuerberater von einer allgemeinen Gnadenfrist bis zur verschärften Umsetzung der Vorschriften ausgegangen sind. Für viele Unternehmer stellte sich diese Annahme spätestens bei einer Betriebsprüfung als folgenschwerer Irrtum heraus.

Für das Nichtbeachten der gesetzlichen formellen Vorschriften trägt alleine der Unternehmer die Verantwortung. Daran ändert sich auch nichts, wenn der Unternehmer (m.E. zu Recht) dem Gesetzgeber vorwirft, die teilweise unzureichenden und schwammigen Vorschriften sowie die inhaltlichen Überschneidungen der GoB, GoBS, GDPdU, GoBD und der verschiedenen BMF-Schreiben hätten zur allgemeinen Rechtsunsicherheit auf beiden Seiten beigetragen.

Inhaltlich teilweise sogar gegensätzliche Vorschriften waren auszumachen und selbst für einen Rechtskundigen nur noch schwer durchschaubar. Während z.B. die Vorschrift des § 147 Abs. 6 AO die Aufbewahrung aller steuerlich relevanten Einzel- und Journaldaten verlangt, erlaubte das gleichzeitig noch geltende alte BMF-Schreiben vom 09.01.1996 nach wie vor die Vernichtung solcher Journaldaten unter bestimmten Voraussetzungen. Selbst das im Jahr 2010 ergangene BMF-Schreiben bestätigte die alte Regelung, nach der die Kassenjournalrollen vernichtet werden dürfen.

Die Tatsache, dass es diese Einzeldaten je nach Kassensystem nur in Papierform gab (Kassenrollen), während sich die AO-Vorschrift auf digitale Journaldaten bezieht, ändert nichts daran, dass der Gesetzgeber zwar einerseits die Aufbewahrung von Einzeldaten zwingend verlangt, aber andererseits eine Vernichtung zulässt.

Merkblätter der Finanzverwaltung

In einigen Bundesländern wurden Merkblätter für Unternehmer und Angehörige steuerberatender Berufe erstellt und verteilt, die auf die Besonderheiten und Neuerungen zum Datenzugriff hinsichtlich der Kassenjournaldaten abstellen. In diesen Merkblättern werden insbesondere die Sonder- und Ausnahmeregelungen bei der Verwendung von elektronischen Registrierkassen beschrieben und mit den gesetzlichen Anforderungen beim Einsatz einer PC-gestützten Kasse oder einer offenen Ladenkasse verglichen.

Aufbewahrungspflichten bei Bargeschäften und Empfehlungen der Finanzverwaltung bzgl. der technischen Nachrüstung von Kassen sind ebenso Themenbereiche dieser Merkblätter wie die Hinweise auf mögliche Folgen von Kassenführungsmängeln.

Betriebsprüfung — gestern und heute

Die detaillierte Überprüfung der Baraufzeichnungen gehörte in der Vergangenheit eher zu den Prüfungsfeldern, die in vielen Fällen vernachlässigt wurden. Zwar war dieser Bereich bei bestimmten Branchen grundsätzlich immer Prüfungsschwerpunkt, die konsequente Anwendung und Umsetzung der rechtlichen Voraussetzungen in der Praxis bereitete jedoch den meisten Prüfern Probleme. Rechtsunsicherheit, aber auch fehlende Rückendeckung innerhalb der Behörde ließ eine geradlinige Umsetzung der Anwendungsvorschriften bis hin zur folgerichtigen Hinzuschätzung im Falle der Feststellung schwerwiegender Mängel nur in Ausnahmefällen zu.

Wurden keine besonders krassen Auffälligkeiten in der Kassenführung festgestellt und lagen die Betriebsvergleichszahlen (Rohgewinnaufschläge usw.) im internen und externen Vergleich in einem vertretbaren Rahmen, wurde das Thema Kassenführung in aller Regel durchgewunken.

Um der politischen Vorgabe, nach der die Einnahmen bargeldintensiver Betriebe künftig eingehender geprüft werden sollen, gerecht zu werden, wurden in mehreren Bundesländern umfassende Schulungen für alle Betriebs- und Außenprüfer, aber auch für Umsatzsteuersonderprüfer und Steuerfahnder angeboten.

! **Beispiel: Baden-Württemberg**

Aufgerüttelt durch die mit dem Jahresbericht 2003 veröffentlichten Feststellungen des BRH, verbunden mit den neuen Vorschriften zum digitalen Datenzugriff (§ 147 Abs. 6 AO) und dem vordringlichen Wunsch des Betriebsprüfers, eine Geschäftskasse vernünftig überprüfen zu können, entstand in Baden-Württemberg die »Arbeitsgruppe Registrierkasse BW«. Sie setzt sich aus erfahrenen Betriebsprüfern, EDV-Fachprüfern und Dozenten der Finanzverwaltung zusammen. Das Ziel der Arbeitsgruppe, der auch der Autor dieses Buches angehört, war, ein Fach- und Schulungskonzept zu entwickeln, das einen Prüfer in die Lage versetzt, die Kassenführung als vorgelagertes System eines bargeldintensiven Betriebs qualitativ einer Finanzbuchhaltung vergleichbar prüfen zu können.

Die in Form von Workshops in Baden-Württemberg angebotenen Schulungen wurden unter enormem Kostenaufwand konzipiert. Im Rahmen seiner Ausbildung nimmt auch jeder Neuprüfer an einem solchen Kassenworkshop teil.
Die Veranstaltungen vermitteln in einem umfassenden Theorieteil u.a. die rechtlichen Grundlagen zur Prüfung und Aufbewahrung von Baraufzeichnungen elektronischer Registrierkassendaten. Daneben erhält der Prüfer die Gelegenheit, die eigens hierfür angeschafften elektronischen Kassensysteme und PC-Kassen selbst zu bedienen und lernt dabei die unterschiedlichen Funktionsweisen der einzelnen Kassentypen kennen. Jeder Schulungsteilnehmer darf selbst bonieren und dabei den Weg vom eingetippten »Pils« über das Kassenjournal bis zu seiner Erfassung im ausgedruckten Finanz-, Bediener- und Artikelbericht nachverfolgen.
An der Bereitschaft, solche Investitionen zu leisten, ist auch der Stellenwert erkennbar, den dieses Thema bei den vorgesetzten Finanzbehörden einnimmt.
Das Erkennen von Manipulationen des Datenbestands und Veränderungen der Systemeinstellungen sind weitere Schwerpunktthemen, mit denen sich die Schulungsteilnehmer intensiv auseinandersetzen. Verblüffend und gleichzeitig überraschend war dabei die Erkenntnis, wie leicht sich die meisten elektronischen Registrierkassen bereits auf einfachste Art und Weise manipulieren lassen. Hierfür sind häufig noch nicht einmal detaillierte EDV-Kenntnisse erforderlich.
Nachdem inzwischen fast alle Prüfer geschult wurden und bereits erste praktische Erfahrungen sammeln konnten, musste leider festgestellt werden, dass gerade der technische Teil des Erlernten nur schwer umgesetzt werden kann. Zum Auslesen einer Kasse sind nur wenige Prüfer aufgrund der Vielzahl der vorgefundenen unterschiedlichen elektronischen Kassensysteme und -typen in der Lage.
In einem weiteren Modul plant die AG Registrierkasse Baden-Württemberg eine »Fortgeschrittenenveranstaltung«, in der das Einlesen von Kassenjournaldaten auf das Prüfernotebook und deren gezielte Auswertung im Hinblick auf Branchenbesonderheiten Schwerpunkt sein wird.

10.4 Auslesen einer Kasse

Unter Auslesen der Kasse ist nicht das Exportieren der Kassendaten, sondern das Lesen und Erkennen der Systemeinstellungen einer Kasse wie das Herausfinden, Entschlüsseln und Analysieren aller bauarttypischen technischen Eigenschaften und Funktionen eines Systems, ihre Wirkungsweise im täglichen Praxiseinsatz, aber auch das Erkennen individueller Programmanpassungen zu verstehen. Werden z.B. Stornos beim Ausdruck unterdrückt? Fließen alle Bedienumsätze mit Ausnahme des Trainingskellners in die Tagesendsumme ein?

Der Kassensystem- oder Kassenfachprüfer

Verschiedene Ideen, wie diesem Problem begegnet werden könnte, wurden erörtert und in einer mehrmonatigen Pilotphase ausgiebig getestet. Nach Auswertung der Ergebnisse der Pilotphase versprach die Installation eines sog. Kassensystem- oder Kassenfachprüfers bei den Prüfungsdiensten Abhilfe. Dabei war vor allem entscheidend, ob die Prüfungsergebnisse den hohen finanziellen Aufwand eines zusätzlichen Kassensystemprüfers rechtfertigen.

Das Pilotprojekt

An der neunmonatigen Pilotphase im Jahr 2012 nahmen insgesamt fünf Finanzämter in Baden-Württemberg teil. Nur bei drei von 25 geprüften Pilotfällen gab es keine Beanstandungen. Bei einem Drittel der Fälle wurden bewusst Stornos unterdrückt. Allein dieser schwerwiegende Mangel führt bereits zur Verwerfung der Kassenführung. Bei zwei Dritteln der Fälle gab es aufgrund der Prüfungsfeststellungen steuerliche Hinzuschätzungen i.H.v. durchschnittlich 40 TEUR. Insgesamt betrugen die Mehreinnahmen weit mehr als 1 Mio. EUR. Bei diesem Ergebnis wurden einige Fälle, die sich zum Zeitpunkt der Auswertung noch im Zuständigkeitsbereich der Steuerfahndung befanden, nicht mitgerechnet.

Überraschend war auch, dass es in keinem der geprüften Fälle Einwendungen gegen die Prüfungsfeststellungen gab oder Rechtsmittel eingelegt wurden.

In einigen anderen Bundesländern wurden ähnliche Projekte durchgeführt.

Speziell ausgebildete Kassenfachprüfer sollten dabei helfen, die Qualität der beschriebenen Schulungsmaßnahmen langfristig zu sichern. Sie können bei Bedarf als Zweitprüfer zur Auslesung einer elektronischen Registrierkasse hinzugezogen werden. Ihre Aufgabe ist es, gemeinsam mit dem Hauptprüfer sowohl die rechtliche Beurteilung als auch die technische Überprüfung eines Kassensystems vor Ort vorzunehmen. Der Kassenfachprüfer beurteilt dabei, ob und inwieweit die jeweiligen Systemeinstellungen Auswirkungen auf die steuerliche Einnahmenaufzeichnung haben. Aufgrund ihrer besonderen Ausbildung sind sie zudem in der Lage und auch dazu angehalten, dem Unternehmer ggf. Vorschläge hinsichtlich einer erforderlichen Systemaufrüstung zu unterbreiten. Die Ausbildung der Kassensystemprüfer ist in Baden-Württemberg inzwischen abgeschlossen. Sie wurden landesweit bei allen Betriebs- und Außenprüfungsstellen installiert und befinden sich bereits im Einsatz.

In den meisten Bundesländern wurden spezielle Arbeitsgruppen gebildet und Schulungskonzepte entwickelt, mit dem Ziel einer effektiven Überprüfung der Einnahmen bargeldintensiver Betriebe im Hochrisikobereich.

! **An das baden-württembergische Konzept angelehnte oder mit ihm vergleichbare Schulungsmaßnahmen werden auch in einigen anderen Bundesländern umgesetzt.**

Testbonierungen
Mithilfe von Testbonierungen kann ein Kassensystemprüfer feststellen, ob im Prüfungszeitraum oder möglicherweise unmittelbar vor Beginn einer Betriebsprüfung Systemänderungen an einer Kasse vorgenommen wurden.

Hierzu werden — vorzugsweise außerhalb der normalen Geschäftszeiten — verschiedene Geschäftsvorfälle in die auf Null gestellte Kasse eingegeben. Inwieweit sich z.B. Stornierungen und Trainerumsätze auf den Finanzbericht auswirken und welche Daten letztlich im Ausdruck dargestellt werden, zeigt der anschließende Abruf des Z-Bons. Dieser, vom Prüfer als Probebon kenntlich gemachte Z-Bon, kann danach mit den vorgelegten echten Bons verglichen werden. Solche Maßnahmen sollten nur nach Absprache und mit Einwilligung des Unternehmers und in dessen Anwesenheit durchgeführt werden.

10.5 Datenzugriff gem. § 147 Abs. 6 AO

Es ist davon auszugehen, dass bei Außenprüfungen neben den Daten der Finanzbuchhaltung künftig in verstärktem Maße auch die Daten aus den vorgelagerten Buchführungssystemen angefordert werden.

Die Vorschrift des § 147 Abs. 6 AO ist vollumfänglich auch auf alle steuerlich relevanten Kassendaten anzuwenden. Danach hat die Finanzbehörde im Rahmen von Außenprüfungen das Zugriffsrecht auf die digitalen Kassenjournaldaten. Alle drei Datenzugriffsmöglichkeiten — der unmittelbare Datenzugriff (Z1), der mittelbare Datenzugriff (Z2) und die Datenträgerüberlassung (Z3) — stehen dem Außenprüfer wahlfrei beim Zugriff auf die digitalen Kassendaten, die für die Besteuerung von Bedeutung sind, zur Verfügung.

Die vollständige Aufbewahrung aller steuerlich relevanten Einzeldaten in unverdichteter, unveränderbarer und maschinell auswertbarer Form stellt vor allem größere Einzelhandelsunternehmen und Einzelhandelsketten vor erhebliche Archivierungsprobleme.

Die einzelnen Erfassungsebenen
Eine effektive und anspruchsvolle Betriebsprüfung setzt voraus, dass die Besteuerungsgrundlagen bereits auf der sog. **primären Aufzeichnungsebene** überprüft werden. Auf dieser Ebene werden Grundaufzeichnungen geführt, zu denen auch die erstmalige Erfassung von Einzelpositionen im Barverkehr wie z.B. die Erfassung von Kasseneinzeldaten, Kassenbons, Rechnungen und die Warenwirtschaft gehört. Fehlende Grundaufzeichnungen oder festgestellte

schwerwiegende formelle Buchführungsmängel auf der Primärebene entziehen allen darüber liegenden Ebenen die Grundlage.

Auf der **sekundären Ebene** werden die Aufzeichnungen über das Hauptbuch (Konten der Finanzbuchhaltung) verarbeitet und den verschiedenen Kontenbereichen sachlich zugeordnet. Die Verbuchung der verdichteten Tageseinnahmen auf der Grundlage des Z-Bons findet z.B. ebenso auf der Sekundärebene statt wie die Abbildung einzelner Geschäftsvorfälle (Eingangs- und Ausgangsrechnungen).

Eine Überprüfung der Besteuerungsgrundlagen auf der **finalen Summenebene**, zu der die Saldenlisten, die Bilanz und die Gewinn- und Verlustrechnung zählen, ist nur dann sinnvoll, wenn die jeweiligen Jahressummen für externe Vergleiche oder Verprobungen herangezogen werden sollen.

10.6 Blick in den digitalen Werkzeugkasten

Mithilfe der leistungsfähigen Prüf- und Analysesoftware IDEA sollen auch die Daten der unterschiedlichen Kassensysteme aufbereitet, analysiert und ausgewertet werden. Für einige Systeme stehen bereits speziell angepasste Aufbereitungsmakros und automatische Prüfroutinen zur Verfügung.

So kann z.B. die Vollständigkeit aller Tagesendsummen oder der Tageseinnahmen per Lückenanalyse anhand des laufenden Z-Nummernzählers oder der Kalendertage in kürzester Zeit überprüft werden.

Für Plausibilitätsprüfungen bietet die Software mathematisch-statistische Verfahren an, die den Wahrheitsgehalt einer Zahlenmenge untersuchen. Mit ihrer Hilfe lässt sich ein manipuliertes Zahlenwerk mit großer Wahrscheinlichkeit erkennen.

Mehrfachbelegungs- und Altersstrukturanalysen, Zeitreihenvergleiche, Kassenfehlbetragsprüfungen sowie die Aufsummierung, Gruppierung und optische Aufbereitung der Daten nach unterschiedlichsten Prüfkriterien sind weitere Beispiele aus dem vielfältigen, jedem Außenprüfer zur Verfügung stehenden digitalen Werkzeugkasten.

Die technische Aufrüstung der Finanzbehörden war dringend erforderlich, um digitale Massendaten überhaupt bewältigen zu können. Ein Wettrüsten wird es dennoch nicht geben.

Die Prüfsoftware IDEA ist keine Wunderwaffe der Finanzverwaltung. Sie hat die Aufgabe, ansonsten aufwendige manuell durchzuführende Prüfungsschritte mit technischen Hilfsmitteln in vergleichsweise kurzer Zeit zu leisten. IDEA ist in der Lage, insbesondere größere Datenmengen zu durchleuchten und zu verarbeiten.

Werden im Rahmen von Prüfungen bei bargeldintensiven Betrieben künftig alle Kassenjournaldaten angefordert, ist vor allem bei Einzelhandelsketten von immensen Datenmengen auszugehen.

Durch den Einsatz der Software nimmt zwar die »Prüfungstiefe« zu, der Umfang einer Prüfung soll sich nach Aussage des Gesetzgebers jedoch grundsätzlich nicht erhöhen.

Digitale Analysebeispiele

- **Lückenanalyse:** Ermittelt Lücken in Datums- und Zahlenreihen (Tageseinnahmen, Rechnungs- und Bonnummern).
- **Mehrfachbelegungsanalyse:** Stellt doppelt- oder mehrfach vorkommende identische Werte fest (Tagessummen, gleiche Bonnummern u. Ä.).
- **Altersstrukturanalyse:** Ermittelt die Altersstruktur von Artikeln oder Forderungen (Bewertung).
- **Schichtung:** Daten können nach Alter oder unterschiedlichen Größen geschichtet dargestellt werden (Schwerpunktbildung).
- **Kassenfehlbetragsmakro:** Für jeden Datumswert kann überprüft werden, ob die buchmäßig erfassten Barausgaben die Einnahmen unter Berücksichtigung des jeweiligen Vortagesbestands übersteigen.
- **Pivottabelle:** Mithilfe einer mehrfach »aufklappbaren« Pivottabelle lassen sich Daten aufsummieren, gruppieren und hinsichtlich unterschiedlicher Gesichtspunkte optisch darstellen.
- **Benford's Law:** Die mathematisch-statistische Zahlen- und Ziffernanalyse ermittelt den Wahrheitsgehalt einer Zahlenmenge. Manipulierte Zahlenwerke zeigen gegenüber »natürlich« gewachsenen Zahlen Auffälligkeiten bei der Ziffernverteilung.
- **Chi-Quadrat-Test:** Auch dieser Test erkennt nachträglich veränderte Zahlenwerke anhand der Ziffernverteilung und stellt vermehrt als erwartet auftretende Ziffern (Lieblingszahlen) bei Zahlenkolonnen fest.
- **Zeitreihenvergleich:** Voneinander abhängige Werte wie der Umsatz und der Wareneinkauf werden auf einer Zeitschiene dargestellt.
- **Dateiverbindungen:** Werden Dateien miteinander verbunden, können z.B. klimaabhängige Biergartenerlöse taggenau mit den entsprechenden Wetterdaten des Deutschen Wetterdiensts abgeglichen und grafisch aufbereitet werden.

- **Feldstatistik:** Für jede in IDEA importierte Datei wird programmgesteuert eine sog. Feldstatistik für alle nummerischen Werte sowie für Datums- und Zeitwerte erzeugt.
- **Sonstige Funktionen:** Stichproben- und Zufallsauswahl, globale Suchfunktionen, verschiedene Extraktionsmöglichkeiten, Trendanalysen, Feldbearbeitung mit hinterlegten Formelfunktionen, Filter- und Grafikoptionen usw. vervollständigen die Bearbeitungsmöglichkeiten des Prüfers.

10.7 Umsatzsteuer-Nachschau (§ 27b UStG)

Die außerhalb einer regulären Außenprüfung stattfindende Umsatzsteuer-Nachschau ist für die kurzfristige und schnelle Prüfung von Sachverhalten vorgesehen, die für die Besteuerung von Bedeutung sind. Dabei dürfen Finanzbeamte Grundstücke und Geschäftsräume von Gewerbetreibenden ohne vorherige Ankündigung und während der Geschäftszeiten betreten. Gemäß dem Steuervereinfachungsgesetz von 2011 ist im Rahmen der Umsatzsteuer-Nachschau auch der Zugriff auf die gespeicherten umsatzsteuerlich relevanten Daten vorgesehen.

Grundsätzlich kann die Finanzbehörde jeden Amtsträger zur Durchführung einer Umsatzsteuer-Nachschau berechtigen. In den einzelnen Bundesländern wird diesbezüglich unterschiedlich verfahren.

10.8 Mitwirkungspflicht des Steuerpflichtigen gem. § 200 AO

Der Steuerpflichtige hat bei der Feststellung von Sachverhalten, die für die Besteuerung erheblich sein können, mitzuwirken. Seine Mitwirkungspflicht erstreckt sich auf die Erteilung von Auskünften, die Vorlage von Büchern und Unterlagen und die Unterstützung der Finanzbehörde bei der Ausübung des digitalen Datenzugriffs gem. § 147 Abs. 6 AO.

Die Unterlagen hat der Steuerpflichtige in seinen Geschäftsräumen oder — soweit ein für die Außenprüfung geeigneter Raum nicht vorhanden ist — in seinen Wohnräumen oder in der Amtsstelle unentgeltlich vorzulegen.

Die Außenprüfung findet während der üblichen Geschäfts- oder Arbeitszeiten statt. Der Prüfer ist berechtigt, die betrieblichen Räume zu betreten und unter Hinzuziehung des Betriebsinhabers zu besichtigen.

10.9 Erweiterung des Prüfungszeitraums

Bei massiven Manipulationen der Ausgangsrechnungen und des Kassenbuchs und einem damit bestehenden Verdacht einer Steuerstraftat kann der zunächst vorgesehene Prüfungszeitraum auf weitere Jahre erweitert werden.

Massive Manipulationen

FG Münster vom 20.04.2012 – 14 K 4222/11 AO

In einem Fall massiver Manipulationen kann sich eine Prüfungserweiterung auch auf bereits geprüfte Veranlagungszeiträume erstrecken, für die die reguläre vierjährige Festsetzungsfrist abgelaufen ist.

11 INSIKA – Eine Zukunftslösung?

INSIKA ist ein System, mit dem digitale Baraufzeichnungen gegen nachträgliche Manipulationen geschützt werden sollen. INSIKA ist die Kurzbezeichnung von »**IN**tegrierte **SI**cherheitslösung für messwertverarbeitende **KA**ssensysteme«. Das Verfahren gilt als Alternative zu herkömmlichen Fiskalspeichersystemen.

11.1 Kryptografischer Manipulationsschutz

Wie die Bezeichnung vermuten lässt, ist INSIKA insbesondere für den Einsatz bei digitalen Kassensystemen vorgesehen. Mithilfe kryptografischer Methoden sollen mit INSIKA vor allem steuerschädliche Veränderungen von Daten elektronischer Registrierkassen und Taxameter unterbunden werden.

Unter Kryptografie ist heute allgemein der Fachbereich Informationssicherheit zu verstehen, der sich hauptsächlich mit Systemen befasst, die gegen unbefugtes Lesen und Verändern resistent sind. Ursprünglich befasste sich die Kryptografie mit der Verschlüsselung von Informationen (z.B. Geheimschrift). Aus der einstigen Wissenschaft, Klartext in scheinbaren Unsinn umzuwandeln, entwickelte sich die heutige Kryptografie. Sie verfolgt primär das Ziel, Methoden zu entwickeln, durch die Daten in einem System so verwaltet werden können, dass berechtigte Personen diese Daten lesen, nicht aber unerkannt ändern oder fälschen können.

11.2 Bundesrechnungshof

Der BRH sieht bei der Überprüfung der Einhaltung von Aufzeichnungspflichten bei Bargeschäften und ihrer Kontrolle dringenden Handlungsbedarf. Mit Unterstützung des Prüfungsamts Frankfurt untersuchte der BRH im Jahr 2003 erstmals die Manipulationsanfälligkeit von elektronischen Registrierkassen. Im Jahr 2005 befasste er sich mit der Besteuerung von Taxiunternehmen.

In seinem Jahresbericht 2003 prognostizierte der BRH drohende Steuerausfälle in jährlich zweistelliger Milliardenhöhe, die allein auf die vielfältigen Manipulationsmöglichkeiten, die moderne Registrierkassensysteme zulassen, zurückzuführen sein sollen. Nach einer Studie sollen dabei in Deutschland 3 Mrd. EUR Steuerausfälle allein auf das Konto gastronomischer Betriebe gehen.

Vergleicht man diese Zahlen mit den steuerlichen Mehreinnahmen, die aus den Ankäufen der Steuer-CDs resultieren, wird das Ausmaß noch deutlicher.

Nur einen Bruchteil der geschätzten Steuerausfälle aus Kassenmanipulationen machen danach die Verkürzungen aus hinterzogenen Zinsen aus Nachbarländern wie der Schweiz aus. Ein erschreckender Vergleich, wenn man bedenkt, dass sich die Ausfälle aufgrund von Kassenmanipulationen Jahr für Jahr wiederholen.

11.3 Manipulationsanfälligkeit

Viele elektronische Kassensysteme lassen nachträgliche Veränderungen der erfassten Datenbestände zu und sind sogar in der Lage, jegliche Spuren, die auf Manipulationen hindeuten, dauerhaft zu verwischen. Es gibt sogar Systeme, die das Löschen von Daten auf oberster Ebene erlauben. Hinweise auf solche Aktionen sucht man meist vergebens. Sie sind oft nur in versteckten Programmdateien zu finden oder fehlen gänzlich. Für einen durchschnittlich ausgebildeten Außenprüfer der Finanzbehörden sind sie nicht mehr zu erkennen. Wird gar eine spezielle Zapper-Software eingesetzt, sind nachträgliche Veränderungen digitaler Daten selbst für EDV-Spezialisten nicht mehr nachvollziehbar.

Der BRH führt hierzu in einer Mitteilung an das BMF vom 19.05.2015 aus, dass sich die Manipulationsmöglichkeiten seit der Prüfung im Jahr 2003 aufgrund der technischen Entwicklung erheblich ausgeweitet haben. Spezielle Software ermögliche es Steuerhinterziehern, »spielend« Aufzeichnungen ihrer Kassensysteme zu manipulieren. Dabei werden Eingaben nicht aufgezeichnet und Daten oder bestimmte Umsatzkategorien gelöscht. Die Software kann ganze Datenbanken ersetzen, Geschäftsvorgänge erfassen, die nie stattgefunden haben, oder Umsätze in Form eines voreingestellten Geldwerts oder Prozentsatzes verkürzen.

11.4 Das INSIKA-Projekt

Abhilfe versprachen verschiedene Fachkonzepte, die vom BMF erarbeitet bzw. in Auftrag gegeben wurden. Das INSIKA-Projekt wurde von der physikalisch-technischen Bundesanstalt (PTB) in Zusammenarbeit mit Industrieunternehmen entwickelt und versprach einen wirksamen Schutz gegen nachträgliche Manipulationen von Registrierkassen- und Taxameterdaten. Das Vorhaben wurde vom Bundesministerium für Wirtschaft und Energie gefördert und mit 225.000 EUR bezuschusst. Mittels einer Smartcard wird für jeden Geschäftsvorfall eine elektronische Signatur erzeugt und zusammen mit den Daten dauerhaft abgespeichert. Alle Buchungen werden fortlaufend nummeriert. Zusätzlich wird die Signatur auf jeden zugehörigen Beleg aufgedruckt. Dadurch kann jederzeit festgestellt werden, ob das System den gesetzlichen Vorschriften entsprechend eingesetzt wird. Die Signatur kann mit optischen Lesegeräten (sogar mit einem Handy) maschinell gelesen und weiterverarbeitet werden. Eine Veränderung der Daten könnte nachträglich nicht mehr unerkannt durchgeführt werden.

Das Projekt sieht vor, dass die Smartcard von einer autorisierten zentralen Stelle (z. B. Bundesdruckerei) ausgegeben wird und in nahezu allen gängigen Systemen genutzt werden kann. Die Sicherheit von INSIKA wird ausschließlich durch die Smartcard gewährleistet und beruht nicht auf anderen Systemkomponenten.

INSIKA wäre technisch u. a. auch in Geldgewinnspielgeräten verwendbar. Alle Systeme, die in der Lage sind, Geschäftsvorfälle einzeln aufzuzeichnen, benötigen zur Verwendung von INSIKA lediglich noch einen einfachen Smartcard-Reader.

Das Gemeinschaftsprojekt INSIKA wurde seit 2008 entwickelt und im Jahr 2012 erfolgreich abgeschlossen. Es könnte ohne Erwerb von gewerblichen Schutzrechten (Patente, Lizenzen o. Ä.) eingesetzt werden, sobald die gesetzlichen Rahmenbedingungen für eine Umsetzung des Verfahrens geschaffen sind.

Die technischen Lösungen sollten entsprechend den Forderungen des BRH dem jeweils neuesten Stand der Technik angepasst werden. Auf Vorschlag des BRH könnte die PTB oder das Bundesamt für Sicherheit und Informationstechnik die Zulassung vornehmen, sodass ein permanent hoher Sicherheitsstandard gewährleistet werden kann.

11.5 Die Kosten von INSIKA

Da keine Lizenzgebühren anfallen, entstehen im Falle einer Nachrüstung lediglich einmalige Aufwendungen für die Smartcard selbst und für das Lesegerät. Die Schätzungen gehen von weniger als 100 EUR aus. Der PTB zufolge kostet das INSIKA-Modul ca. 50 EUR je System. Hinzu kommen das Lesegerät und die Installation. Auf dem Markt werden bereits preiswerte komplett ausgerüstete Kassensysteme angeboten.

11.6 Der Gesetzgeber

Aus politischen Gründen wurde das fertiggestellte, ausgereifte und ausgiebig erprobte Projekt allerdings wieder aus dem Aktionsprogramm der Bundesregierung entfernt. Stattdessen vertrat der Gesetzgeber die Auffassung, eine konsequentere Umsetzung bereits bestehender gesetzlicher Regelungen und eine engere Auslegung des Gesetzesrahmens seien ausreichend, drohenden künftigen Steuerausfällen wirkungsvoll entgegenzutreten.

Mit dem BMF-Schreiben vom 26.11.2010 (IV A 4 — S 0316/08/10004-07, Aufbewahrung digitaler Unterlagen bei Bargeschäften) wurden die Vorschriften zum digitalen Datenzugriff (§ 147 Abs. 6 AO, GDPdU und GoBS) ergänzt und im Hinblick auf elektronische Registrierkassensysteme neu geregelt (vgl. auch GoBD vom 14.11.2014).

11.7 Maßnahmenpaket der Finanzministerkonferenz (November 2014)

Nach dem vorläufigen »Aus« ist die gesetzliche Einführung von INSIKA seit April 2014 erneut in der politischen Diskussion. Die überraschenden Ergebnisse eines Pilotprojekts auf freiwilliger Basis bei Taxibetrieben in Hamburg und eine Initiative mehrerer Bundesländer waren hierfür mit ausschlaggebend.

Das Thema »Manipulation von Buchführungs- und Kassendaten« war Gegenstand der Finanzministerkonferenz im Mai 2014. Das am 17./18. November 2014 beschlossene Maßnahmenpaket der Ministerkonferenz sieht neben der Verschärfung verschiedener Sanktionsmöglichkeiten und einer gesetzlichen unangekündigten Kassennachschau eine Einführung von INSIKA auf freiwilliger Basis vor. Die Forderungen der Länder nach einer verpflichtenden Einführung wurden nicht erfüllt. Eine gesetzliche Einführung des INSIKA-Verfahrens soll auf Antrag der Finanzminister der Länder weiter untersucht werden.

11.8 Beschluss der Finanzministerkonferenz (Juni 2015)

Die Finanzminister der Bundesländer halten nach dem Beschluss der Finanzministerkonferenz vom 25. Juni 2015 nicht mehr an einer verpflichtenden Einführung des INSIKA-Konzepts fest und haben sich für ein technologieoffenes Konzept ausgesprochen. Der Beschluss sieht vor, dass die Implementierung eines technischen Manipulationsschutzes jedoch für alle Unternehmen und ohne lange Übergangsregelungen zwingend erforderlich sei.

Eine EU-weite Harmonisierung der Anforderungen an elektronische Kassensysteme wäre zwar wünschenswert, wurde jedoch als nachrangig eingestuft. Unverzügliche Maßnahmen auf nationaler Ebene seien dringend erforderlich.

Auch mit INSIKA können laut PTB Manipulationen nicht ausgeschlossen werden. Nach den Ausführungen der Ministerkonferenz könne mithilfe neuerer Zapper-Software die Ansteuerung der Smartcard im System umgangen werden. Im Übrigen sei deren flächendeckende Einführung unverhältnismäßig, weil sie nur in kleineren inhabergeführten Unternehmen eingesetzt werden kann, nicht bei allen Systemen umsetzbar und insgesamt zu teuer ist.

Solange es in Deutschland keine Registrierkassenpflicht gibt, ist Betrug bei der Verwendung offener Ladenkassen durch »Nichtverbuchung« von Umsätzen weiterhin möglich. INSIKA biete auch keinen Schutz gegen »schwarze Kassen«.

Stattdessen wird eine gezieltere Betrugsbekämpfung wie die unangekündigte Kassenprüfung, eine deutliche Erhöhung der Bußgelder und die Konzentration auf betrugsanfällige Unternehmensstrukturen befürwortet.

11.9 INSIKA-Irrtümer

Das INSIKA-Konzept wird seit dem Projektende von der Anwendervereinigung Dezentrale Mess-Systeme e.V. (ADM) unterstützt, betreut und weiterentwickelt.

Die ADM hat inzwischen auf die in der Öffentlichkeit und Politik verstärkt diskutierten Schwächen, die dem Verfahren angeblich anlasten, reagiert. In einer mehrseitigen Stellungnahme versucht sie die »INSIKA-Irrtümer«, die sich im Laufe des Prozesses in die Debatte eingeschlichen haben, aufzuklären.

Die Vereinigung kritisiert u.a., dass die Diskussion über sichere Registrierkassen, Taxameter und ähnliche Systeme verstärkt in der Öffentlichkeit und Politik, anstatt unter Sicherheits- und Branchenexperten geführt werde. In ihrem Schreiben vom 15.09.2015 fordert die ADM, dass die wesentlichen Irrtümer durch die Entwickler des INSIKA-Verfahrens selbst aufgeklärt werden sollen.

Der Katalog der 14 Irrtümer reicht von »INSIKA ist unsicher«, »technisch überholt«, »innovationsfeindlich«, »teuer«, »möglicherweise rufschädigend«, »europarechtswidrig« bis »INSIKA mache vom Anbieter abhängig« und sei »insgesamt in der Anwendung problematisch«.

Außerdem wird gegen die Behauptungen, ein »freiwilliger Einsatz einer Sicherheitseinrichtung (INSIKA oder andere) könne Probleme mit Manipulationen ebenfalls lösen« und die »aktuelle Rechtslage sei ausreichend« argumentiert.

Abschließend wird nochmals auf den besonderen Schwerpunkt für die Nutzer von INSIKA hingewiesen, nämlich den der Rechtssicherheit für die Anwender der Systeme.

Ob die Entwickler mit ihrer Stellungnahme zu den INSIKA-Irrtümern alle Zweifel und Bedenken am Verfahren ausräumen konnten, ist fraglich.

11.10 Positionspapier der CDU/CSU-Bundestagsfraktion

In einem im Oktober 2015 erstellten Positionspapier lehnt die Arbeitsgruppe Finanzen und Wirtschaft der CDU/CSU-Bundestagsfraktion den einstimmig auf der Finanzministerkonferenz von den Ländern geforderten Vorschlag zur flächendeckenden Einführung von INSIKA kategorisch ab.

Die CDU/CSU-Fraktion hält die zwingende Einführung eines technischen Verfahrens wie INSIKA oder ein anderes vergleichbares System grundsätzlich für ein untaugliches Mittel zur effektiven Bekämpfung des Umsatzsteuerbetrugs. Das INSIKA-Kontrollverfahren sei zu bürokratisch, zu teuer und technisch überholt. Man trete zwar für die Bekämpfung von Steuermanipulationen ein, aber nicht mit unverhältnismäßigen Mitteln.

Die Fraktion nennt in ihrem Positionspapier vier Gründe, warum die Unternehmen nicht verpflichtet werden sollen, ihre Registrierkassen mit einer sog. Smartcard auszustatten. Die Smartcard hätte die Aufgabe, alle Umsätze mit einer digitalen Signatur zu versehen, um unerkannte nachträgliche Veränderungen der Werte zu verhindern.

Grund 1
Der Vorschlag der Länder unterstelle allen Unternehmern grundsätzlich eine Neigung zum Umsatzsteuerbetrug. Diese Annahme beruhe lediglich auf haltlosen Vermutungen ohne konkrete Hinweise.

Der von den Ländern genannte Umsatzsteuerverkürzungsbetrag von jährlich 10 Mrd. EUR basiere auf hochgerechneten Daten einer OECD-Schätzung für den Bereich der Gastronomie in der kanadischen Provinz Quèbec.

Grund 2
Eine verpflichtende Einführung des INSIKA-Konzepts würde unverhältnismäßig hohe Bürokratiekosten bei den Unternehmen auslösen und somit zu einer deutlichen Mehrbelastung mittelständischer Unternehmen führen.

Die Kosten für die Einführung des INSIKA-Verfahrens stünden nach Auffassung der CDU/CSU-Fraktion in keinem Verhältnis zum vermeintlichen Nutzen. Gleichzeitig wird befürchtet, dass Kleinunternehmen ansonsten zur offenen Ladenkasse übergehen, während große Unternehmen möglicherweise von Ausnahmeregelungen profitieren könnten.

Grund 3

Durch die Einführung eines solchen Verfahrens wird die primär in die Verantwortung der Länder fallende Aufgabe, geeignete Finanzkontrollen durchzuführen, auf die Wirtschaft abgewälzt. Dadurch würden die Länder Personalkosten einsparen, die für die Durchführung von Finanzkontrollen zur Verhinderung von Umsatzsteuerbetrug in den Kontrollbehörden anfallen. Außerdem müssten die Länder sich nicht dem Vorwurf einer unzureichenden Kontrolldichte aussetzen.

Grund 4

Um Manipulationsmöglichkeiten durch softwareseitige Anpassungen auszuschließen, kann sich die CDU/CSU-Bundestagsfraktion allenfalls eine verbindliche Lizenzierung der Kassensoftware vorstellen. Die Verpflichtung dürfe jedoch nur für Neugeräte gelten. Sollte es dennoch zu Umsatzsteuerhinterziehungen kommen, ist ein solches kriminelles Vorgehen entsprechend zu verfolgen.

Anmerkungen des Autors zum Positionspapier

Im Rahmen von Außenprüfungen bei bargeldintensiven Betrieben gilt auch nach der Veröffentlichung der geschätzten Steuerausfälle durch den BRH der Grundsatz der Beweiskraft der Buchführung gem. § 158 AO. Soweit nach den Umständen des Einzelfalls kein Anlass besteht, ihre sachliche Richtigkeit zu bezweifeln, ist sie der Besteuerung zugrunde zu legen.

Es ist nicht gerechtfertigt, den Finanzbehörden zu unterstellen, der Vorschlag der Länder basiere auf der pauschalen Vermutung, alle Unternehmer neigen zum Umsatzsteuerbetrug. Unter der Voraussetzung einer solchen Annahme wäre eine vernünftige Außenprüfung erfahrungsgemäß kaum durchführbar. Ein Generalverdacht hätte nämlich zur Folge, dass in allen Prüfungsfällen schon zum Zeitpunkt des Beginns der Prüfung zwingend ein Strafverfahren eingeleitet werden müsste.

Die Ausführungen der CDU/CSU-Fraktion beziehen sich ausschließlich auf Steuerverkürzungen im Bereich der Umsatzsteuer. Die dadurch aber gleichzeitig verursachte Verkürzung der Ertragsteuern wie der Einkommen- oder der Körperschaft- und Gewerbesteuer bleibt unerwähnt. Die verkürzten Ertragsteuern dürften betragsmäßig jedoch deutlich über den verkürzten Umsatzsteuerbeträgen liegen.

Auch wenn eine detaillierte Hochrechnung von eigenen Daten aus den Bundesländern nicht vorliegt und sich sowohl die Länderfinanzminister als auch der BRH tatsächlich nur auf die hochgerechneten OECD-Zahlen einer kanadischen Provinz beziehen sollten, sollte nicht gleichzeitig unterstellt werden, dass die Situation in Deutschland weniger dramatisch ist.

Immerhin verkörpert Deutschland im europäischen Vergleich das Schlusslicht bei der Bargeldbetrugsbekämpfung. Vielleicht wird die CDU/CSU-Bundestagsfraktion in absehbarer Zeit von einem auf unsere Verhältnisse bezogenen Rechenwerk überrascht, in dem die jährlichen von der OECD geschätzten Verkürzungsbeträge noch weit übertroffen werden.

Die Grundlagen einer solchen »Hochrechnung« könnten z.B. die Auswertungsergebnisse des pilotweisen Einsatzes von INSIKA bei Taxametern in Hamburg und Berlin oder die Prüfungsergebnisse der zusätzlich bei den Prüfungsdiensten installierten Kassenfach- bzw. Kassensystemprüfern sein.

Schon der freiwillige Einsatz von INSIKA hat bei Taxibetrieben in Hamburg und Berlin zu unerwartet hohen zusätzlichen Steuereinnahmen in Millionenhöhe geführt. Vergleichbare Ergebnisse haben auch spezielle Kassensystemprüfungen aufzuweisen, die in einigen Bundesländern im Rahmen von Außenprüfungen durchgeführt wurden.

11.11 Pressemitteilung Finanzministerium NRW vom 19.11.2015

Nach einer Presseinformation des Finanzministeriums des Landes Nordrhein-Westfalen vom 19. November 2015 mit dem Titel »**Das Aus für manipulierte Registrierkassen ist in Sicht**« hat der Bund auf nachhaltiges Drängen der Bundesländer endlich einen Gesetzesvorschlag vorgelegt, der das Aus für Steuerhinterziehungen mit manipulierten Registrierkassen bedeuten soll. Der Gesetzentwurf beinhaltet maßgebliche Forderungen des Landes NRW und stellt nach Meinung des Finanzministers Norbert Walter-Borjans einen ersten Schritt in die richtige Richtung dar. Der Entwurf sieht z.B. ein unangemeldetes Erscheinen des Betriebsprüfers im Unternehmen vor. Zudem müssen Hersteller von Software, mit der nachträglich die Kasseneinnahmen vermindert werden können, künftig mit drastischen Geldstrafen rechnen.

Nach ersten vorsichtigen Prognosen könnte bereits zur Sommerpause 2016 ein entsprechendes Gesetz gegen Steuerhinterziehung durch elektronische Registrierkassen verabschiedet werden.

Ob mit oder ohne INSIKA, ob freiwillig oder gesetzlich verpflichtend – viele Verbände und Gewerkschaften appellieren schon seit längerer Zeit an den Bund, endlich eine verbindliche Lösung zu präsentieren. Die Kassenhersteller klagen, ihre Kunden seien unsicher und zögerten die Neuanschaffung bis zur Klärung der gesetzlichen Lage hinaus.

Die Zeit drängt, meint der Finanzminister und verweist auf den jährlichen Steuerausfall von 5 bis 10 Mrd. EUR. Nach Expertenauffassung sei diese Schätzung eher zu niedrig angesetzt, da nach den Erfahrungen bei Betriebsprüfungen zuweilen bis zu 50 % der Einnahmen nicht versteuert würden.

Für diese Steuerausfälle zahlen am Ende die Steuerehrlichen, betonte NRWs Finanzminister Walter-Borjans.

11.12 Ein technologieoffenes Verfahren?

Aller Voraussicht nach wird INSIKA nur eines der möglichen Verfahren zur Sicherung der Daten gegen nachträgliche Veränderungen sein. Dass INSIKA gesetzlich eingeführt wird, ist nach derzeitigem Wissensstand so gut wie ausgeschlossen. Inwieweit ein technologieoffenes Verfahren in nächster Zukunft von den Kassen- und Softwareherstellern umgesetzt werden kann, bleibt abzuwarten.

12 Besonderheiten einzelner Branchen

12.1 Taxibetriebe

Der BRH hat in seinen Berichten bereits mehrfach auf Einnahmeausfälle im Taxigewerbe hingewiesen. Vor allem im Bereich der Bareinnahmen sollen Einnahmen in Millionenhöhe verkürzt worden sein. Mehr als 800 Mio. EUR sollen Presseberichten zufolge jährlich unversteuert am Fiskus vorbeigeschleust werden. Es ist also nicht verwunderlich, dass Taxibetriebe neben den Gastrobetrieben zur Hochrisikobranche erklärt wurden.

Überwiegend bar vereinnahmt werden Entgelte aus den normalen Taxifahrten nach tariflich von den Kommunen festgelegten Sätzen. Werden Fahrten außerhalb des zuständigen Bereichs durchgeführt, kann der Taxiunternehmer mit seinen Fahrgästen auch Festpreise vereinbaren oder aushandeln. Für zusätzliches Gepäck und Fahrradmitnahme werden meist Pauschalen berechnet. Einige führen auch Transport-, Besorgungs- und Gästetransferfahrten zu Veranstaltungen oder Flughäfen durch.

Neben den meist bar abgerechneten Tarif- und Sonderfahrten bieten viele Unternehmer neben individuellen Ausflugsfahrten auch spezielle Beförderungen für Behinderte, Schüler, Kranke oder Rollstuhlfahrer an. Solche Beförderungen erfordern entsprechend ausgestattete Großraumfahrzeuge. Die Leistungen werden i.d.R. unbar abgerechnet und gehören im Rahmen einer Betriebsprüfung nicht unbedingt zu den Schwerpunktthemen.

Taxameter und Wegstreckenzähler

Der Taxameter ist die elektronische Registrierkasse des Taxis.

Abb. 25: Taxameter

Das BMF-Schreiben vom 26.11.2010 zur Aufbewahrung digitaler Unterlagen bei Bargeschäften zählt Taxameter und Wegstreckenzähler gemeinsam mit elektronischen Registrierkassen und Waagen mit Registrierkassenfunktion zu den »Geräten«, auf die die Ausführungen des Schreibens anzuwenden sind.

Nach den Ausführungen der GoBD vom 14.11.2014 gehören Taxameter zu den Vor- bzw. Nebensystemen und sind somit Bestandteil des betrieblichen DV-Systems (vgl. Rz 20 der GoBD).

Der funktionsähnliche Wegstreckenzähler wurde entgegen dem BMF-Schreiben vom 26.11.2010 in der GoBD nicht ausdrücklich erwähnt. Es muss jedoch unterstellt werden, dass die Anforderungen für Taxameter und Wegstreckenzähler gleichermaßen gelten.

Der Taxameter erfasst die Einnahmen, die sich aus unterschiedlichen Gebühren und Zuschlägen zusammensetzen:

- Grundgebühr,
- Kilometertarife (z.B. bis 10 km, ab 10 km),
- Wartezeittarif,
- Nachtzuschlag,
- Sonn- und Feiertagszuschlag,
- Zuschlag für mehr als drei Fahrgäste,
- Gepäckzuschlag,
- Fahrradmitnahme,
- Sonderzuschlag für Großraumtaxen,
- Sonderzuschlag für die Tierbeförderung.

Die Umschaltung auf die unterschiedlichen Kilometertarife oder der Wechsel vom Tag- auf den Nachttarif und umgekehrt erfolgt bei modernen Taxametern automatisch. Der »eingeschaltete« Taxameter zeichnet alle Daten digital auf und kann sie am Ende einer Schicht über einen angeschlossenen Drucker ausgeben. Ein nicht eingeschalteter Taxameter kann nicht aufzeichnen. Um »Schwarzfahrten« seiner Arbeitnehmer zu verhindern, lassen viele Unternehmer Sitzkontakte am Beifahrersitz und an der hinteren Sitzreihe anbringen, die bei Druckbelastung ein automatisches Einschalten des Taxameters auslösen.

Einzelaufzeichnungspflicht

Taxibetriebe müssen ihre Einnahmen einzeln aufzeichnen. Das gilt auch für die Barumsätze. Die Verpflichtung zur Einzelaufzeichnung ergibt sich aus § 22 UStG i.V.m. §§ 63 ff. UStDV.

Eine Ausnahmeregelung, die aus Unzumutbarkeitsgründen von vielen Einzelhändlern in Anspruch genommen werden kann, gibt es im Taxigewerbe nicht. Der Gesetzgeber unterstellt, dass Einzelaufzeichnungen bei Taxibetrieben zumutbar sind. Die Situation von Taxiunternehmen ist nicht mit der von Einzelhändlern vergleichbar.

Die unmittelbar nach der erbrachten Leistung erhaltene Barzahlung des Kunden rechtfertigt es nach Auffassung des BFH nicht, die Umsätze nicht einzeln aufzuzeichnen (vgl. BFH-Urteil vom 26.02.2004 — XI R 25/02).

Erleichterungen

Als Mindestanforderung genügt die Aufbewahrung der Schichtzettel, mit den Angaben, die sich auf dem Kilometerzähler und dem Taxameter des einzelnen Taxis ablesen lassen. Nach Auffassung des BFH wird damit den branchenspezifischen Besonderheiten des Gewerbes ausreichend Rechnung getragen (vgl. BFH-Urteil vom 26.02.2004 — XI R 25/02).

Die im Sinne dieses Urteils auf den Schichtzetteln vorgenommenen Eintragungen werden im BMF-Schreiben vom 26.11.2010 zur Aufbewahrung digitaler Unterlagen bei Bargeschäften einzeln genannt:

- Name und Vorname des Fahrers,
- Schichtdauer (Datum, Schichtbeginn und -ende),
- Summe der Total- und Besetztkilometer laut Taxameter,
- Anzahl der Touren laut Taxameter,
- Summe der Einnahmen laut Taxameter,
- Kilometerstand laut Tacho (Schichtbeginn und -ende),
- Einnahmen für Fahrten ohne Taxameter,
- Zahlungsart (bar, EC-Cash, Kreditkarte usw.),
- Summe der Gesamteinnahmen,
- Angaben über Lohnabzüge (angestellte Fahrer),
- Angabe von sonstigen Abzügen (Verrechnungsfahrten),
- Summe der verbleibenden Resteinnahmen,
- Summe der an den Unternehmer abgelieferten Beträge,
- Kennzeichen des Taxis.

Die Anforderungen gelten auch für Unternehmen ohne Fremdpersonal (Selbstfahrer).

Digitale Aufzeichnungen

Das BMF-Schreiben weist ausdrücklich darauf hin, dass alle Anforderungen zur Aufbewahrung digitaler Unterlagen, die in diesem Schreiben genannt sind, auch für die mithilfe eines Taxameters oder Wegstreckenzählers erstellten digitalen

Unterlagen gelten. Die Ausführungen im Schreiben gelten zumindest insoweit, wie die digitalen Unterlagen Grundlage für die i. S. d. BFH vorzunehmenden Eintragungen auf den Schichtzetteln sind.

Aufbewahrung der Schichtzettel

Schichtzettel sind Einnahmenursprungsaufzeichnungen. Sie enthalten Angaben aus denen sich die Höhe der Umsätze und damit auch der Betriebseinnahmen unmittelbar ergibt.

»Schichtzettel«-Urteil

BFH-Urteil vom 26.02.2004 – XI R 25/02

Werden die Inhalte der Schichtzettel unmittelbar und vollständig nach Auszählung der Tageskasse in das Kassenbuch übertragen, müssen die Schichtzettel trotz ihres Charakters als Einnahmenursprungsaufzeichnungen nicht aufbewahrt werden.

Mietwagenunternehmer müssen keine Schichtzettel führen. Stattdessen müssen nach dem Personenbeförderungsgesetz die Beförderungsaufträge aufbewahrt werden.

Vernichtung von Schichtzetteln

BFH-Urteile vom 07.02.2007 – V B 161/05, V B 162/05

Diese beiden Entscheidungen des BFH beziehen sich ebenfalls auf die grundsätzliche Aufbewahrungspflicht von Schichtzetteln. Im Urteilsfall geht die Klägerin davon aus, dass sich aus der Betriebsprüfungskartei keine Aufbewahrungspflicht der Schichtzettel ergibt. Der Senat war der Auffassung, dass sich aus dieser Kartei zum Bereich Personenkraftwagenverkehr keine bindende Aussage ableiten lässt, die eine Vernichtung der Schichtzettel bejaht.

Ausnahme: Schichtzettelaufbewahrung

FG Hamburg vom 11.11.2014 – 6 K 206/11

Die Aufbewahrung der Schichtzettel als Einnahmeursprungsaufzeichnungen ist nur ausnahmsweise nicht erforderlich, wenn der Inhalt der Schichtzettel unmittelbar nach der Auszählung der Tageskasse in das in Form aneinandergereihter Tageskassenberichte geführte Kassenbuch übertragen wird.

Für die Schätzung der Besteuerungsgrundlagen bei einem Taxiunternehmen ist die Methode, die geschätzte Jahresfahrleistung mit einer empirisch begründbaren Größe »Umsatz (netto) pro gefahrenen km« zu multiplizieren, sachgerecht.

Projekt »Fiskaltaxameter« in Hamburg

Auf freiwilliger Basis wurden in einem Pilotprojekt mehr als 1.000 der insgesamt 3.400 Taxen in Hamburg mit Fiskaltaxametern ausgestattet. Die in den Taxametern eingebauten Signierkarten sollten die Sicherheit der aufgezeichneten digitalen Taxameterdaten gewährleisten. Derart ausgerüstete Geräte werden von allen namhaften Herstellern angeboten.

Der Einsatz eines Fiskaltaxameters erwies sich im Ergebnis als praxistauglich und vorteilhaft, und zwar sowohl für die Unternehmen als auch für die Behörden. Die vorgelegten Daten sind prüf- und auswertbar. Sie ersetzen die handschriftlich geführten Schichtzettel und können durch Übernahme in entsprechende Programme unmittelbar vom Unternehmer betriebswirtschaftlich ausgewertet werden. Der Unternehmer hat jederzeit die Kontrolle über die tatsächlichen Einsätze seines eigenen Fahrpersonals.

Außerdem verschafft sich der Unternehmer durch Vorlage solcher, gegen Manipulationen abgesicherten, digitalen Daten auch eine glaubwürdige Position gegenüber den Finanzbehörden.

Einfachere Datenauswertungen und ein geringerer Prüfungsaufwand sind die Vorteile für die Behörden im Rahmen einer Außenprüfung.

Datenmanipulationen wurden im Verlauf der Pilotphase keine festgestellt. Allerdings lagen die Umsätze bei den mitwirkenden Taxibetrieben um bis zu 60 % über den in den vorangegangenen Zeiträumen steuerlich erklärten.

Infotag der Münchner IHK

Die Vorteile, die sich durch den Einsatz von Fiskaltaxametern insbesondere für den Taxiunternehmer ergeben können, wurden auf dem Infotag der Münchner IHK am 15. Oktober 2015 herausgestellt. Auch wenn zu diesem Zeitpunkt nicht absehbar war, ob INSIKA oder ein vergleichbares System gesetzlich eingeführt werden soll, wäre der Unternehmer auch bei freiwilliger Verwendung von entsprechend ausgerüsteten Taxametern bei Betriebsprüfungen auf der sicheren Seite. Die technischen Anforderungen dürften weitgehend denen des »Hamburger Modells« entsprechen.

Sind Trinkgelder steuerpflichtig?

Ob freiwillige Trinkgelder zu versteuern sind oder nicht, hängt davon ab, ob sie der Unternehmer oder dessen angestellter Mitarbeiter erhält. Erhält der Unternehmer als Alleinfahrer ein Trinkgeld, gehört es zu seinen steuerpflichtigen Einnahmen. Freiwillige Trinkgelder, die der angestellte Fahrer bekommt, sind steuerfrei, soweit er selbst über diese Trinkgelder verfügen kann.

Umsatzsteuerproblematik bei Trinkgeldern

Wird auf dem Quittungsbeleg jedoch ein höherer Betrag, als der auf dem Taxameter errechnete ausgewiesen, schuldet der Unternehmer die Umsatzsteuer aus dem belegten Bruttobetrag.

!

Beispiel: Taxifahrer erhält Trinkgeld

Ein Fahrgast rundet das Beförderungsentgelt laut Taxameter i. H. v. 18,50 EUR auf 20,00 EUR auf. Er verlangt eine Quittung.
Erfahrungsgemäß wird der Taxifahrer in den allermeisten Fällen die Quittung über den erhaltenen Betrag von 20,00 EUR einschließlich des Trinkgelds und nicht nur über das geforderte Entgelt von 18,50 EUR ausstellen. Diese Quittung (Rechnung), in der die erbrachte Leistung in angegebener Höhe bescheinigt wird, kann als Ausgabebeleg dienen und ggf. als Betriebsausgabe im Unternehmen des Fahrgasts steuerlich geltend gemacht werden.
Im Kassenbuch werden aber nur die vom Taxameter registrierten Bruttoeinnahmen i. H. v. 18,50 EUR erfasst. Der Unternehmer schuldet gem. § 14c Abs. 1 UStG die in der Rechnung zu hoch ausgewiesene Umsatzsteuer. Die Umsatzsteuer aus dem Trinkgeld wäre zusätzlich an den Fiskus abzuführen.

Übliche Praxis oder Einzelfälle?

Bei einer Betriebs- oder Umsatzsteuersonderprüfung stellt sich die berechtigte Frage, in welchem Umfang eine solche Vorgehensweise bei dem jeweiligen Betrieb unterstellt werden kann.

Auch wenn im Falle einer Schätzung aufgrund eines solchen Sachverhalts keine existenzbedrohenden Mehrsteuern zu befürchten sind, sollte im Interesse des Unternehmers darüber nachgedacht werden, wie eine derartige Praxis vermieden werden kann.

Datenzugriff gem. § 147 Abs. 6 AO

Für Taxameter gelten gem. BMF-Schreiben vom 26.11.2010 die gleichen Vorschriften wie für elektronische Registrierkassen.

Können Geräte bauartbedingt die erforderlichen Journaldaten nicht vorhalten, dürfen sie längstens bis zum 31.12.2016 eingesetzt werden. Das gilt aber nur unter der Voraussetzung, dass eine technische Anpassung oder eine Softwareanpassung nicht möglich ist. Taxameter, die diese Anforderungen (ggf. nach einer Umrüstung) erfüllen, müssen alle steuerlich relevanten Einzeldaten in unveränderbarer und maschinell auswertbarer Form auf einem geeigneten Datenträger speichern.

Neben den steuerlichen Vorschriften sind die Aufbewahrungsvorschriften, die sich aus anderen Gesetzen als den Steuergesetzen (§ 140 ff. AO) ergeben, wie dem Personenbeförderungsgesetz, der Verordnung über den Betrieb von Kraftfahrunternehmen im Personenverkehr (BOKraft-Verordnung), dem Eichgesetz (Taxameter) und den EU-Vorgaben über Messgeräte, zu beachten.

Taxameter ohne Journaldatenaufzeichnung

Es stellt sich die Frage, ob Taxameter und Wegstreckenzähler auch dann umgerüstet werden müssen, wenn sie gar keine Einzeldaten aufzeichnen.

Beispiel: Taxameter mit eingeschränkter Registrierfunktion !

Ein Taxiunternehmer hat seine Fahrzeuge mit Taxametern ausgestattet, die nur die gefahrenen Gesamtkilometer für Leer- und Besetztfahrten aufzeichnen können. Die Einzelfahrten werden nicht festgehalten. Er beabsichtigt, seine Taxameter ab 2017 so nachzurüsten, dass sie den Anforderungen des BMF-Schreibens vom 26.11.2010 genügen. Laut Hersteller wäre eine technische Aufrüstung dieser Geräte bereits im Jahr 2016 möglich.

Frage: Ist er hierzu bereits vor dem 31.12.2016 verpflichtet?
Antwort: Nein! (Wenn man unterstellt, dass die verwendeten Taxameter bauartbedingt überhaupt keine Registrierfunktion besitzen.)
Im Unterschied zu elektronischen Registrierkassen, die die Journaldaten digital aufzeichnen und mit Abruf der Tagessumme bauartbedingt automatisch im System löschen, zeichnen die Taxameter des beschriebenen Typs gar keine Einzeldaten auf. Auch wenn – wie im Beispielsfall – eine technische Nachrüstung möglich wäre, ist der Unternehmer hierzu nicht gesetzlich verpflichtet.
Diese, auch vom Autor vertretene Auffassung ist jedoch strittig!
Ab dem 01.01.2017 sind ausschließlich GoBD-konforme Taxameter einzusetzen.

Ermäßigter Steuersatz oder Regelsteuersatz?

Unterschiedliche Umsatzsteuersätze erfordern im Taxigewerbe zwingend eine Trennung der Entgelte.

Der genehmigte Taxiverkehr zählt, soweit er innerhalb der Grenzen von 50 km und innerhalb einer Gemeinde durchgeführt wird, zum öffentlichen Personennahverkehr. Für Tariffahrten innerhalb dieses Bereichs gilt grundsätzlich die Beförderungspflicht gem. § 22 PBefG (Personenbeförderungsgesetz) i. V. m. § 13 BOKraft. Nur unter besonderen Umständen darf einem Fahrgast eine Taxifahrt verweigert werden. Ausnahmen von dieser Verpflichtung liegen vor, wenn ein Gast zahlungsunfähig oder sehr betrunken ist, raucht oder ein aggressives Verhalten zeigt.

Für Tariffahrten bis 50 km innerhalb einer Gemeinde gilt der ermäßigte Steuersatz von 7 % gem. § 12 Abs. 2 Nr. 10 UStG. Andere Beförderungsfahrten und Krankentransporte unterliegen dem Regelsteuersatz oder sind in Ausnahmefällen nach § 4 Nr. 17b UStG sogar steuerfrei.

Die Hin- und die Rückfahrt ist als eine einheitliche Leistung anzusehen, wenn die Fahrt nur kurz unterbrochen wird und der Fahrer auf den Fahrgast wartet. Die Strecken für die Hin- und die Rückfahrt sind in diesen Fällen zusammenzurechnen.

Für die Personenbeförderung durch Mietwagen mit Fahrergestellung gilt laut BFH grundsätzlich der Regelsteuersatz. Mit dieser Frage hat sich der BFH in seinen beiden Entscheidungen vom 02.07.2014 beschäftigt (vgl. BFH-Urteil vom 02.07.2014 — XI R 39/10 und XI R 22/10). Nach einer Entscheidung des FG Baden-Württemberg vom 07.09.2015 unterliegen Krankenfahrten dagegen dem ermäßigten Steuersatz (vgl. FG Baden-Württemberg vom 07.09.2015 — 1 K 772/15).

12.2 Friseurbetriebe, Kosmetikstudios und Co.

Keine Einzelhändler, sondern echte Handwerksbetriebe sind Friseurbetriebe, Kosmetik-, Massage- und Fußpflegesalons, aber auch Tätowierungs- und Piercingstudios usw.

Einzelaufzeichnungspflicht
Da ihre Kundschaft meist namentlich bekannt ist oder eine Kundendatei geführt wird, ist es für sie auch zumutbar, Einzelaufzeichnungen i. S. d. GoBD zu führen. Auch wenn keine Kundendatei vorliegt, gehen die Kundennamen regelmäßig aus den Anmeldungen und Terminabsprachen hervor. Die für Einzelhändler geltenden Ausnahmeregelungen sind für die genannten Betriebe nicht anwendbar.

Friseurbetriebe benutzen für die Abrechnung mit ihren Kunden oft sog. Bedienerzettel oder eine spezielle Friseursoftware. Einzeln aufgeführt werden neben der erbrachten Dienstleistung auch der Warenverbrauch im Kabinett und die Verkaufswaren. Bei einer Umsatzverprobung ist es aufgrund der unterschiedlichen Aufschlagssätze entscheidend, ob Waren im Kabinett verbraucht oder über die Verkaufstheke an die Kunden weitergegeben werden.

Terminbücher
Liegen Bedienerzettel, Terminbücher oder sonstige Aufzeichnungen vor, sollten sie unbedingt aufbewahrt werden. Die Aufbewahrung wird auch dann empfohlen, wenn keine gesetzliche Verpflichtung gegeben ist.

Nach einer Entscheidung des FG Rheinland-Pfalz vom 24.08.2011 gehören Terminbücher nicht zu den in § 147 Abs. 1 AO genannten aufbewahrungspflichtigen Aufzeichnungen (vgl. FG Rheinland-Pfalz vom 24.08.2011 – 2 K 1277/10).

Friseurbetriebe im Fokus der Betriebsprüfer?
Betriebsprüfer schauen bei Friseurbetrieben genau hin!

Vor einigen Jahren wurde eine speziell für Friseurbetriebe entwickelte Software enttarnt, die dem Unternehmer nachträgliche Einnahmekorrekturen versprach, die angeblich nicht mehr im System erkannt werden können. Die Software war weitverbreitet, doch längst nicht jeder Friseurmeister machte von dem verlockenden Angebot Gebrauch. Es handelte sich auch keineswegs um eine reine Manipulationssoftware, sondern um ein bedienerfreundliches, auf Friseurbetriebe zugeschnittenes Programm, mit dem man seine Einnahmen auch ordnungsgemäß aufzeichnen konnte.

Es ist nicht verwunderlich, dass nach Bekanntwerden der Herstellerversprechungen jeder Unternehmer, der diese Software einsetzt oder in der Vergangenheit eingesetzt hat, unter Generalverdacht geriet.

Zusätzliche erläuternde und die Ordnungsmäßigkeit der Buchführung bekräftigende Aufzeichnungen wären im Rahmen der verstärkt angesetzten Betriebs- und Steuerfahndungsprüfungen von Vorteil gewesen – zumindest für diejenigen, die ihre Daten nicht nachträglich verändert hatten.

Unter dem Gesichtspunkt, dass in der Praxis erfahrungsgemäß keine Kassenführung völlig fehlerfrei ist (sein kann?), steht bei jeder Außenprüfung die Ordnungsmäßigkeit ohnehin immer infrage. Ob eine Buch- bzw. Kassenführung formell ordnungsmäßig ist oder nicht, hängt von der Gewichtigkeit der festgestellten Mängel ab. Der Einzelfall entscheidet auch darüber, ob eine steuerliche Hinzuschätzung dem Grunde nach gerechtfertigt ist.

Das gilt auch dann, wenn eine Einnahmenverkürzung nicht explizit nachgewiesen werden kann. Die Kassenführung gehört grundsätzlich zu den Schwerpunktthemen bei Betriebsprüfungen bargeldintensiver Betriebe. Dabei können auch nicht aufbewahrungspflichtige Terminbücher dem Steuerpflichtigen gute Dienste leisten.

12.3 Spielhallenbetreiber und Automatenaufsteller

Aufsteller und Betreiber von Geldspiel-, Unterhaltungs- oder Warenautomaten gehören zu den bargeldintensiven Betrieben. Aufgrund der Tatsache, dass der Endkunde i. d. R. mit Bargeld bezahlt, existiert — wie bei allen anderen Kassensystemen auch — ein erhöhtes Risiko von endgültigen Steuerausfällen u. a. durch Manipulationen unterschiedlichster Art und Veruntreuung.

Geldgewinnspielgeräte

Die Automatenbranche hat sich in den vergangenen Jahren zu einem bedeutenden Wirtschaftszweig entwickelt. Trotz neuen, stets strengeren Verordnungen i. S. d. Jugendschutzes und zur Bekämpfung pathologischer Spielsucht boomt die Branche nach wie vor. In Deutschland werden mit etwa 270.000 Geldgewinnspielgeräten (GGSG), die in Spielhallen oder Gastrobetrieben aufgestellt sind, derzeit ca. 4,5 Mrd. EUR Umsatz erzielt.

Geldgewinnspielgeräte sind Registrierkassen

Abb. 26: Modernes Geldgewinnspielgerät (Merkur Magie) des Herstellers Gauselmann

GGSG sind nach den Ausführungen der GoBD vom 14.11.2014 (Rz 20) Bestandteile des betrieblichen DV-Systems. Da mit Geldspielgeräten Bareinnahmen aufgezeichnet werden, gehören sie unstrittig zu den Vor- bzw. Nebensystemen einer elektronischen Buchführung. Die Regelungen des BMF-Schreibens vom 26.11.2010 zur Aufbewahrung digitaler Unterlagen bei Bargeschäften sind uneingeschränkt (?) auch auf Geldgewinnspielgeräte anzuwenden. Folglich verlangt der Gesetzgeber auch bei solchen Geräten künftig die Aufbewahrung und Vorhaltung aller steuerlich relevanten digitalen Einzeldaten in maschinell auswertbarer Form.

Übergangsfrist

Die Übergangsfrist bis zum 31.12.2016 gilt zwar auch für Geldspielautomaten, aber nur, soweit sie technisch nicht aufgerüstet werden können. Eine mit einer elektronischen Registrierkasse vergleichbare Journaldatenaufzeichnung ist derzeit nach Herstellerangaben nicht möglich, d.h., dass für den Aufsteller keine Möglichkeit besteht, seine Geräte, die bislang nur zu Tagessalden zusammengefasste Umsätze aufzeichnen, technisch nachzurüsten.

Sonderregelung?

Nach § 13 Nr. 9 SpielV (Fassung vom 27.01.2006, zuletzt geändert am 8.12.2014) muss das Spielgerät eine Kontrolleinrichtung beinhalten, die sämtliche Einsätze, den Gewinn und den Kasseninhalt zeitgerecht, unmittelbar und auslesbar erfasst.

Entsprechend den rechtlichen Anforderungen i.S.d. BMF-Schreibens und der GoBD müssten die Geräte jedes einzelne Spiel gesondert in einem Journal abbilden und in maschinell auswertbarer Form vorhalten.

Inwieweit die Hersteller dieser Verpflichtung nachkommen (können), bleibt abzuwarten. Die Inanspruchnahme der Übergangsregelung befreit den Spielhallenbetreiber oder Automatenaufsteller jedoch nicht von seiner Pflicht zur Aufbewahrung und Vorlage steuerlich relevanter digitaler Daten. Dieser Verpflichtung muss er auch im Übergangszeitraum bis zum 31.12.2016 nachkommen.

Denkbar ist aber auch eine künftige, vom Fachverband der Automatenindustrie erwirkte branchenbezogene rechtliche Sonderregelung. Während nämlich für »normale« elektronische (Alt-)Registrierkassen eine steuerliche Übergangsvorschrift bis zum 31.12.2016 gilt, dürfen Geldspielgeräte, die vor dem 10.11.2014 angeschafft wurden, zumindest nach § 20 SpielV noch bis zum 10.11.2018 weiter betrieben werden.

Ob die vor dem 10.11.2014 angeschafften Altgeräte bis zu diesem Zeitpunkt auch den steuerlichen Anforderungen für elektronische Registrierkassen- und ähnliche Systeme vollumfänglich genügen, darf bezweifelt werden.

Digitale Daten

Es genügt nicht, lediglich die Auslesestreifen aufzubewahren und die vorhandenen digitalen Daten zu löschen. Die Löschung der Daten erfolgt bei jeder »Auslesung mit Löschen«. Der Aufsteller muss sich darüber im Klaren sein, dass durch eine Auslesung mit Löschung steuerlich relevante digitale Daten bewusst vernichtet werden. Das führt zu schweren formellen Mängeln der Buchführung, die aufgrund der Schwere gleichzeitig die sachliche Richtigkeit infrage stellen.

Anders als bei älteren, nicht GoBD-konformen elektronischen Registrierkassen ist der Unternehmer nämlich in der Lage, seine digitalen Daten auf einem externen Speichermedium zu sichern. Werden die Daten im Rahmen einer Auslesung auf einer Speicherkarte (z.B. SD-Card) des Auslesegeräts abgelegt, sind sie unbedingt aufzubewahren. Sie können auf einen Rechner übertragen und vorgehalten werden. Sollte kein Rechner zur Verfügung stehen, müssen zwingend die einzelnen Speicherkarten aufbewahrt werden. Die Speicherung und Vorhaltung der Originaldaten (im »hauseigenen« Format) ist grundsätzlich erforderlich und unabhängig davon, ob der Unternehmer über eine spezielle Software verfügt, die die digitalen Auslesedaten in maschinell auswertbarer Form ausgeben (exportieren) kann oder nicht.

Je nach Hersteller verfügen Geldgewinnspielgeräte über einen sog. »Ewigspeicher«. Dieser zeichnet alle Vorgänge summarisch seit Inbetriebnahme des Geräts auf und ist mit dem GT-Speicher elektronischer Registrierkassen vergleichbar. Der werksseitig aktivierte Ewigspeicher kann ausgeschaltet oder ausgeblendet werden.

Auslesung mit oder ohne Löschung

Bei der (meist monatlichen) Auslesung der Geräte hat der Betreiber die Möglichkeit, eine Auslesung mit oder ohne Löschung der Daten zu veranlassen.

Eine Auslesung ohne Löschung ist vergleichbar mit einem X-Abruf bei einer elektronischen Registrierkasse. Das bedeutet, dass die Daten im Gerät weiter vorgehalten und bei der nächsten Auslesung wieder mit ausgelesen werden. Eine Auslesung ohne Löschung kann wie der X-Abruf wiederholt durchgeführt werden und dient dem Unternehmer zur Information oder zum Abfragen von Zwischenergebnissen.

Erst die Auslesung mit Löschung der Daten gewährleistet, dass bei der nächsten Kassierung die gleichen Daten nicht noch einmal abgerufen und möglicherweise erneut der Besteuerung zugrunde gelegt werden.

Auslesestreifen
Bei der sog. »Kassierung« werden die Geldspielautomaten mithilfe eines elektronischen Auslesegeräts ausgelesen. Das Auslesegerät wird mit einer entsprechenden Schnittstelle im Gerät verbunden. Die Übertragung der Daten auf eine im Auslesegerät befindliche Speicherkarte erfolgt nach Erkennung des Geräts und der gewählten Option »mit Löschung« oder »ohne Löschung« meist automatisch.

Ein an das Auslesegerät angeschlossener Drucker erzeugt auf Wunsch den Auslesestreifen. Er kann sowohl in kurzer Form, bis zur Berechnung des Saldos 2 (steuerliche Bruttobemessungsgrundlage), als auch einschließlich der Statistikdaten in langer Form ausgedruckt werden.

Der Statistikausdruck
Die auf dem »langen Ausdruck« befindlichen Statistikdaten gehören zu den sonstigen aufbewahrungspflichtigen Unterlagen i.S.d. § 174 Abs. 1 Nr. 5 AO. Sie geben u.a. Aufschluss über die Veränderungen im Bestand der Röhren bzw. Hopper und zeichnen damit steuerlich bedeutsame Beträge auf, um die der Kassenbestand bei der Ermittlung der Betriebseinnahmen zu korrigieren ist.

Das Ende eines langen Ausdrucks erkennt man an dem Text »ENDE NC L« (L steht für Löschung, NL für ohne Löschung). Ist der Text nicht vorhanden, wurde der Auslesestreifen »geschnitten«.

Nach den Ausführungen des niedersächsischen FG mit Urteil vom 25.03.2003 reicht die Nichtvorlage der Statistikstreifen als Verstoß gegen die Ordnungsvorschriften aus, um die Beweiskraft der Buchführung infrage zu stellen (vgl. niedersächsisches FG vom 25.03.2003 – 6 K 961/99).

Übertragung der Daten auf einen PC
In den meisten Fällen wird der Unternehmer die auf der Speicherkarte befindlichen Daten auf einen PC übertragen. Die entsprechende Software wird vom Hersteller des Auslesegeräts mitgeliefert. Das Programm ermöglicht dem Betreiber den Ausdruck der einzelnen vertikalen Auslesestreifen im DIN-A4-Format. Diese Vorgehensweise ist unbedingt zu empfehlen, da die auf Thermopapier ausgedruckten Auslesestreifen die vorgeschriebene Aufbewahrungsfrist von zehn Jahren wohl kaum schadlos überstehen dürften.

Speicherung der elektronischen Daten
Die Übertragung der Daten auf den PC ermöglicht dem Unternehmer daneben auch eine wirtschaftliche Auswertung seiner Daten.

Auch wenn diese Daten aktuell noch nicht den gesetzlichen Anforderungen nach maschineller Auswertbarkeit vollumfänglich genügen, handelt es sich doch um vorlagepflichtige steuerlich relevante Daten. Werden sie auf Anraten des Fachverbands im Rahmen einer Außenprüfung nicht vorgelegt, riskiert der Unternehmer ein Verzögerungsgeld und die Verwerfung seiner Buchführung. Das gilt auch dann, wenn die Daten nur im hauseigenen Format abgespeichert sind und nicht in einem gängigen Format ausgegeben werden können.

Unterhaltungsautomaten

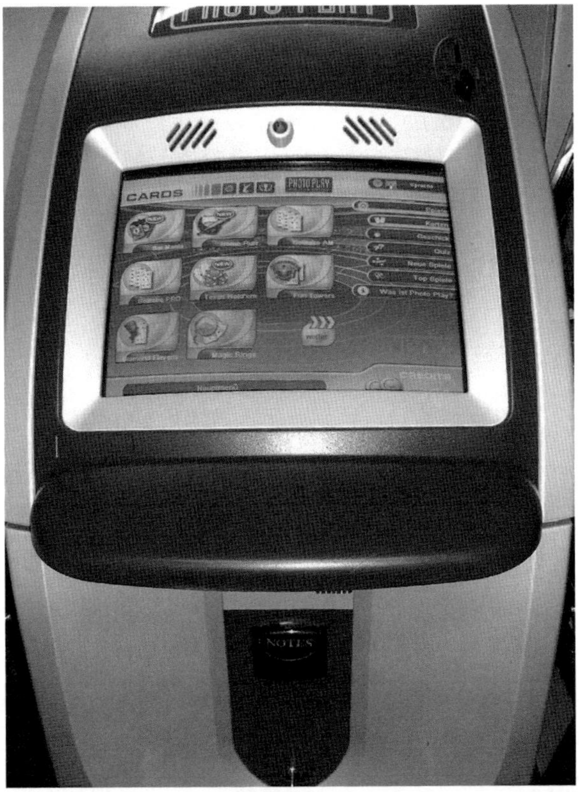

Abb. 27: PC-gestützter Unterhaltungsautomat mit elektronischer Ausleseschnittstelle für Finanz- und Statistikdaten

Für Unterhaltungsgeräte (UHG) ohne Gewinnmöglichkeit gibt es derzeit keine gesetzliche Verpflichtung, nach der diese Geräte eine genormte VDAI-Schnittstelle zur Erzeugung eines Auslesestreifens vorweisen müssen (VDAI = Verband der Deutschen Automatenindustrie e.V.). Eine Vielzahl der Unterhaltungsgeräte verfügt jedoch bereits über eine entsprechende technische Ausleseschnittstelle.

Unterhaltungsgeräte als betriebliches DV-System?

Auch wenn die GoBD vom 14.11.2014 in Rz 20 nicht ausdrücklich auf Unterhaltungsgeräte hinweist, ist der Vorschrift sinngemäß zu entnehmen, dass es sich auch bei Unterhaltungsgeräten um Geräte handelt, die als Vor- oder Nebensystem zu den betrieblichen DV-Systemen zählen. Soweit mit Unterhaltungsgeräten Einnahmen aufgezeichnet werden, gelten die gleichen Regelungen wie für die in der GoBD genannten Systeme.

Werden im System steuerlich relevante digitale Daten erzeugt, sind sie gem. den formellen Ordnungsvorschriften der AO (§ 145 Abs. 5 AO i.V.m. § 147 Abs. 2 und 6 AO) in unveränderbarer Form aufzubewahren und im Rahmen einer Betriebsprüfung in maschinell auswertbarer Form zur Verfügung zu stellen. Die umsetzbaren Möglichkeiten zur Speicherung digitaler Daten sind auszuschöpfen.

Wichtig !

Die vielfach praktizierte Vorgehensweise, nach der lediglich einmal im Monat die Kasseninhalte der Unterhaltungsgeräte geleert, gezählt und deren Summe ins Kassenbuch übernommen wird, genügt nicht den gesetzlichen Anforderungen.

Vergnügungssteuer

Welche Geräte diese Anforderungen erfüllen müssen, richtet sich nach ihrer Bauart und ihrem Bestimmungszweck und nicht danach, ob die Umsätze der einzelnen Unterhaltungsautomaten vergnügungssteuerpflichtig sind oder nicht. Ob z.B. die Einnahmen aus Musikboxen oder Dart-Spiel-Automaten der Vergnügungssteuer unterliegen, bestimmt ausschließlich die jeweils zuständige Kommune. Je nach Kommune wird unterschiedlich verfahren.

Was sind Unterhaltungsautomaten?

Zu den Unterhaltungsautomaten ohne (Geld-)Gewinnmöglichkeit zählen u.a.:

- Musikboxen,
- Dart-Spiel-Automaten,
- Flipper,
- Tischfußball,
- Billard,
- Warenspielgeräte,
- Geräte, die nach ihrer Bauart für Kleinkinder bestimmt sind,
- Geschicklichkeitsspiele, wie Krangreifergeräte,
- Geräte auf Jahrmärkten und Volksfesten ohne Gewinnmöglichkeit,
- sonstige Spielautomaten ohne Gewinnmöglichkeit,
- Spielautomaten mit Warengewinnen (zur Kassensturzfähigkeit vgl. FG Nürnberg vom 28.03.2013 — 4 K 26/11).

Warenautomaten

Abb. 28: Der Kaffeeautomat – ein typischer Vertreter eines Warenautomaten mit elektronischer Steuerungseinheit

Als Warenautomaten werden Geräte bezeichnet, mit denen Getränke (Heiß- und Kaltgetränke), Süßigkeiten, Snacks und sonstige Lebensmittel verkauft werden. Der Kunde bezahlt mit Bargeld oder je nach Gerät mit der EC-Karte.

In Deutschland werden mehr als eine halbe Mio. Warenautomaten betrieben, mit denen ein Umsatz von über 2,5 Mrd. EUR erzielt wird. Moderne Automaten verfügen über eine elektronische Steuerungseinheit, die mit einem Zahlungssystem verbunden ist. Sie zeichnen mindestens die Anzahl der verkauften Artikel und den Wert aller verkauften Waren auf und besitzen einen softwaregesteuerten Geldspeicher, der die Funktion einer Registrierkasse erfüllt. Der Geldspeicher gehört zum Bargeldbestand des Aufstellers. Im Grunde genommen ist ein Warenautomat nichts anderes als eine Art »Selbstbedienungsregistrierkasse«.

Die Auslesung der buchführungsrelevanten Daten erfolgt über standardisierte Schnittstellen. Nach den Vorschriften der AO (§ 147 Abs. 6 AO) und der GoBD reicht die ausschließliche Vorhaltung der elektronischen Daten im hauseigenen Format nicht aus. Die steuerlich relevanten Daten müssen wie bei allen Registrierkassen in einem maschinell auswertbaren Datenformat aufbewahrt und bei Außenprüfungen vorgelegt werden.

Die Ordnungsmäßigkeit der Kassenführung ist nach den gleichen Kriterien zu beurteilen, wie sie auch für elektronische Registrierkassensysteme gelten. Die Grundsätze der Nachvollziehbarkeit, Nachprüfbarkeit (progressiv wie retrograd) sowie die Grundsätze der Wahrheit, Klarheit, Vollständigkeit, Richtigkeit, zeitgerechter Verbuchung, Unveränderbarkeit und die Aufzeichnungs- und Aufbewahrungspflichten sind demnach auf Warenautomaten uneingeschränkt anzuwenden.

Wichtig! !

Betreiber mehrerer Warenautomaten sollten beachten, dass die Kassensturzfähigkeit für jedes einzelne Gerät gewährleistet sein muss.

Auch wenn die Kasseneinnahmen eines Warenautomaten täglich festzuhalten sind, ist ein täglicher Abgleich von Soll- und Istbestand nicht erforderlich.

Spätestens ab dem 01.01.2017 gilt die Einzelaufzeichnungspflicht auch für Warenautomaten (zur Kassensturzfähigkeit vgl. FG Nürnberg vom 28.03.2013 — 4 K 26/11).

Zigarettenautomaten

Für die rund 350.000 (Tendenz fallend!) in Deutschland aufgestellten Zigarettenautomaten gelten dieselben steuerlichen Vorschriften wie für die anderen vorgenannten, den elektronischen Registrierkassen vergleichbaren Geräte.

Abb. 29: Zigarettenautomat mit erforderlichem Altersnachweis

Die Einzelaufzeichnungspflicht ist bei Zigarettenautomaten von besonderer Bedeutung, da seit Anfang 2007 jeder Kunde über eine verschlüsselte Angabe im Chip der Geldkarte aus Jugendschutzgründen einen Altersnachweis erbringen muss.

Sonstige (Geldeinwurf-)Automaten

Die Geldspeicher aller Geldeinwurfautomaten stellen im Zeitpunkt der Entleerung eine Kasse dar. Für alle Automaten ist die jederzeitige Kassensturzfähigkeit uneingeschränkt erforderlich.

Erotikkino und DVD-Kabinen

FG Nürnberg vom 28.03.2013 – 4 K 26/11

Der Betreiber eines Erotikmarkts unterhielt neben seinem Ladengeschäft zwei Kleinkinos und neun DVD-Kabinen in den benachbarten Räumen. Die Kabinen und die Kinos waren mit jeweils eigenen Geldeinwurfautomaten versehen.

Nach Auffassung des FG Nürnberg stellen die Geldspeicher jedes einzelnen DVD-Automaten eine gesonderte, in sich geschlossene Kasse dar. Liegen keine Kassenbelege für die einzelnen Kassen vor, ist die Kassenführung nicht ordnungsmäßig und die Kassensturzfähigkeit nicht gewährleistet.

12.4 Apotheken/Apothekenkassen

Recht auf Datenzugriff gem. § 147 Abs. 6 AO

Auch für die Daten der Apothekenkassen gilt das Recht der Finanzverwaltung auf Prüfung mittels Datenzugriff gem. § 147 Abs. 6 AO, soweit die Daten steuerlich relevant sind (vgl. auch GoBD vom 14.11.2014). Dabei erstreckt sich der Datenzugriff nicht nur auf die reinen Buchhaltungsdaten, sondern insbesondere auf die Daten der vorgelagerten Systeme. Bei den in der Praxis eingesetzten Systemen handelt es sich durchweg um PC-Kassensysteme, die die Registrierkassendaten gleichzeitig mit den entsprechenden Daten der Warenwirtschaft verknüpfen. Dabei werden alle Artikel, die in der Apotheke verkauft werden sollen, zunächst über den Barcode eingescannt und im Warenwirtschaftssystem erfasst. Beim späteren Verkauf dieser Artikel über die elektronische Registrierkasse wird automatisch ein Abgang vermerkt.

Nahezu alle Apotheken verwenden solche PC-Kassensysteme. Die Journaldaten werden regelmäßig auf der Festplatte des PCs abgelegt. Sie unterliegen somit dem digitalen Datenzugriff, vergleichbar den Daten der Finanzbuchhaltung, und das bereits seit dem Jahr 2002, nämlich mit Inkrafttreten des § 147 Abs. 6 AO.

Die für elektronische Registrierkassen ergangenen Vereinfachungs- und Sonderregelungen sind nicht auf PC-Kassen übertragbar (BMF-Schreiben vom 09.01.1996 und 26.11.2010). Im BMF-Schreiben vom 26.11.2010 wird ausdrücklich klargestellt, dass sowohl die Daten einer PC-Kasse, als auch die Daten einer elektronischen Registrierkasse, aufbewahrt und digital zur Verfügung gestellt werden müssen. Bei elektronischen Registrierkassen gilt dies nur, soweit sie bauartbedingt (ggf. durch Nachrüstung) in der Lage sind, Daten dauerhaft vorzuhalten.

Einzelaufzeichnungspflicht

Bis zur Veröffentlichung der beiden inhaltsgleichen Entscheidungen des BFH vom 16.12.2014 war strittig, ob die Finanzbehörde überhaupt Anspruch auf eine Vorlage der freiwillig geführten Einzelaufzeichnungen hat.

FG Sachsen-Anhalt vom 15.01.2013 – 1 V 580/1

Das FG Sachsen-Anhalt vertrat als Vorinstanz die Ansicht, dass es mit einer tatsächlich im System erfolgten Aufzeichnung aller Einzeldaten dem steuerpflichtigen Apotheker auch zumutbar ist, diese Daten aufzubewahren und vorzulegen.

Hessisches FG vom 24.04.2013 – 4 K 422/12
Konträrer Auffassung war das Hessische FG. Werden Aufzeichnungen, ohne gesetzliche Verpflichtung freiwillig geführt, besteht nach der Entscheidung vom 24.04.2013 keine Verpflichtung zur Aufbewahrung und Vorlage dieser Unterlagen.

BFH-Urteile vom 16.12.2014 – X R 47/13 und X R 29/13
Ausnahmen vom Grundsatz der Einzelaufzeichnung werden nach der historischen Entscheidung des BFH vom 12.05.1966 nur zugelassen, wenn es für den steuerpflichtigen Unternehmer nicht zumutbar ist, die Daten aller Verkäufe einzeln aufzuzeichnen. Das ist grundsätzlich dann der Fall, wenn Einzelhändler Waren von geringem Wert an eine Vielzahl nicht bekannter oder nicht feststellbarer Personen bar verkaufen.

Das Bundesfinanzgericht hat mit seinen Urteilen vom 16.12.2014 entschieden, dass sich ein Unternehmer nicht auf die Unzumutbarkeit der Aufzeichnungsverpflichtung berufen kann, wenn er die Geschäftsvorfälle aus betriebswirtschaftlichen Gründen ohnehin einzeln aufzeichnet.

Aus Gründen der Zumutbarkeit kann auch nicht gefolgert werden, dass eine grundsätzliche Einzelaufzeichnungspflicht nicht gegeben ist. Apotheken, bei denen das Kassensystem mit einem Warenwirtschaftssystem verbunden ist und die aus betriebswirtschaftlichen Gründen einzeln aufzeichnen, müssen diese Daten in maschinell auswertbarer Form aufbewahren. Die Frage der Zumutbarkeit stellt sich danach nicht mehr.

13 Kein Kavaliersdelikt: Steuerverkürzung

13.1 Manipulationen

Es ist nicht beabsichtigt, an dieser Stelle Tipps und Tricks zur Manipulation von elektronischen Registrierkassen und deren Daten weiterzugeben. Alle hier aufgeführten Manipulationsmöglichkeiten sind hinreichend bekannt und hätten keine Aussicht bei Betriebs- oder Steuerfahndungsprüfungen unerkannt zu bleiben.

Um digitale Daten steuerschädlich zu verändern, ist nicht unbedingt eine spezielle Hard- oder Software erforderlich. Manipulationen sind grundsätzlich mit allen Systemen möglich. Ob Daten ordnungsgemäß im System erfasst und verarbeitet werden, bestimmt der Anwender. Allerdings gibt es Kassensysteme und Software, die insbesondere nachträgliche Veränderungen nahezu unerkannt zulassen, und Kassensysteme und Software, die über entsprechende interne Schutzmechanismen verfügen. Nicht immer wird jegliche Kassenaktivität explizit und jederzeit abrufbar ins systemeigene Protokoll übernommen.

Auch wenn einige Systeme dem Betrüger die »Arbeit« erleichtern und vielleicht sogar Beihilfe leisten, darf nicht verkannt werden, dass der Unternehmer alleine für die Folgen verantwortlich ist.

13.1.1 OECD-Bericht 2013

Die OECD ist ein Forum, in dem weltweit Regierungen gemeinsam an der Bewältigung von Herausforderungen der Globalisierung im Wirtschafts-, Sozial- und Umweltbereich arbeiten. Die OECD führt Untersuchungen durch, sucht nach Lösungsansätzen für gemeinsame Probleme, erarbeitet empfehlenswerte Praktiken und zeigt diese Praktiken auf.

Mit seinem Schreiben vom 13.06.2013 weist das BMF auf eine Publikation der OECD und deren Bericht zum Thema »Umsatzverkürzung mittels elektronischer Kassensysteme« aus dem Jahr 2013 hin. Darin werden Methoden der Umsatzverkürzung beschrieben, die mittels elektronischer Kassensysteme die Steuerhinterziehung erleichtern und weltweit zu gewaltigen Steuerausfällen in Milliardenhöhe führen. Mit einer entsprechenden Software sind Kassensysteme heute in der Lage, komplexe Betrugsmanöver mithilfe von »Phantomware« und »Zapper« durchzuführen. Der Bericht beschreibt mittels »Aufdeckungsstrategien«, wie diese Techniken und Methoden von Betriebsprüfern und Steuerfahndern aufgedeckt werden können.

13.1.2 Stornos

Unterdrückte Stornos

Jede Registrierkasse besitzt eine Stornotaste, mit der fehlerhafte Eingaben rückgängig gemacht werden können. Ohne eine solche Funktion wäre die Kasse in der Praxis nicht zu gebrauchen. Selbst langjährig erfahrenes und bestens geschultes Personal macht Fehler. Aber auch vermeintlich fehlerlos agierendes Bedienerpersonal benötigt die Stornofunktion, wenn z.B. dem Kunden an der Kasse plötzlich einfällt, er möchte den gerade eingetippten Artikel doch nicht haben.

Werden nachträglich Umsätze storniert, fließen sie nicht als Einnahmen in den Finanzbericht ein. Das ist auch korrekt, soweit es sich dabei um echte Rückbuchungen und nicht um fingierte Stornos handelt. Immer wieder glauben Unternehmer, durch das Unterdrücken der Stornos im System, steuerschädliche Einnahmeverkürzungen verschleiern zu können.

Werden keine Stornobuchungen auf dem Tagesendsummenbon ausgewiesen, schöpft jeder Prüfer sofort Verdacht. Im Auslieferungszustand einer Kasse ist der Stornoausweis grundsätzlich vorgesehen. Werden in einer Abrechnungsperiode tatsächlich einmal keine Stornobuchungen getätigt, muss der Z-Bon zumindest den Stornobetrag von 0,00 EUR ausweisen.

Im System unterdrückte Stornos stellen einen schweren materiellen Kassenführungsmangel dar, der zur sofortigen Verwerfung der Kasse führt und den Prüfer zur steuerlichen Hinzuschätzung ermächtigt.

Managerstornos

Eine ganz besondere Form von Stornos sind die sog. Managerstornos, die meist nur auf der »Chefebene« eines Systems möglich sind. Dabei wird für den Gast eine Rechnung mit negativem Vorzeichen erstellt. Während der Minusumsatz die Tageseinnahmen vermindert, ist das Minuszeichen auf der Rechnung für den Kunden nicht erkennbar.

13.1.3 Trainingsumsätze

Fast jede Kasse verfügt über eine Trainingsfunktion. Um neues Personal einzulernen, aber auch um komplizierte Kassenmanöver, wie das sog. »Separieren« (digitales Umsetzen der Gäste an andere Tische) zu üben, ist die Funktion unerlässlich. Werden Trainerumsätze getätigt, sind sie aufzuzeichnen und im Trainerbericht auszuweisen.

Leicht lassen sich unter den Trainingsumsätzen jedoch auch echte Umsätze verstecken. Boniert ein Kellner im Trainerstatus, werden die Umsätze zwar im Bediener-, nicht aber im Finanzbericht erfasst. Sogar eine nur stundenweise Zuweisung der Trainerfunktion ist mit fast allen Systemen problemlos möglich.

Oft hat der Kellner noch nicht einmal Kenntnis hiervon. Er rechnet abends mit seinem Chef per Bedienerbericht ab. Im Bedienerbericht sind neben den normalen Bedienumsätzen auch die Trainerumsätze enthalten. Die Zuweisung des jeweiligen Status kann sogar durch den mit der Kasse verbundenen PC vom nebenan befindlichen Chefbüro aus gesteuert werden.

Selbstverständlich kann auch der auf der Rechnung vorgesehene Text: »*Es bediente Sie unser Trainer*« in »*Es bediente Sie unsere Christel*« umgewandelt werden.

Hafenspelunke
The Drunken Sailor
79009 Breisach, Am Altrhein 12
Inh. Horst M.

27.12.2014 23: 58 Uhr

Tisch 3

Rechnung Nr. 475

****

1 x Hafenbuffet	12,80	#	12,80
2 x Espresso	2,10	#	4,20
1 x Mineralwass	2,60	#	1,60
9 x Rheinbräu 0,5l	5,90	#	53,10
3 x Doppelrheinkorn	1,40	#	4,20

Total EUR 75,90
BAR

Inkl. 19% MwSt 12,10 €

Wir danken für Ihren Besuch
Auf ein Wiedertrinken!

Es bediente Sie: Trainer

****

Abb. 30: Trainerbon statt Kassenbeleg

Die in Abb. 30 gezeigten Umsätze wurden im Trainermodus boniert und fließen somit nicht in die Tagesendsumme des Finanzberichts (Z-Bon) ein.

Sie sind im Trainingsspeicher enthalten und werden je nach Kassentyp im Bedienerbericht dargestellt.

Im Rahmen von Betriebsprüfungen werden die Trainingsumsätze besonders kritisch überprüft. Sie sollten deshalb eingehend protokolliert und beschrieben werden. Insbesondere zeitliche Lücken innerhalb eines Geschäftstages bei den Kellnerumsätzen werden regelmäßig mit den Trainingszeiten abgeglichen.

13.1.4 Zweitkassen und Phantomkassen

In einigen Prüfungsfällen wurde festgestellt, dass Unternehmer ihren registrierten Umsatz nach Tagesabschluss und Abrechnung mit dem Personal noch korrigieren. Dazu tippen sie ihren verminderten »Wunschumsatz« in einer Summe erneut ein und rufen ihn ebenfalls über den Z-Bon ab. Der ursprüngliche Z-Bon wird vernichtet und durch den neuen ersetzt. Einige Systeme erlauben sogar die nachträgliche Anpassung und Zurücksetzung der laufenden Bonnummerierung.

Mehrfach wurden inzwischen Fälle bekannt, in denen Unternehmer baugleiche Zweitkassen, sog. »Phantomkassen«, gezielt zum Zwecke der Einnahmenverkürzung eingesetzt haben. Während beide Kassen im Einsatz waren, wurden nur die Umsätze einer Kasse steuerlich erfasst. Ein Z-Bon wurde jeweils vernichtet, der andere über das System nachträglich »angepasst«. Erfolgen solche Manipulationen in maßvollem Umfang, können sie oft nur dann aufgedeckt werden, wenn auch die Journaldaten für einen Abgleich in auswertbarer Form zur Verfügung stehen.

Erfahrungsgemäß unterscheiden sich aber auch baugleiche Geräte im Detail. Insbesondere die integrierten Bondrucker erzeugen selten völlig identische Ausdrucke. Hinweise auf eingesetzte Phantomkassen können dem Prüfer z.B. die »Abrisskanten« ausgedruckter Bons liefern. Man hat nämlich herausgefunden, dass selbst baugleiche Kassendrucker geringfügig voneinander abweichende Abrisszipfel und deren entsprechende Risskanten auf der Gegenseite erzeugen, vergleichbar einem individuellen Fingerabdruck. Solche Feststellungen sind in der Praxis jedoch nur bedingt verwertbar.

Tisch 12 Bedienung 3		Tisch 12 Bedienung 3	
Pils Tannenberg 0,3	3,80 EUR	Pils Tannenberg 0,3	3,80 EUR
Schnitzel mit Brot	7,50 EUR	Schintzel mit Brot	7,50 EUR
Gulaschsuppe	4,20 EUR	Gulaschsuppe	4,20 EUR

Abb. 31: Buchstabendreher

Ein versehentlicher Buchstabendreher in der Artikelliste eines Kassensystems könnte ein Hinweis auf die Verwendung einer ansonsten identisch arbeitenden und eingerichteten »Phantomkasse« sein.

Nicht jede baugleiche Zweitkasse ist eine Phantomkasse!
Zusätzliche Registrierkassen sind im Gastronomiegewerbe nicht unüblich. Sie werden häufig angeschafft, um sie bei Bedarf neben der Hauptkasse, z.B. im Biergarten oder Nebenzimmer, einsetzen zu können. Entgegen einer gezielt zur Einnahmenverkürzung angeschafften »Phantomkasse« werden zusätzliche Kassen regelmäßig im Anlageverzeichnis geführt.

Sind mehrere Kassen vorhanden, wird der Prüfer auf die Vorlage der Z-Bons aller Kassen bestehen. Z-Bons sind selbst dann zwingend vorzulegen, wenn der Unternehmer behauptet, dass die Umsätze der Zweitkasse nach Tagesabschluss in aufsummierter Form in die Hauptkasse übertragen wurden. Gerade zur Überprüfung der durchgängigen Bonnummerierung bei der Zusatzkasse sind diese Ausdrucke — wie schon beschrieben — unverzichtbar, auch wenn der manuelle Datentransfer jeweils in der Hauptkasse optisch nachvollzogen werden kann.

13.1.5 Die Zaubertaste

Hersteller von Kassensystemen beklagen, dass immer wieder Kunden abwandern, wenn eine Kasse über keine individuell programmierbare Korrekturtaste verfügt. Eine solche »Zaubertaste« kann schon mal eine noch nicht endgültig im System erfasste Rechnung wieder eliminieren, ohne größere Spuren zu hinterlassen. Die beiläufige Frage: »Benötigen Sie einen Bon?« hat nämlich nicht unbedingt etwas mit »Papier sparen« oder »Altpapier sammeln« zu tun.

Mit einer sog. »Bäckertaste« kann ein zum Regelsteuersatz erfasster Umsatz nachträglich in einen ermäßigt zu besteuernden Umsatz umqualifiziert werden.

13.1.6 Zwischenrechnungen

Wenn noch nicht feststeht, ob an einem Tisch einer Gaststätte jeder Gast für sich bezahlt oder ob die komplette Rechnung von nur einer Person beglichen wird, lässt der Kellner zunächst eine Zwischenrechnung ausdrucken. Nach der Bezahlung muss er die endgültige Rechnung im System anfordern. Erst dann wird der Umsatz in der Kassenzeile und im Finanzbericht erfasst.

Bleibt die Zwischenrechnung nach Weggang der Gäste auf dem Tisch liegen oder wird auf eine Rechnung verzichtet, besteht je nach System die Möglichkeit, den Gesamtbetrag in vereinfachter Form zu stornieren, ohne dass hierfür besondere Zugangsberechtigungen erforderlich wären.

Eine Zwischenrechnung kann aber auch aussehen wie eine normale Rechnung.

Registrierkassen erlauben fast immer, das Erscheinungsbild und den entsprechenden Textzusatz »Zwischenrechnung« so zu verändern bzw. anzugleichen, dass keine optischen Unterschiede gegenüber einer normalen Rechnung erkennbar sind.

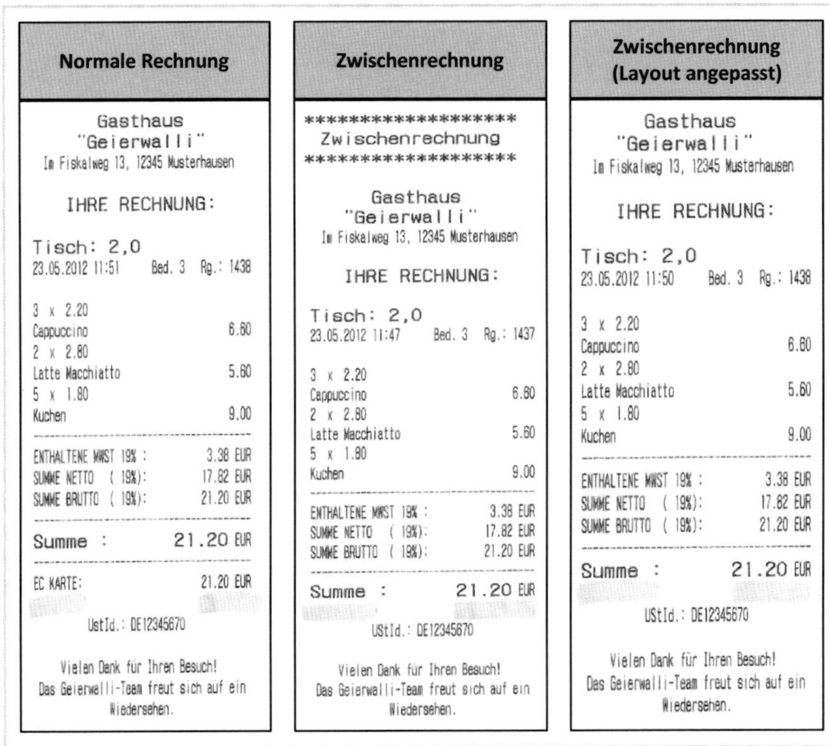

Normale Rechnung

Gasthaus
"Geierwalli"
Im Fiskalweg 13, 12345 Musterhausen
IHRE RECHNUNG:
Tisch: 2,0
23.05.2012 11:51 Bed. 3 Rg.: 1438
3 x 2.20
Cappuccino 6.60
2 x 2.80
Latte Macchiatto 5.60
5 x 1.80
Kuchen 9.00
ENTHALTENE MWST 19% : 3.38 EUR
SUMME NETTO (19%): 17.82 EUR
SUMME BRUTTO (19%): 21.20 EUR
Summe : 21.20 EUR
EC KARTE: 21.20 EUR
UstId.: DE12345670
Vielen Dank für Ihren Besuch!
Das Geierwalli-Team freut sich auf ein Wiedersehen.

Zwischenrechnung

****
Zwischenrechnung
****
Gasthaus
"Geierwalli"
Im Fiskalweg 13, 12345 Musterhausen
IHRE RECHNUNG:
Tisch: 2,0
23.05.2012 11:47 Bed. 3 Rg.: 1437
3 x 2.20
Cappuccino 6.60
2 x 2.80
Latte Macchiatto 5.60
5 x 1.80
Kuchen 9.00
ENTHALTENE MWST 19% : 3.38 EUR
SUMME NETTO (19%): 17.82 EUR
SUMME BRUTTO (19%): 21.20 EUR
Summe : 21.20 EUR
UStId.: DE12345670
Vielen Dank für Ihren Besuch!
Das Geierwalli-Team freut sich auf ein Wiedersehen.

Zwischenrechnung (Layout angepasst)

Gasthaus
"Geierwalli"
Im Fiskalweg 13, 12345 Musterhausen
IHRE RECHNUNG:
Tisch: 2,0
23.05.2012 11:50 Bed. 3 Rg.: 1438
3 x 2.20
Cappuccino 6.60
2 x 2.80
Latte Macchiatto 5.60
5 x 1.80
Kuchen 9.00
ENTHALTENE MWST 19% : 3.38 EUR
SUMME NETTO (19%): 17.82 EUR
SUMME BRUTTO (19%): 21.20 EUR
Summe : 21.20 EUR
UStId.: DE12345670
Vielen Dank für Ihren Besuch!
Das Geierwalli-Team freut sich auf ein Wiedersehen.

Abb. 32: Rechnung und »angepasste« Zwischenrechnung

13.1.7 Personalrabatte

Werden Umsätze über »Personal« boniert, erfasst das Journal lediglich den um den jeweiligen Personalrabatt verminderten Betrag. Eine Stornobuchung wird nicht vorgenommen. Die prozentuale Höhe des Rabatts wird im Kassensystem programmiert und bei der Bonierung automatisch berücksichtigt. Die Höhe der Personalumsätze kann im Rahmen von Prüfungen abgerufen und ausgelesen werden.

13.1.8 Manipulationsprogramme

Zapper-Software

Zapper sind externe Manipulationsprogramme, die nachträglich Transaktions- und Umsatzdaten in Buchführungs-, Registrierkassen-, Taxameter- und Geldspielgerätesystemen verändern (to zap = löschen). Sie befinden sich auf einer CD, einem USB-Stick oder auf einer Speicherkarte (SD-/CF-Card). Auf einige kann man auch online per Internetlink zugreifen.

Die externe Zapper-Software selbst bleibt meist unentdeckt, da sie nie auf dem System selbst zu finden ist.

Der vielfach in der Presse verwendete Ausdruck »Schummelsoftware« verniedlicht die Manipulationsfunktion, die regelmäßig der Hinterziehung von Steuern dient. Im Programm individuell einstellbare mathematische Verminderungen der nummerischen Werte führen manchmal zu Auffälligkeiten bei Datenanalysen und Schlüssigkeitsprüfungen. Zwar werden die wichtigsten zusammenhängenden Datensätze und Werte auf mathematisch-logische Weise unsichtbar verändert, tiefer im System liegende Daten können jedoch auf Manipulationen hindeuten. So wurden z.B. bei manipulierten Geldspielgeräten schon mal 3,8 Türöffnungen im Auslesezeitraum errechnet. Zapper-Programme im Bereich der Spielautomaten sind kürzlich auch aufgeflogen, nachdem die Statistikstreifen Geldbestände mit ungeraden Cent-Beträgen auswiesen. Wenn ein Gerät keine 10-Cent-, sondern nur 20-Cent-Münzen aufnimmt, kann der Bestand oder der Auswurf nicht auf xxx,30 EUR beziffert werden.

Erschreckend ist, dass immer wieder verfeinerte Programme entdeckt werden, die auch solche unschlüssigen Werte korrigieren und anpassen können.

Auch wenn Finanzbehörden erfahrungsgemäß trotz technischer Aufrüstung regelmäßig »hinterherhinken«, ist die Chance, solche Betrugsdelikte bis zur Verjährung einer Steuerfestsetzung noch zu entdecken, doch relativ groß. Betriebs- und Steuerfahndungsprüfungen finden gewöhnlich nicht zeitnah, sondern erst Jahre nach dem Einsatz und dem Bekanntwerden der Funktionsweise einer Zapper-Software statt.

Phantomware

Als Phantomware wird ein Programm bezeichnet, das versteckt bereits in der Buchhaltungs- oder Kassensoftware eingebettet und mit installiert ist. Mit Klick auf eine unsichtbare Schaltfläche oder durch eine bestimmte Tastenkombination öffnet sich ein Menü mit verschiedenen Optionen zur Löschung von Umsatztransaktionen.

Eine raffiniertere Art der Umsatzverkürzung als die bloße Datenlöschung ist das Ersetzen von höherpreisigen Positionen durch preiswertere. Dadurch entstehen keine Lücken in den Datenzeilen. Bei einigen Programmen können diese verräterischen Lücken jedoch im Wege der Angleichung fortlaufender Transaktionsnummern wieder geschlossen werden.

Chinakassen

Bei Steuerfahndungsprüfungen verschiedener Chinarestaurants wurden Computerkassen entdeckt, die mit einer speziellen Manipulationssoftware ausgerüstet waren. Die Programme erlaubten die nachträgliche Veränderung der gespeicherten Daten in jedem beliebigen Umfang, ohne dass die Veränderung rechnerisch oder optisch nachvollzogen werden konnte. Die kennwortgesicherte Software befindet sich jeweils auf einem externen Datenträger und kann nur auf der »Managerebene« der Kasse bedient werden.

Eines der untersuchten Programme wird durch einen Computervirus geschützt, der jedoch auf dem eigenen System inaktiv bleibt. Auf einem fremden Rechner aufgerufen, wird der Virus aktiv und löscht sämtliche vorhandenen Dateien. Eine ähnliche, ebenfalls mit einem latenten Virus ausgestattete Software, begann unaufhaltsam die Festplatte des Fremdrechners zu formatieren, sobald Daten auf diesen übertragen wurden.

Nicht alle Chinakassen, d.h. Kassensysteme, die mit einer in chinesischer Schrift arbeitenden Software ausgestattet sind, widersprechen den Grundsätzen ordnungsmäßiger Buchführung.

13.1.9 Manuelle Journaldatenlöschung

Manche Systeme lassen eine manuelle Datenlöschung zu, ohne diese Vorgänge in den Kassenzeilen aufzuzeichnen. Werden Bonnummern oder im System vergebene Journalindexnummern nicht gleichzeitig angepasst, können solche Löschungen erkennbare Lücken hinterlassen. Eine Lückenanalyse mithilfe des Analyseprogramms IDEA hat vor einigen Jahren fehlende Indexnummern in einer Friseursoftware enttarnt, die nur im System, aufgezeichnet waren. Auf den gedruckten Kundenrechnungen wurden keine Nummern ausgegeben. Eine Person muss nicht wissen, dass sie die 5.392 Kundin dieses Friseursalons ist. Da diese Nummern auch auf dem PC-Monitor nicht zu sehen waren, wurde angenommen, dass das System keine fortlaufende Nummerierung vergeben hatte. Die nachträglich manuell gelöschten Datensätze hinterließen keine sonstigen Spuren.

13.1.10 Hardware kaputt – Daten weg

In zunehmendem Maße wird den Betriebsprüfern entgegnet, die alte Registrierkasse sei leider defekt. Sie wurde zwischenzeitlich entsorgt, auch die digitalen Daten seien nicht mehr vorhanden. Es könnten lediglich papierne Tagessummenbons vorgelegt werden. An Datensicherungen hätte man nicht gedacht, weil sich in der Vergangenheit ohnehin noch nie ein Prüfer für die Kassendaten interessiert habe. Man sei vorübergehend zur offenen Ladenkasse übergegangen.

In einigen Fällen wurde sogar festgestellt, dass die Kasse erst unmittelbar nach Ergehen der Prüfungsanordnung ihren Dienst versagt hat. Hier liegt der Verdacht nahe, dass der Unternehmer dem Zufall etwas nachgeholfen hat und die zwangsläufig durchzuführende Schätzung seiner Besteuerungsgrundlagen billigend in Kauf nimmt.

13.1.11 Nichtregistrierung

Betriebseinnahmen, die nicht über die Registrierkasse erfasst werden, können der Höhe nach nur im Wege der Nachkalkulation, des Richtsatzvergleichs oder mittels Zeitreihenvergleich ermittelt werden.

Da es in Deutschland keine Belegpflicht wie in Italien oder Griechenland gibt, können im Verdachtsmoment allenfalls gezielte Testkäufe zur Aufklärung beitragen.

13.1.12 Herstellerhaftung

Wer ein Kassensystem herstellt oder vertreibt, mit dem Daten manipuliert werden können, muss damit rechnen, für hinterzogene Steuern in Haftung genommen zu werden. Darüber hinaus ist grundsätzlich davon auszugehen, dass gegen ihn auch ein Verfahren wegen Beihilfe zur Steuerhinterziehung eingeleitet wird. Spätestens ab 2017 ist mit einer deutlichen Verschärfung der Rechtslage zu rechnen.

13.1.13 Persönliche Haftung

FG Rheinland-Pfalz vom 07.01.2015 – 5 V 2068/14
Nach einem Urteil des FG Rheinland-Pfalz vom 07.01.2015 haften Hersteller manipulierbarer Kassensysteme persönlich für hinterzogene Steuern ihrer Kunden.

Im Urteilsfall umfasste das Kassensystem neben diverser Hardware auch eine Software zur Manipulation von im System erfassten Daten. Die Behauptung des Geschäftsführers der GmbH, er hatte davon keine Kenntnis, ein Mitarbeiter habe die Manipulationssoftware entwickelt und unsichtbar im System »versteckt«, wertete das Gericht als bloße Schutzbehauptung, um eine Strafmilderung zu erreichen.

Das Finanzgericht vertrat die Auffassung, der Geschäftsführer der Herstellerfirma habe objektiv und subjektiv Beihilfe zur Steuerhinterziehung geleistet und damit i. S. d. § 71 AO an der Tat des Steuerpflichtigen (hier: Inhaber eines Eiscafés) teilgenommen.

13.1.14 Dokumentationsmängel

Sächsisches FG vom 15.10.2015 – 4 V 513/14
In einem Asiarestaurant konnten für die dort eingesetzte PC-Kasse weder die Bedienungsanleitung noch dokumentierende Programmeinstellungen vorgelegt werden. Ohne Vorlage dieser sonstigen Organisationsunterlagen i. S. d. § 147 Abs. 1 Nr. 1 AO kann nicht gewährleistet werden, dass die Bareinnahmen vollständig erfasst sind. Das gilt nach Auffassung des Gerichts auch dann, wenn der formelle Mangel selbst noch keinen sicheren Schluss auf die Verkürzung von Einnahmen zulässt.

Das Finanzgericht führt weiter aus, dass elektronische Kassensysteme durch Umprogrammierung in nahezu beliebiger Weise manipulierbar sind. Von derartigen Manipulationsmöglichkeiten machen Teile der betrieblichen Praxis durchaus Gebrauch.

Es ist daher von erheblicher Bedeutung, dass ein Betriebsprüfer sich davon überzeugen kann, wie die Kasse zum Zeitpunkt der Auslieferung und Inbetriebnahme programmiert war sowie ob bzw. in welchem Umfang nach der Inbetriebnahme der Kasse spätere Programmeingriffe vorgenommen worden sind.

Im gleichen Urteilsfall bestätigte das Gericht die Rechtmäßigkeit einer steuerlichen Hinzuschätzung bei dem Asia-Imbiss-Betrieb, der mit dem Restaurant unternehmerisch verbunden war. Die dort verwendete Registrierkasse erzeugte keine fortlaufend nummerierten Z-Bons. Außerdem enthielten die Tagessummenbons weder Stornos bzw. Retouren noch den Namen und die Anschrift des Geschäfts.

13.2 Betrugsbekämpfung

13.2.1 Betrugsbekämpfung in Deutschland

In Deutschland wird es auch nach 2016 und nach Inkrafttreten aller verschärften steuerlichen Vorschriften keine Verpflichtung zur Führung einer elektronischen Registrierkasse geben. Selbst größere Unternehmen mit überwiegendem Barverkehr dürfen weiterhin eine offene Ladenkasse einsetzen, d.h. ihre Einnahmen vereinfacht im Wege des summarischen Abgleichs von Tagesendbestand und Tagesanfangsbestand ermitteln.

Ohne Registrierkassenpflicht, ohne Fiskalspeicherpflicht und ohne Belegausgabepflicht, allein die konsequente Umsetzung der bestehenden gesetzlichen Vorschriften soll der unehrlichen Einnahmenerfassung Einhalt gebieten. Dafür ist ein enorm hoher Prüferaufwand erforderlich.

Um neben den bisherigen Prüfungsschwerpunkten auch noch die neuerdings vorlagepflichtigen Journaldaten der Registrierkassen vernünftig auswerten zu können, benötigt ein Prüfer aber mindestens zwei bis drei Tage zusätzlich. Dies verlängert die Prüfungsdauer erheblich.

Die erforderliche Mehrzeit zur konsequenten Umsetzung der bestehenden Vorschriften wird den Prüfern aber längst nicht in allen Bundesländern zugestanden. Es ist zu befürchten, dass es deshalb in vielen Fällen beim aus früheren Zeiten bekannten »Scheingefecht« bleibt.

13.2.2 Blick über die Grenzen

Registrierkassenpflicht

Ob ein Unternehmen eine Registrierkasse oder eine offene Ladenkasse verwendet, hat meist keine steuerlichen Gründe. Vielmehr bestimmen betriebswirtschaftliche Faktoren und bessere Personalkontrollmöglichkeiten über den Einsatz einer elektronischen Kasse.

Österreich

Im Nachbarland Österreich hängt die Registrierkassenpflicht vom jeweiligen Jahresumsatz ab. Betriebe mit einem jährlichen Gesamtumsatz von mehr als 15.000 EUR und einem Barumsatz von über 7.500 EUR unterliegen der gesetzlichen Registrierkassenpflicht, die von der bisherigen Kassenfreiheit in zwei Stufen bis zum 31.12.2016 eingeführt werden soll. Kreditkartenumsätze und Gutscheine rechnen dabei mit zu den Barumsätzen. Ausnahmen sollen für Berufe mit »kalten Händen«, wie dem Bratwurststand oder dem Heiße-Maroni-Röster gelten. (*Anm.:* Die »kalten Hände« beziehen sich ausschließlich auf die winterliche Jahreszeit). Sie müssen erst ab 30.000 EUR Jahresumsatz eine Registrierkasse anschaffen. Dagegen bleiben mobile Berufsgruppen wie Masseure, Krankenpfleger u.a. gänzlich von der Pflicht befreit. Wer sich dennoch eine Kasse anschaffen will, kann mit einer staatlichen Förderung von bis zu 200 EUR rechnen.

Die geplante Umstellung löste in Österreich bereits im Vorfeld leidenschaftliche Debatten auf politischer und wirtschaftlicher Ebene aus. Kritiker bezeichneten Österreich als das wirtschaftsfeindlichste Land Europas.

Andere Staaten in Europa

Eine gesetzliche Verpflichtung zur Führung einer Registrierkasse gibt es in fast allen europäischen Ländern. Neben Deutschland setzen nur die Schweiz, die Niederlande, Spanien, Finnland und Tschechien weiterhin auf »Kassenfreiheit«.

Betrugsbekämpfung im europäischen Ausland

In mehreren EU-Staaten wird das Thema »Einführung einer Registrierkassenpflicht zur Betrugsbekämpfung bei Betrieben mit Barumsätzen« kontrovers und bisweilen unsachlich diskutiert.

Viele sehen überhaupt keinen Zusammenhang zwischen Registrierkassenpflicht und Mehrwertsteuerbetrug. Es gibt Politiker, die sogar die Auffassung vertreten, mit einer Verpflichtung steige gleichzeitig die Betrugsanfälligkeit überproportional an. Andere sind der Meinung, schon durch die bloße Einführung einer solchen Verpflichtung werden Unternehmer pauschal kriminalisiert und unter Generalverdacht gestellt. Von Diskriminierung einer Branche, über Diskreditierung der Wirtschaft bis zur Verletzung der Menschenwürde ist mitunter die Rede. Veröffentlichte Zahlen über angebliche Steuerverkürzungen wurden in Österreich gar als »Kaffeesatzleserei« heruntergespielt.

Während die einen für Chancengleichheit im Wettbewerb plädieren und dabei dem Steuerehrlichen unter die Arme greifen wollen, wehren sich andere vehement gegen jegliche gesetzliche Auflage. Die Auffüllung des maroden Steuersäckels mutiert zum »Nebeneffekt« und scheint bei politischen Gegnern der Registrierkassen- oder Fiskalspeicherpflicht keine Rolle mehr zu spielen.

Die Heftigkeit, mit der Argumente in Politik und Wirtschaft vor allem in Österreich ausgetauscht werden, gibt dem braven lohnsteuerpflichtigen Arbeitnehmer Anlass, darüber nachzudenken, ob es überhaupt ernsthaft gewollt ist, Steuerbetrüger zu enttarnen. Schließlich hätte eine solche Maßnahme gleichzeitig eine unnötige Schwächung der eigenen Wirtschaft zur Folge, wird immer wieder aus angeblichen Fachkreisen betont.

Sein Trost: Würde einem Gastwirt mit einer Verpflichtung zur Registrierkasse zu sehr auf die Finger geschaut, müsste er in seiner Kneipe um die Ecke wahrscheinlich deutlich mehr für sein Pils bezahlen müssen.

Der ehrliche Unternehmer betrachtet die Verpflichtung zur Führung einer Registrierkasse keineswegs als Repressalie des Gesetzgebers. Im Gegenteil – er weiß jetzt, dass auch sein Mitstreiter von der anderen Straßenseite mit legalen Mitteln und einer angemessenen Preispolitik um die Gunst ihrer gemeinsamen Kunden buhlen muss.

»Scontrino fiscale«

Wer in Italien (oder Griechenland) Urlaub macht, sollte den »scontrino«, den Kassenzettel, kennen. Bei der ordnungsgemäßen Erfassung der Einnahmen wird in Italien auch der Kunde in die Pflicht genommen. Der Einzelhändler muss selbst für Kleinstumsätze wie das Eis am Stiel einen »scontrino« ausdrucken und seinem Kunden übergeben. In unmittelbarer Umgebung des Geschäftes hat der Käufer diesen Kassenbeleg mit sich zu führen. Er darf ihn erst nach einiger Entfernung vom Geschäft vernichten. Die Finanzpolizei kontrolliert gelegentlich und zeigt sich meist unnachgiebig. Wird er nämlich von der Gardia di Finanzia ohne Kassenbon angetroffen, erhält der Verkäufer eine Anzeige wegen Steuerhinterziehung und der Kunde eine empfindliche Strafe wegen Beihilfe. Der »scontrino« soll dem Finanzamt Gewissheit verschaffen, dass der Händler seine Einnahmen ordnungsgemäß versteuert.

Man hat jedoch festgestellt, dass die Schwarzgeschäfte trotz Belegpflicht weiter blühen. Nach Beschluss des Ministerrats in Rom gehört der »scontrino fiscale« möglicherweise schon in naher Zukunft der Vergangenheit an. Anstelle eines Papierausdrucks sollen die Kassendaten künftig per Fiskalspeicherchip und Internet direkt an die Finanzbehörden weitergeleitet werden.

Fiskalspeicher

In vielen europäischen Ländern werden bereits Registrierkassen mit unterschiedlichen Fiskalspeicherlösungen ausgestattet. Auf den nachträglich nicht mehr unerkannt veränderbaren Datenchips werden alle Kassendaten gesammelt und zentral von den Finanzbehörden ausgewertet.

Staaten mit Fiskalspeicherzwang sind neben Schweden, Belgien und Bulgarien auch Lettland, Litauen, Polen, Rumänien, Russland und die Türkei.

! **Beispiel: Schweden**

In Schweden werden seit 2010 erfolgreich manipulationssichere Registrierkassensysteme eingesetzt. Schwedens Finanzminister Per Bolund erklärte hierzu, die meisten Unternehmen seien mit diesen neuen und modernen Kassen- und Taxametersystemen zur Verhinderung der Steuerhinterziehung sehr zufrieden.

Beleglotterien
Eine hohe Schattenwirtschaft kann die Behörden auch zur Ergreifung recht seltsam anmutender Mittel veranlassen. Eine ganz besondere Maßnahme zur Eindämmung des Steuerbetrugs hat sich Kroatien einfallen lassen. Die Finanzbehörden veranstalten regelmäßig sog. Beleglotterien, bei denen der Bürger Geld, verschiedene Konsumgüter und sogar Autos gewinnen kann. Als Lose dienen dabei Kassenbelege, die den Behörden massenweise von Kunden zugeschickt werden. Die anschließende Ziehung ist öffentlich und wird sogar live im Fernsehen übertragen — vergleichbar mit der Ziehung der Lottozahlen. Derzeit ist man sich noch nicht einig, ob diese Veranstaltungen Glückspielcharakter haben und damit besonderen Vorschriften unterliegen.

Unternehmer, die Belege ausstellen, müssen auf alle Fälle damit rechnen, dass ihre Belege, soweit sie bei der Steuerbehörde landen, jederzeit zu Kontrollzwecken überprüft werden können. Der eine oder andere mag dann doch lieber gänzlich auf die Ausstellung eines Kassenbelegs verzichten und darauf hoffen, dass seine Kunden möglichen Kontrolleuren nicht in die Arme laufen.

Auch in Portugal und der Slowakei gehört diese ungewöhnliche Methode der Betrugsbekämpfung längst zum Alltag.

Testkäufe
Als Touristen verkleidete Finanzkontrolleure tätigen in Kroatien (vor allem in den Urlaubsmonaten) regelmäßig Probekäufe bei Einzelhandelsgeschäften. Touristen verzichten meist auf einen Kaufbeleg, weil sie keine nachträglichen Ansprüche mehr geltend machen können. Bei in Verdacht geratenen Unternehmern soll die Trefferquote nicht erfasster Einnahmen nach eigenen Angaben der Behörden bei nahezu 100 % liegen.

Barbetragsgrenze
Während in Deutschland jeder sein 50 TEUR teures Auto bar bezahlen darf, haben andere Staaten gesetzliche Barbetragsobergrenzen eingeführt. Ab 1.000 EUR gilt in Italien und Portugal das Cashverbot. Darüber liegende Beträge müssen grundsätzlich per Banküberweisung oder EC-/Kreditkarte bezahlt werden. Wer in Frankreich bar bezahlen will, darf das nur bis zur festgelegten Obergrenze von 3.000 EUR. Spanien macht seine Barbetragsobergrenzen davon abhängig, wo der Käufer wohnt. Ortsansässige dürfen nur bis zu 2.500 EUR in bar bezahlen, Ausländer dagegen bis zu 15.000 EUR.

Keine Begrenzung nach oben gibt es auch in Österreich, Slowenien, Island, Lettland und Litauen.

Onlinefiskalisierung

Beim ungarischen Modell werden alle in den Betrieben eingesetzten Registrierkassen direkt mit einem Server der Finanzverwaltung gekoppelt. Dabei werden neben der Erfassung im System und der Ausgabe des Kassenbons gleichzeitig sämtliche relevanten Kassendaten in Echtzeit übermittelt. Mit diesem transparenten Online-System will Ungarn dem anhaftenden Negativimage, als das »Land der Unter-der-Hand-Gewinne« entgegentreten und der Korruption ein Ende bereiten.

Nachteil einer solchen Onlinefiskalisierung ist die äußerst beschränkte Anzahl hierzu fähiger Kassentypen und -modelle.

Das efsta-Verfahren

Das von einer österreichischen Firma entwickelte efsta-Verfahren (European Fiscal Standards Association) setzt, wie beim Ungarischen Modell, auf die sofortige elektronische Übermittlung der verschlüsselten und signierten Kassendaten an vertrauenswürdige unabhängige Dritte.

Im Land der steinreichen Armen

In einem italienischen Skiort tauchten am Silvestermorgen 2011 überraschend 80 Steuerfachleute in Geschäften, Hotels und Restaurants auf, um die Tageseinnahmen des vergangenen Geschäftstages zu überprüfen. In allen diesen Betrieben saß am Tag zuvor — mit Wissen des Unternehmers — jeweils ein Steuerfahnder zur Überwachung der Bargeschäfte.

Die Ergebnisse erstaunten selbst Fachleute und Branchenkenner: Die Umsätze waren doppelt so hoch wie am Vortag, dreimal so hoch wie am vergleichbaren Tag des Jahres 2010 und in Luxusboutiquen sogar viermal höher als üblich.

Spiegel-online berichtete hierüber unter dem Titel: »Im Land der steinreichen Armen«. Ausnahmsweise wurden, dem Bericht zufolge, die Registrierkassen ehrlich gefüttert. Dreiviertel der Einnahmen werden demnach üblicherweise schwarz kassiert.

Die Aktion wirft die Frage auf, ob gesetzliche Fiskalspeicher in der Praxis sinnvoll sind, solange nicht gleichzeitig kontrolliert wird, ob überhaupt getippt bzw. ob eine »fiskalisierte« Kasse verwendet wird.

14 Der 1. Januar 2017 – das Wichtigste

In der nachfolgenden Zusammenfassung werden die wichtigsten ab dem 01.01.2017 geltenden gesetzlichen Anforderungen an die Geschäftskasse beschrieben. Ob eine Neuanschaffung erforderlich wird oder ob die bereits im Einsatz befindliche Kasse weiterverwendet werden darf, hängt letztlich davon ab, was die Kasse tatsächlich leisten kann. Es ist zudem darauf zu achten, dass die gesetzlich geforderten Leistungen in der Praxis auch vom eingesetzten Kassensystem abgerufen werden.

Alle erforderlichen und gewünschten Systemeinstellungen sollten mit fachkundiger Hilfe (z. B. dem Kassenaufsteller) vorgenommen werden. Für die gesetzeskonforme Umsetzung der Anforderungen ist allein der Unternehmer verantwortlich.

Die zentralen Fragen lauten:

- Welche Kasse darf verwendet werden?
- Was muss die Kasse, was der Unternehmer leisten?
- Was muss der Z-Bon enthalten?
- Was bringt die Zukunft?

14.1 Welche Kassenform darf ab dem 01.01.2017 verwendet werden?

Nach Ablauf der Übergangsfristen und der innerhalb dieses Zeitraums anzuwendenden Sonderregelungen für die jeweiligen Kassentypen reduzieren sich die möglichen Alternativen künftig auf zwei Kassengrundformen:

- offene Ladenkasse und
- Registrierkasse.

Wird eine Registrierkasse eingesetzt, gelten spätestens ab dem 01.01.2017 für alle Kassenformen die gleichen gesetzlichen Anforderungen, unabhängig davon, ob es sich dabei um elektronische Registrierkassen oder um PC-gestützte Kassensysteme handelt.

Lediglich für die manuell geführte offene Ladenkasse, die weiterhin eingesetzt werden darf, sind eigene Bestimmungen zur Aufzeichnung der Geschäftsvorfälle erforderlich, da offene Ladenkassen den verschärften Anforderungen des Gesetzgebers typbedingt nicht gerecht werden können.

14.2 Was muss eine Kasse ab dem 01.01.2017 leisten? Was muss der Unternehmer beachten?

Checkliste: Gesetzliche Anforderungen

	Checkliste: Offene Ladenkasse	
1	Körperliche Kasse vorhanden	
2	Nummerierte zeitnahe Kassenberichte	
3	Retrograd aufgebaute Kassenberichte	
4	Selbst erstellte Kassenberichte	
5	Tägliche Kassenbestandsaufnahmen	
6	Zählprotokoll (auch Cent-Beträge)	
7	Kassensturzfähigkeit	
8	Richtige und vollständige Eintragungen	
9	Bareinnahmen-/Barausgabenbelege	
10	Eigenbelege für Entnahmen/Einlagen	
11	Keine (untertägigen) Kassenfehlbeträge	
12	Rechnerische Kontrolle	
13	Auffälligkeiten	
Zutreffendes bitte ankreuzen		

	Checkliste: Registrierkasse 1 — Kassenbuch	
1	Zeitnah geführtes Kassenbuch	
2	Richtige und vollständige Eintragungen	
3	Selbst erstelltes Kassenbuch	
4	Bareinnahmen-/Barausgabenbelege	
5	Eigenbelege für Entnahmen/Einlagen	
6	Keine Kassenfehlbeträge	
7	Rechnerische Kontrolle	
8	Regelmäßiger Abschluss/Bestandsabgleich	
9	Kassensturzfähigkeit	
10	Auffälligkeiten	
Zutreffendes bitte ankreuzen		

	Checkliste: Registrierkasse 2 — Kasse	
1	Einzelaufzeichnung/Kassenauftragszeilen	
2	Lückenlose Z-Bons/Finanzberichte	
3	Einzeln nachvollziehbare Geschäftsvorfälle	
4	Erläuterung aller Geschäftsvorfälle	
5	Sachlicher/zeitlicher Nachweis im System	
6	Journalfunktion laut GoBD	
7	Belegfunktion laut GoBD	
8	Kontenfunktion laut GoBD	
9	Zugangskontrolle (Berechtigungen)	
10	Stornonachweis	
11	Nachweis Korrekturen, Umbuchungen	
12	Änderungs-/Manipulationsschutz	
13	Internes Kontrollsystem (IKS)	
14	Datenexport möglich	
15	Maschinell auswertbare Daten	
16	Sicherheit der Daten (Aufbewahrungszeit)	

Zutreffendes bitte ankreuzen

	Checkliste: Registrierkasse 3 — Berichte/Organisationsunterlagen	
1	Bedienungsanleitung	
2	Artikel-, Warengruppen-, Zeitzonenbericht	
3	Transaktionsbericht	
4	Bediener-, Trainerbericht	
5	Grundprogrammierung	
6	Programmieränderungsprotokolle	
7	Stammdaten/Stammdatenänderungen	
8	Einrichtung Bediener-/Trainerspeicher	
9	Kassenanweisungen	
10	Verfahrensdokumentation	
11	Elektronisch erstellte Rechnungen	
12	Sonstige Unterlagen	

Zutreffendes bitte ankreuzen

14.3 Der Z-Bon

Was muss (kann) der Z-Bon enthalten?

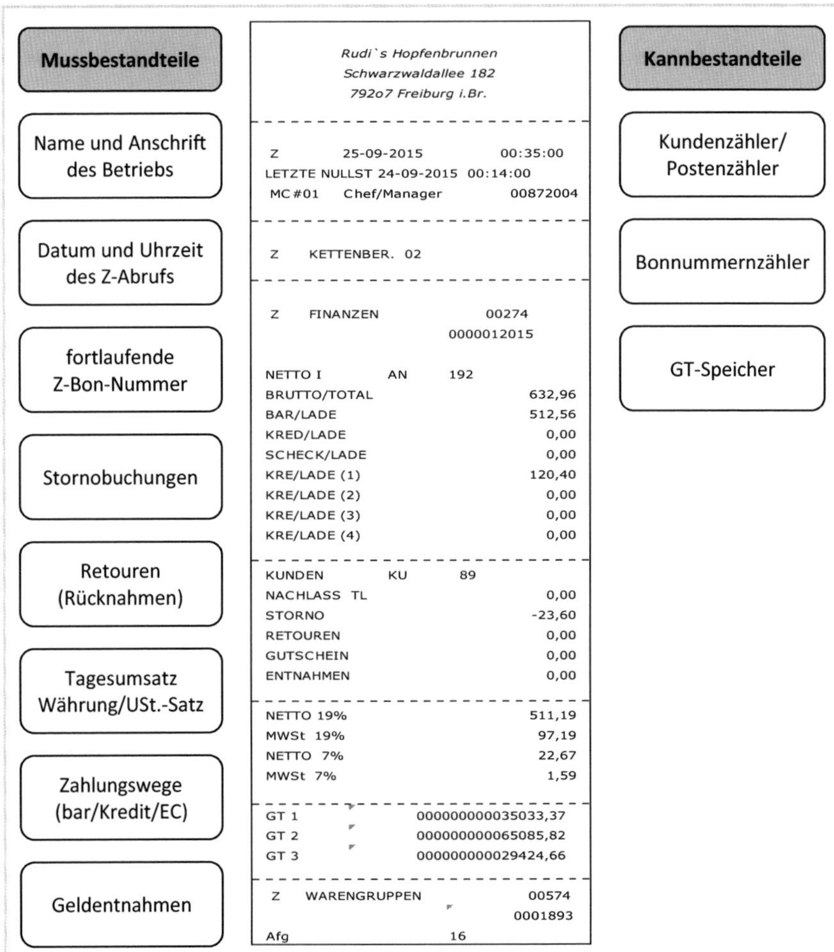

Abb. 33: Z-Bon-Angaben

Anmerkung zum Z-Abruf

Wird der Z-Bon als Kombi- oder Kettenbericht abgerufen, müssen die nicht im Finanzbericht enthaltenen Trainerumsätze zwingend ausgewiesen werden.

Der GT-Speicher ist nicht unbedingt auf dem Finanzbericht auszuweisen. Die Unterdrückung oder Nullstellung eines im System vorhandenen GT-Speichers ist jedoch unzulässig.

Fehlerhafte Z-Bons

Um fehlerhafte Z-Bons erkennen zu können, muss man schon genau hinschauen. Vermeintliche Kleinigkeiten können große Auswirkungen haben und als schwerwiegende Mängel deklariert, sogar zur Verwerfung einer Buchhaltung führen.

1

Rudi`s Hopfenbrunnen
Schwarzwaldallee 182
792o7 Freiburg i.Br.

X	25-09-2015		00:35:00
LETZTE NULLST	24-09-2015	00:14:00	
MC#01	Chef/Manager		00872004
X	KETTENBER. 02		00383
X	FINANZEN		00274
		0000012015	
NETTO I	AN	192	
BRUTTO/TOTAL			632,96
BAR/LADE			512,56
KRED/LADE			0,00
SCHECK/LADE			0,00
KRE/LADE (1)			120,40
KRE/LADE (2)			0,00
KRE/LADE (3)			0,00
KRE/LADE (4)			0,00
KUNDEN	KU	89	
NACHLASS TL			0,00
STORNO			-23,60
RETOUREN			0,00
GUTSCHEIN			0,00
ENTNAHMEN			0,00
NETTO 19%			511,19
MWSt 19%			97,19
NETTO 7%			22,67
MWSt 7%			1,59
GT 1			000000000035033,37
GT 2			000000000065085,82
GT 3			000000000029424,66
Z	WARENGRUPPEN		00574
			0001893
Afg		16	

2

Rudi`s Hopfenbrunnen
Schwarzwaldallee 182
792o7 Freiburg i.Br.

Z	25-09-2015		00:00:00
LETZTE NULLST	24-09-2015	00:14:00	
MC#01	Chef/Manager		00872004
Z	KETTENBER. 02		
Z	FINANZEN		
		0000012015	
NETTO I	AN	192	
BRUTTO/TOTAL			632,96
BAR/LADE			512,56
KRED/LADE			0,00
SCHECK/LADE			0,00
KRE/LADE (1)			120,40
KRE/LADE (2)			0,00
KRE/LADE (3)			0,00
KRE/LADE (4)			0,00
KUNDEN	KU	89	
NACHLASS TL			0,00
STORNO			-23,60
RETOUREN			0,00
GUTSCHEIN			0,00
ENTNAHMEN			0,00
NETTO 19%			511,19
MWSt 19%			97,19
NETTO 7%			22,67
MWSt 7%			1,59
GT 1			000000000035033,37
GT 2			000000000065085,82
GT 3			000000000029424,66
Z	WARENGRUPPEN		00574
			0001893
Afg		16	

Abb. 34: Fehlerhafte Z-Bons — Teil 1

3

Rudi`s Hopfenbrunnen
Schwarzwaldallee 182
792o7 Freiburg i.Br.

Z	25-09-2015	00:35:00
LETZTE NULLST	24-09-2015	00:14:00
MC#01	Chef/Manager	00872004
Z	KETTENBER. 02	
Z	FINANZEN 00274	
		0000012015
NETTO I	AN 192	
BRUTTO/TOTAL		632,96
BAR/LADE		512,56
		0,00
		0,00
		120,40
		0,00
		0,00
		0,00
KUNDEN	KU 89	
NACHLASS TL		0,00
GUTSCHEIN		0,00
ENTNAHMEN		0,00
NETTO 19%		511,19
MWSt 19%		97,19
NETTO 7%		22,67
MWSt 7%		1,59
Z	WARENGRUPPEN	00574
		0001893
Afg	16	

4

Rudi`s Hopfenbrunnen

Z	25-09-2015	00:35:00
LETZTE NULLST	24-09-2015	00:14:00
MC#01	Chef/Manager	0072004
Z	KETTENBER. 02	
Z	FINANZEN 00274	
		0000012015
NETTO I	AN 192	
BRUTTO/TOTAL		632,96
BAR/LADE		512,56
KRED/LADE		0,00
SCHECK/LADE		0,00
KRE/LADE (1)		120,40
KRE/LADE (2)		0,00
KRE/LADE (3)		0,00
KRE/LADE (4)		0,00
KUNDEN	KU 89	
NACHLASS TL		0,00
STORNO		-23,60
RETOUREN		0,00
GUTSCHEIN		0,00
ENTNAHMEN		0,00
NETTO 19%		511,19
MWSt 19%		97,19
NETTO 7%		22,67
MWSt 7%		1,59
GT 1		000000000035033,37
GT 2		000000000065085,82
GT 3		000000000029424,66

Abb. 35: Fehlerhafte Z-Bons — Teil 2

Zu 1: Kein Z-Bon — der Finanzbericht wurde als X-Abruf ausgedruckt.

Zu 2: Z-Bon enthält keine laufende Z-Nummer (schwerer Mangel).

Zu 3: Storno unterdrückt (schwerer Mangel) — keine Zahlungswege — falls ein vorhandener GT-Speicher im System unterdrückt wurde, liegt ein schwerer Mangel vor.

Zu 4: Z-Bon wurde als Kettenbericht abgerufen — andere Berichte wurden nach dem Finanzbericht abgeschnitten — keine Anschrift des Unternehmens.

14.4 Was bringt die Zukunft?

Registrierkassenfreiheit und Belegausgabepflicht

Neben der an anderer Stelle des Buchs wiederholt beschriebenen Registrierkassenfreiheit wird es in Deutschland nach derzeitiger Rechtslage auch künftig keine gesetzliche Fiskalspeicherpflicht und keine Belegausgabepflicht geben.

Fiskalspeicherpflicht

Das einst vorgesehene gesetzlich verbindliche INSIKA-Verfahren wird aller Voraussicht nach einem technologieoffenen Verfahren weichen müssen.

Möglicherweise liegt es auch in der Entscheidung des Unternehmers, ob er seine Kassen künftig auf freiwilliger Basis mit einer Fiskalspeicherlösung ausrüstet oder nicht.

Konkretisierung der Aufzeichnungspflichten

§ 146 AO soll um § 146a AO und § 146b AO erweitert werden. In diesen Vorschriften sollen künftig die Neuregelungen verankert werden. § 146a AO beinhaltet danach die Ordnungsvorschriften für die Buchführung und die Aufzeichnungen mittels elektronischer Aufzeichnungssysteme. Geregelt werden die Anforderungen an deren technische Sicherheitseinrichtungen, die Protokollierung der aufzeichnungspflichtigen Vorgänge, die geeigneten Speichermöglichkeiten für die einzelnen Kassentransaktionen und die Zurverfügungstellung einer digitalen Schnittstelle für die Journaldaten durch den Hersteller der Kassensoftware.

Vorgesehen ist auch eine verpflichtende Zertifizierung der maßgeblichen Systemkomponenten.

In § 146b AO soll die Einführung einer spontanen und unangekündigten Kassennachschau zur Prüfung der ordnungsmäßigen Erfassung von Bareinnahmen und -ausgaben beschrieben werden. Die Kassennachschau (ähnlich der Umsatzsteuer-Nachschau gem. § 27b UStG) soll während der Geschäfts- und Arbeitszeiten, jedoch außerhalb einer normalen Außenprüfung durchgeführt werden können. Dabei darf der Prüfer Daten, die in elektronischer Form vorliegen, einsehen und verlangen, dass sie ihm auf einem maschinell auswertbaren Datenträger zur Verfügung gestellt werden.

Verschärfung der Sanktionsmöglichkeiten

Der Unternehmer muss sich künftig auf eine schärfere Auslegung der gesetzlichen Vorschriften als bisher, empfindlichere Strafen bei der Verwendung von Manipulationssoftware und eine wesentlich intensivere Überprüfung seiner Geschäftskasse durch die Finanzbehörden einstellen.

Steuergefährdung i. S. d. § 379 AO

Geplant ist auch eine Konkretisierung der Ordnungswidrigkeiten gem. § 379 AO. Steuergefährdend im Sinne dieser Vorschrift handelt danach, wer vorsätzlich oder leichtfertig manipulierbare elektronische Aufzeichnungssysteme einsetzt und wer Manipulationssoftware vertreibt oder verbreitet.

Inkrafttreten der Neuregelungen

Noch nicht hinreichend konkretisiert ist, wann die geplanten Neuerungen gesetzlich verankert und verabschiedet werden. Frühestens mit der endgültigen Umsetzung der neuen für elektronische Registrierkassen geltenden Rechtslage zum 01.01.2017 dürfte dies realisierbar sein.

15 Übersicht: Zitierte Rechtsprechung

BGH-/BFH-Entscheidungen

Urteil	Stichwort	Thema
BGH v. 29.01.2014 — 1 StR 561/13	Kassenmanipulationen	Schätzung
BFH v. 24.06.1954 — IV 296/53 U	Tägliche Aufzeichnung Entnahmen summiert	Zeitgerechte Erfassung Barentnahmen
BFH v. 12.05.1966 — IV 472/60	Zumutbarkeit	Einzelaufzeichnung
BFH v. 26.03.1968 — IV 63/63	Kosten für Sicherheit	Neue Rechtslage
BFH v. 01.10.1969 — I R 73/66	Täglicher Kassenbestand	Zeitgerechte Erfassung
BFH v. 13.07.1971 — VIII 1/65	Notizzettel	Aufbewahrung
BFH v. 31.07.1974 — I R 216/72	Erfassung Folgetag	Zeitgerechte Erfassung
BFH v. 17.11.1981 — VIII R 174/77	Kassensturz	Kassensturzfähigkeit
BFH v. 07.07.1977 — IV R 205/72	Ursprungsaufzeichnung	Kassenbericht
BFH v. 02.02.1982 — VIII R 65/80	Grobe Schätzung	Schätzung
BFH v. 26.04.1983 — VIII R 38/82	Schätzungsunschärfe	Schätzung
BFH v. 24.06.1983 — VIII R 68/82	Beweislast	Kassenfehlbeträge
BFH v. 18.12.1984 — VIII R 195/82	Entnahmen Steuerberater	Barentnahmen
BFH v. 20.06.1985 — IV R 41/82	Keine Registrierkasse Kassenbericht	Kassenbericht Kassenbuch
BFH v. 27.01.1989 — III B 130/88 NV	Meldezettel Hotel Tippex-Korrektur	Einzelaufzeichnung Buchführungsmängel
BFH v. 20.09. 1989 — X R 39/87	Schätzung Kassensturz	Kassenfehlbeträge Kassensturzfähigkeit
BFH v. 07.11.1990 — III B 449/90 NV	Sachliche Unrichtigkeit	Beweiskraft Buchführung

Urteil	Stichwort	Thema
BFH v. 09.08.1991 — III R 129/85	Unrichtige Buchführung Unaufklärbarkeit	Beweiskraft Buchführung Schätzung
BFH v. 14.08.1991 — X R 86/88	Reduziertes Beweismaß	Schätzung
BFH v. 25.03.1992, I R 69/91	Zeitlicher Zusammenhang	Zeitgerechte Erfassung
BFH v. 23.08.1994 — VII R 143/92	Andere Ermittlungen	Schätzung
BFH v. 26.10.1994 X R 114/92 NV	Sicherheitszuschlag Abschlussbuchungen	Schätzung Barentnahmen
BFH v. 24.06.1997 — VIII R 9/96	Belegzusammenhang	Neue Rechtslage
BFH v. 01.12.1998 III B 78/97	Griffweise Schätzung	Kassenfehlbeträge Schätzung
BFH v. 15.04.1999 IV R 68/98	Fehlende Nachweise	§ 4 III-Rechner
BFH v. 21.01.2004 — XI R 3/03	Haftung Steuergehilfe	Folgen von Mängeln
BFH v. 26.02.2004 XI R 25/02	Schichtzettel Barzahlung	Neue Rechtslage Taxibetriebe Einzelaufzeichnung
BFH v. 23.12.2004 — III B 14/04 NV	Kassensturz	Kassensturzfähigkeit
BFH v. 16.11.2005 IV R 64/04	E-Fahrtenbuch	Kassenbuch
BFH v. 16.02.2006 X B 57/05 (NV)	Fehlendes Kassenbuch	§ 4 III-Rechner
BFH v. 13.08.2007 — VII B 345/06 (NV)	Haftung Steuergehilfe	Folgen von Mängeln
BFH v. 02.12.2008 — X B 68/08	Kassenbuchführung	Kassenbuch
BFH-Urteil v. 07.02.2007 — V B 161/05, V B 162/05	Schichtzettel	Taxibetriebe
BFH v. 24.06.2009 — VIII R 80/06	Freiwillige Bücher	§ 4 III-Rechner Aufbewahrungspflicht
BFH v. 03.02.2011 — V B 132/09 (NV)	Willkürverbot	Schätzung
BFH v. 30.06.2011 — V R 35/08	Currywursturteil	Einzelaufzeichnung
BFH v. 26.10.2011 — X B 44/11 NV	Unverschuldeter Verlust von Unterlagen	Schätzung Aufbewahrung

Urteil	Stichwort	Thema
BFH-Urteil v. 02.07.2014 – XI R 39/10 und XI R 22/10	Umsatzsteuersatz Mietwagen	Taxibetriebe
BFH v. 23.10.2014 – V R 23/13	Diebstahl Unterlagen	Aufbewahrung
BFH v. 16.12.2014 – X R 47/13	Apotheke	Einzelaufzeichnung
BFH v. 16.12.2014 – X R 29/13	Apotheke	Einzelaufzeichnung
BFH v. 25.03.2015 – X R 20/13	Organisationsunterlagen	Aufbewahrung
BFH v. 16.12.2014 – VIII R 52/12	Datenspeicherung Notebook	Ordnungsmäßigkeit

Finanzgerichtsurteile

Urteil	Stichwort	Thema
FG Münster v. 07.03.1997 – 2 V 3448/96 E	Nur zur Bestellabwicklung	Offene Ladenkasse
FG Münster v. 31.08.2000 – 14 K 3305/98 G, U, F	Kassenbuch/-bericht Bestellabwicklung	Kassenbericht Offene Ladenkasse
FG Hamburg v. 11.08.2010 – 5 V 129/08 und 5 V 146/08	Sachliche Unrichtigkeit	Beweiskraft
FG Münster v. 23.03.2000 – 5 V 7028/99 E, G, U	Nur Geldscheine Keine Eigenbelege	Buchführungsmängel Barentnahmen
FG Münster v. 20.12.2000 – 8 K 4633/97 E	Fehlerhafte Kasse	§ 4 III-Rechner
FG Baden-Württemberg, AS Freiburg v. 27.02.2002 – 2 K 235/00	E-Fahrtenbuch	Kassenbuch
FG Niedersachsen v. 25.03.2003 – 6 K 961/99	Statistikstreifen	Automatenaufsteller
FG des Saarlandes v. 15.07.2003 – 1 K 174/00	Kassensturz	Kassensturzfähigkeit
FG Nürnberg v. 27.04.2004 – II 8/2003, II 8/03	Geldverschiebungen	Kassensturzfähigkeit
FG Niedersachsen v. 02.09.2004 – 10 V 52/04	Fehlende Stornos	Kassenfunktionen

Urteil	Stichwort	Thema
FG Hamburg v. 24.06.2005 – I 153/04	Einzahlung Bank	Kassenfehlbeträge
FG München v. 14.10.2005 – 10 V 1834/05	Sicherheitszuschlag	Schätzung
FG Bremen v. 17.01.2007 – 2 K 229/04	Kassenbons/-streifen Bedienungsanleitung	Kassenbericht Aufbewahrung
FG Sachsen-Anhalt v. 23.01.2007 – 4 K 1042/04	Nachträgliche Buchführung	Zeitgerechte Erfassung
FG Düsseldorf v. 05.02.2007 – 16 V 3454/06 A (AO)	Maschinelle Auswertbarkeit	Aufbewahrung
FG Berlin-Brandenburg v. 26.07.2007 – 14 K 3368/06 B	Geordnete Belege	§ 4 III-Rechner
FG Köln v. 27.01.2009 – 6 K 3954/07	Zeitreihenvergleich Urlaub, Nacht	Schätzung Zeitgerechte Erfassung
FG Berlin-Brandenburg v. 17.03.2009 – 6 K 4146/04 B	Kontrolllisten	Offene Ladenkasse
FG Düsseldorf v. 28.07.2009 – 15 K 829/06 G, U, F	Beweisverderber	Schätzung
FG Niedersachsen v. 13.08.2009 – 10065/07	Hohe Fehlbeträge	Kassenfehlbeträge
Hessisches FG v. 02.09.2009 – 9 V 959/09	Mittelwerte	Schätzung
FG des Saarlandes v. 13.01.2010 – 1 K 1101/05	Schätzungsrahmen	Schätzung
FG München v. 04.05.2010 – 13 V 540/10	Excel-Kassenbuch	Kassenbuch
FG Hamburg v. 07.09.2010 – 3 K 13/09	Gutachten Sachverständiger	Schätzung
FG Niedersachsen v. 17.12.2010 – 15 K 458/07	Kassenbuchführung	Kassenbuch
FG München v. 17.05.2011 – 13 V 357/11	GT-Speicher	Kassenfunktionen
Hessisches FG v. 08.08.2011 – 8 V 1281/11	Mehrere Verzögerungsgelder	Folgen von Mängeln

Urteil	Stichwort	Thema
FG Rheinland-Pfalz v. 24.08.2011 – 2 K 1277/10	Terminbücher	Friseurbetriebe
FG Hamburg v. 31.08.2011 – 6 V 25/11	Taxibetrieb	§ 4 III-Rechner
FG Münster v. 20.04.2012 – 14 K 4222/11 AO	Massive Manipulationen	Betriebsprüfung
FG Münster v. 08.05.2012, 1 K 602/09 E, G, U	Kassenbuch o. Kasse	Kassenbuch
FG des Saarlandes v. 21.06.2012 – 1 K 1124/10	Detailliertes Kassenkonto/ -buch	§ 4 III-Rechner
FG Niedersachsen v. 01.08.2012 – 4 K 239/11	GT-Speicher	Kassenfunktionen
FG Sachsen-Anhalt v. 15.01.2013 – 1 V 580/1	Apotheke	Einzelaufzeichnung
FG Berlin-Brandenburg v. 31.01.2013 – 14 V 14316/11	GT-Speicher	Kassenfunktionen
FG Sachsen-Anhalt v. 20.02.2013 – 2 K 1037/10	Diebstahl Unterlagen	Aufbewahrung
FG Nürnberg v. 28.03.2013 – 4 K 26/11	Geldspeicher Erotikkino	Automatenaufsteller
Hessisches FG v. 24.04.2013 – 4 K 422/12	Apotheke	Einzelaufzeichnung
FG Sachsen-Anhalt v. 16.12.2013 – 1 K 1147/12	Kassensturz	Kassensturzfähigkeit
Hessisches FG v. 24.03.2014 – 4 K 2340/12	Dokumentationsunterlagen	Aufbewahrungspflicht
FG Köln v. 22.05.2014 – XI K 3056/11	Schätzungsrahmen	Schätzung
FG Hamburg v. 11.11.2014 – 6 K 206/11	Schichtzettel	Taxibetriebe
FG Rheinland-Pfalz v. 07.01.2015 – 5 V 2068/14	Herstellerhaftung	Manipulationen
FG Baden-Württemberg v. 7.9.2015 – 1 K 772/15	Krankenfahrten	Taxibetriebe
Sächsisches FG v. 15.10.2015 – 4 V 513/14	Dokumentations-Mängel	Manipulationen

Stichwortverzeichnis

L

M